普通高等教育大学计算机“十三五”精品立体化资源规划教材

Python 语言程序设计与应用

梁　武　文习明◎编著

中国铁道出版社有限公司
CHINA RAILWAY PUBLISHING HOUSE CO., LTD.

内容简介

本书的编写参考了全国计算机等级考试“Python 语言程序设计”及广东省计算机水平考试“Python 程序设计”考试大纲及样题。全书共 12 章，分为基础和提高两篇。基础篇包含第 1~7 章，包括 Python 语言概述、Python 语法基础、Python 高级数据类型、Python 控制语句、Python 函数与模块、面向对象程序设计、Python 文件操作与数据格式化，主要讲述程序设计基础知识及在 Python 语言中的实现；提高篇包含第 8~12 章，包括多媒体数据处理、网络编程、Python 网络爬虫、科学计算和可视化应用、Python 机器学习等。内容涵盖 Python 的不同应用领域，展现了丰富的 Python 应用生态，既有 Python 标准库，也有大量流行的第三方库。

本书内容丰富，叙述清晰、严谨，通俗易懂，循序渐进，对重要知识点配有微课视频及案例操作视频，读者可扫码观看。本书可以作为本科、职业院校相关专业 Python 程序设计课程或公共课教材，也适合作为 Python 应用开发人员的参考书以及参加水平考试人员的备考资料。

图书在版编目（CIP）数据

Python 语言程序设计与应用 / 梁武，文习明编著．— 北京：中国铁道出版社有限公司，2020.8
普通高等教育大学计算机“十三五”精品立体化资源规划教材
ISBN 978-7-113-27172-5

Ⅰ. ① P… Ⅱ. ①梁… ②文… Ⅲ. ①软件工具-程序设计-高等学校-教材 Ⅳ. ① TP311.561

中国版本图书馆 CIP 数据核字 (2020) 第 147424 号

书　　名：Python语言程序设计与应用
作　　者：梁　武　文习明

策　　划：唐　旭　　　编辑部电话：（010）51873202
责任编辑：刘丽丽　贾淑媛
封面设计：刘　颖
责任校对：张玉华
责任印制：樊启鹏

出版发行：中国铁道出版社有限公司（100054，北京市西城区右安门西街 8 号）
网　　址：http://www.tdpress.com/51eds/
印　　刷：北京柏力行彩印有限公司
版　　次：2020 年 8 月第 1 版　2020 年 8 月第 1 次印刷
开　　本：787 mm×1 092 mm　1/16　印张：17.75　字数：414 千
书　　号：ISBN 978-7-113-27172-5
定　　价：52.00 元

前言

语言是相互交流的工具，人与人之间的交流是通过各种人类语言（如口头表达语言、肢体语言等）来实现的，人与计算机之间的交流则是通过计算机程序设计语言来实现的。可以把要求计算机做的事情用程序设计语言描述出来，交给计算机去执行，这便是程序设计。计算机程序设计语言有很多，Python 是其中之一。

Python 语言由 Guido van Rossum 设计并领导开发，在 1990 年前后诞生，采用开源方式运作，经过 30 多年的发展，已经成为全球最受欢迎的开源语言之一。自 2004 年以来，Python 语言的使用呈爆发式增长。2011 年 1 月，Python 被 TIOBE 编程语言排行榜评为 2010 年度语言。在 TIOBE 公布的 2017 年编程语言指数排行榜中，Python 排名处于第 5 位（前 4 位是 Java、C、C++、C#），而在 2018 年排名中，Python 超过 C#、取代 C++，排名第 3。在国内，随着国务院《新一代人工智能发展规划》的颁布实施，迅速掀起了强大的 Python 学习热潮，各高校及教育培训机构争相开设相关课程，全国及各省区的计算机水平考试也纷纷开设 Python 程序设计能力认证考试，甚至有些省份高中阶段的信息技术课程也开设了 Python 语言模块。

"人生苦短，我学Python"，这是Python语言设计者的初衷，也是该语言简洁、高效的集中体现。本书通过基础篇和提高篇全面介绍 Python 语言的语法基础及其丰富应用，既适用于初学者，也适合有一定程序设计基础，需要进一步提高的读者。作为职业院校读者，可注重基础篇学习，并根据专业情况选学提高篇内容。而作为本科院校的读者，建议重在提高篇的学习，增强利用 Python 解决实际问题的能力。

基础篇包含第 1~7 章，分别是 Python 语言概述、Python 语法基础、Python 高级数据类型、Python 控制语句、Python 函数与模块、面向对象程序设计、Python 文件操作与数据格式化，内容涉及几个方面：数据描述及运算、程序流程控制、模块化程序设计、面向对象程序设计、永久性数据处理。数据描述及运算、从基本数据类型和高级数据类型两个方面展开，详细介绍 Python 语言如何描述日常生活所遇到的各种类型的数据及其运算，由浅入深，辅以生活化、简明化的

PREFACE

示例，全面展示Python语言强大而灵活的数据表示能力。程序流程控制，介绍了顺序、选择、循环三种基本结构及程序异常处理，并在此基础上展示了Python高效而独具特色的列表生成式。模块化程序设计，介绍了Python函数的定义、调用及递归，同时介绍了Python部分内置库函数及第三方库，如filter、map、zip函数及结巴（jieba）、词云库（ wordcloud）等。面向对象程序设计，介绍了Python类与对象的定义及使用。永久性数据处理，介绍了如何利用Python内置文件操作函数读写磁盘文件及文件夹操作，并通过第三方库访问常用的CSV、Excel等格式的文件数据。

提高篇包含第8~12章，分别是多媒体数据处理、网络编程、Python网络爬虫、科学计算和可视化应用、Python机器学习等，内容涵盖Python的不同应用领域，展现了丰富的Python应用生态，既有Python标准库，也有大量流行的第三方库。

本书内容丰富、叙述清晰严谨、通俗易懂、循序渐进，对重要知识点配有微课视频及案例操作视频，读者可扫码观看。与本书相关的课件、代码、素材等资源可在中国铁道出版社有限公司的资源网站（http://www.tdpress.com/51eds）下载。本书可以作为本科、高职院校相关专业Python程序设计课程或公共课程教材，也适合作为Python应用开发人员的参考图书以及参加水平考试的备考资料。

本书在编写过程中得到广东省高等学校教学考试管理中心全体同仁的鼎力支持，尤其是郑德庆教授的精诚指导，在此表示诚挚的感谢。本书1 ~ 5、8、9、11章由梁武老师编写，6、7、10、12章由文习明老师编写。

由于编者水平有限，书中难免有不足之处，欢迎各界朋友及读者提出宝贵意见，编者将不胜感激。

编　者

2020年5月

目录

CONTENTS

基 础 篇

提　高　篇

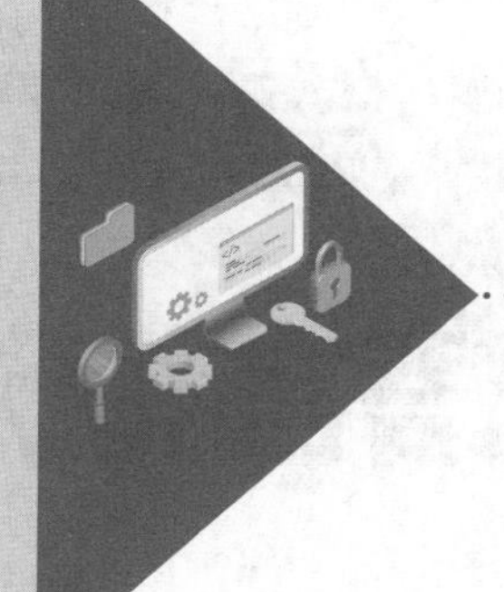

基础篇

基础篇包括第 1 ～ 7 章，主要讲解 Python 的基础知识、面向对象程序设计基础及文件操作，内容涉及 Python 数据类型、程序流程控制、模块化程序设计、面向对象程序设计及文件操作等。通过本篇学习，可以掌握 Python 的基本使用方法。

各章主要内容如下：

第 1 章 Python 语言概述，主要介绍 Python 语言的发展状况、应用领域、基本输入 / 输出及代码规范。

第 2 章 Python 语法基础，主要介绍 Python 的基本数据类型、运算符和表达式。

第 3 章 Python 高级数据类型，主要介绍 Python 的高级数据类型及其主要操作，包括列表、元组、字典与集合。

第 4 章 Python 控制语句，主要介绍 Python 程序流程控制及异常处理。

第 5 章 Python 函数与模块，主要介绍模块化程序设计思想及 Python 函数、模块、包的定义及使用，包括 lambda 表达式、函数参数、递归等；在 Python 内置函数方面，介绍了 map、filter、zip 及其他常用函数。另外，利用第三方库函数实现分词及词频统计。

第 6 章面向对象程序设计，在了解面向对象程序设计思想的基础上，学习 Python 中类和对象的定义，以及类的继承、派生与多态等面向对象内容。

第 7 章 Python 文件操作与数据格式化，介绍 Python 对文件的读写及文件夹的相关操作，并通过第三方库实现对 CSV、Excel 及 XML 等常用格式文件的读写。

第1章 Python语言概述

Python是一种跨平台、开源、免费的解释型高级动态编程语言。Python作为动态编程语言更适合初学编程者，可以让初学者把精力集中在编程对象和思维方法上，而不用过多考虑语法、类型等外在因素。Python拥有大量的库，且易于学习，可以用来高效地开发各种应用程序。本章介绍Python语言的应用状况、优缺点、基本输入/输出及其代码规范等，至于如何安装Python、Python开发环境IDLE的使用等内容可参照附录A。

1.1 Python语言简介

Python诞生至今发展了Python 2和Python 3两个重要版本，两个版本之间有部分内容互不兼容。由于历史原因，Python 2和Python 3都在同步更新。本书采用的是Python 3.7.4版本，属于Python 3系列。

Python除了支持命令式编程、函数式编程外，还完全支持面向对象程序设计，语法简洁清晰，目前广泛应用于统计、AI 编程、脚本编写、系统测试、Web编程和科学计算等领域。而这些领域的应用得益于大量的Python第三方开源库，例如医学图像处理库ITK、三维可视化库VTK、计算机视觉库OpenCV、自然语言处理库NLTK等。Python专用的科学计算库更多，例如NumPy、SciPy和Matplotlib，为Python提供了快速数据处理、数值运算及绘图功能，非常适合工程技术、科研人员处理实验数据、制作图表，甚至开发科学计算应用程序。

除了数量庞大的第三方库，Python也提供了非常完善的基础库，覆盖了网络、文件、GUI、数据库、文本、多线程、多媒体等大量内容。用Python开发程序，许多功能不必从零编写，直接使用现成的即可，站在前人基础上开展高水平的探索。

Python也支持伪编译（像Java），可将Python源程序转换为字节码来优化程序和提高运行速度，也可以在没有安装Python解释器和相关依赖包的平台上运行Python程序。

当然，Python语言也存在某些缺点：

（1）运行速度慢。这是所有解释型语言的通病，代码在执行时会一行一行地翻译成CPU能理解的机器码，翻译过程非常耗时，所以很慢。而编译型语言，例如C语言，是运行前直接编译成CPU能执行的机器码，所以运行速度非常快。但在Python第三方库中，大量库是用C语言编写的，因而用“Python+第三方库”的模式开发的应用程序整体性能并不比其他编译型语言差。

（2）代码不能加密。这也是解释型脚本语言的通病（像JavaScript、PHP等），如果要发布Python程序，必须发布源代码，这一点与C语言不同。C语言发布的是经编译后的二进制机器代码，不用发布源代码。要从二进制机器代码原样反推出C语言源代码是不可能的（当然可以反编译成汇编语言），不存在泄露源代码的问题。当然，Python也有一些第三方打包工具，可以把py文件打包成exe，如PyInstall等，但在打包大型项目及大量应用第三方库时常常力不从心。

（3）缩进方式让人困惑。即使很有经验的Python程序员也可能出现理解错误的情况，最常见的情况是【Tab】键和空格的混用会导致缩进错误，而缩进又是Python程序逻辑结构的重要组成。

Python语言应用领域非常广泛，主要包括：

（1）科学计算与数据可视化。Python在这方面的第三方模块很多，如SciPy、NumPy、Matplotlib、OpenCV、TVTK、Mayavi、VPython等，涉及的应用领域包括数值计算、图像处理、二维图表、三维数据可视化、三维动画演示以及界面设计等。

（2）数据分析与机器学习。TensorFlow、Sklearn是主流的数据分析与机器学习框架，提供了非常简单友好的Python接口，Python语言可以利用这些框架，快速高效地开发数据分析与机器学习应用，如聚类、分类、回归等。

（3）Web开发。Python语言支持网站开发，有很多非常流行的框架，如Django、web2py等。有许多大型网站，如YouTube、Instagram等，都是用Python开发的。另外，有大量大型公司，如Google、Yahoo等，都大量地使用Python。

（4）网络编程。Python语言提供了socket模块，支持socket底层开发，也提供了大量高层模块，如urllib、http、ftplib、poplib、socketserver等，可以高效开发网络应用；Python还专门提供了CGI模块，可以使用Python语言编写CGI程序，也可以把Python程序嵌入网页中运行。

（5）数据库应用。Python内置了SQLite数据库访问模块sqlite3，如果要访问其他数据库，则需使用第三方库。例如，在Windows下使用pywin32模块访问Access数据库。pywin32封装了适合Python使用的Windows API，可调用大量只在C++等其他语言才能调用的Windows API；使用pymysql模块访问MySQL数据库；使用pywin32和pymssql模块访问SQL Sever数据库等，几乎市面的数据库都可找到适合的第三方库。

（6）多媒体开发。PIL（Python Imaging Library，Python图形库）为Python提供了强大的图像处理功能，并提供广泛的图像文件格式支持。通过内置的wave、audioop、aifc等模块可直接对相应的多媒体数据进行读写。借助第三方库，如playsound、pyAudio、pyglet等，可对wav、mp3及其格式文件进行解码、播放。PyOpenGL模块封装了OpenGL应用程序编程接口，通过该模块可在Python程序中集成二维或三维图形；OpenCV提供了专业的计算机视觉处理功能及强大的机器学习功能库。

（7）游戏应用。Pygame是Python主流的游戏开发模块，可以在Python程序中创建功能丰富的游戏和多媒体程序。

总而言之，Python有大量的第三方库，通过这些第三方库，构建了强大的Python生态，可以说需要做什么都能找到对应的Python库。

1.2 Python 基本输入/输出

视频：Python基本输入/输出

人类与计算机交流需要解决的首要问题是如何把数据交给计算机以及计算机处理完后如何把处理结果反馈给人类，这需要用到程序设计语言的输入/输出语句。

1.2.1 Python 基本输入

在Python中，接收键盘输入是通过input()函数实现的。input()的一般格式为：

```
x=input('提示:')
```

该函数返回输入的对象，可输入数字、字符串和其他任意类型对象，并以字符串形式返回输入的数据。

Python代码可直接在Python IDLE（安装完Python 3.7后，可在系统“开始”菜单的Python 3.7菜单项下找到IDLE菜单项）或Python命令窗口（在Python 3.7菜单项下，名称为Python 3.7）中输入并执行，如图1–1所示。

```
Python 3.7.4 Shell
File  Edit  Shell  Debug  Options  Window  Help
Python 3.7.4 (tags/v3.7.4:e09359112e, Jul  8 2019, 19:29:22) [MSC v.1916
32 bit (Intel)] on win32
Type "help", "copyright", "credits" or "license()" for more information.
>>> x=input("please input x:")
please input x:3
>>> x
'3'
>>>
```

图 1–1　在 Python IDLE 窗口中运行命令

如果在Python命令窗口中输入，其效果如图1–2所示。

```
Python 3.7 (32-bit)
Python 3.7.4 (tags/v3.7.4:e09359112e, Jul  8 2019, 19:29:22) [
(Intel)] on win32
Type "help", "copyright", "credits" or "license" for more info
>>> x=input("please input x:")
please input x:3
>>> x
'3'
>>> _
```

图 1–2　在 Python 命令窗口中运行命令

图1–2中，当执行input（"please input x:"）语句时（按【Enter】键表示执行），程序会暂停执行并等待用户从键盘输入对应的数据，在数据输入后执行完毕，并把接收到的数据赋给指定的变量（图1–2中用“x=…”表示赋值）。此时，可直接输入接收值的变量名以查看所接收到的值，图1–2中显示为“3”。注意图1–2中“3”前后为单引号，表示该“3”为字符，而不是数值3。在Python 3.7中，input()函数的返回值是字符型的，不管输入的是字符或数字。另外，在输入时要注意，Python是大小写敏感的语言，例如，如果输入Input（首字母I大写）并执行，将出现图1–3所示的错误提示。

```
>>> x=Input("please input x:")
Traceback (most recent call last):
  File "<pyshell#4>", line 1, in <module>
    x=Input("please input x:")
NameError: name 'Input' is not defined
>>> |
```

图 1-3 Python 错误提示

1.2.2 Python 基本输出

Python基本输出使用print()函数，其格式如下：

```
print(value,..., sep=' ', end='\n', file=sys.stdout, flush=False)
```

print()函数输出时可一次输出多个值（格式中的value，值与值之间用“,”隔开），真正输出到屏幕时由sep指定的参数将多个输出对象value进行分隔，输出结束时输出end参数指定的值。sep的默认值是空，end的默认值是换行，file的默认值是标准输出流，flush的默认值是False（假）。如果想要自定义sep、end和file，就必须对这几个关键词进行赋值。

```
>>> print(9801001,'city',45,'shop',sep=',')          #指定用','作为输出分隔符
```

执行结果：

```
9801001,city,45,shop
```

如果省略sep参数，默认为空格分隔，如：

```
>>> print(9801001,'city',45,'shop')          #不指定sep参数，以空格作为输出分隔符
```

执行结果：

```
9801001 city 45 shop
```

print()函数默认在输出结尾增加换行，如：

```
>>> print('number');print(400) #默认以回车换行符作为输出结束符号，即在输出最后会换行
```

执行结果：

```
number
400
```

可以通过参数end指定输出结尾使用的符号，如：

```
>>> print('number',end='=');print(400) #指定用'='作为输出结束符号，所以输出在一行
```

执行结果：

```
number=400
```

再如：

```
for i in range(1,10):
   print(i, end=' ')                          #不换行，输出结束时输出空格
```

执行结果：

```
1 2 3 4 5 6 7 8 9
```

1.3 Python代码规范

1. 缩进

在Python中，代码之间的逻辑关系是依靠代码块的缩进量来表示的，缩进可以用【Tab】键或空格键，缩进结束就表示一个代码块结束。类定义、函数定义、选择结构、循环结构等语句结尾的冒号表示缩进的开始。同一个级别的代码块的缩进量（空格个数或【Tab】键个数）必须相同。例如：

```
for i in range(10):          #循环输出0～9的数字，注意后面的冒号
    print(i, end=' ')
```

一般而言，用4个空格为基本缩进单位。

其他语言表示代码块通常有固定的符号，例如在C++语言中，用成对的花括号{}表示代码块的开头与结束，上面的代码如果用C++语言描述将是如下格式：

```
for(int i=0;i<10;i++)        #循环输出0～9的数字
{                            //代码块开头
    print(i);
}                            //代码块结束
```

由于Python没有成对的代码块符号，其代码块采用严格的缩进量来表示，因此在使用缩进时要格外小心，不能像其他语言那样随意使用缩进，例如：

```
if(x==10):                   #if是一个判断语句，此处表示如果x等于10
    y=3                      #在x等于10时，把3赋给y，同时把4赋给w
    w=4
```

其代码等效于以下的C++代码：

```
if(x==10)
{                        //代码块开头，如果x等于10，则y=3且w=4
    y=3;
    w=4;
}                        //代码块结束
```

但如果写成这样

```
if(x==10):               #if是一个判断语句，此处表示如果x等于10
    y=3                  #在x等于10时，把y赋给3
w=4                      #不管x是不是等于10，都把4赋给w，因y=3与w=4缩进量不同
```

等效的C++代码如下：

```
if(x==10)
{                        //代码块开头
    y=3;
}                        //代码块结束
w=4;
```

另外，Python语言没有特殊的语句结束标记（例如C++中用分号“;”表示语句结束），Python较为简单，通常输个回车表示语句结束了。当然，如果一行语句太长要分成多行来写，必须使用指定的分行符号来表示。

2. 注释

注释用于描述数据、程序、算法等功能意图或实现思想，便于他人对程序的理解，主要有两种方式：

方式一：以“#”开始，表示本行“#”之后的内容为注释。

```
#循环输出1~10的数字
for i in range(1,11):
   print(i, end=' ')
```

方式二：包含在一对三引号'''...'''或"""..."""之间的内容将被解释器认为是注释，可以是多行文字。

```
'''循环输出1~10的数字'''
for i in range(1,11):
   print(i, end=' ')
```

3. 导入模块

模块中的函数必须先导入才能使用，通过import语句可导入模块。

```
>>>import math                            #导入math模块
>>>math.sin(0.8)                          #求0.8的正弦
>>>import random                          #导入random随机模块
>>>x=random.random( )                     #获得[0,1]内的随机小数
>>>y=random.random( )
>>>n=random.randint(1,10)                 #获得[1,10]内的随机整数
```

可以在一个import语句中一次导入多个用逗号隔开的模块，如import math, random。

4. 多行语句

有时语句太长，可在行尾加上反斜杠“\”并换行成多行，建议使用括号来包含多行内容。例如：

```
x='美方突然升级贸易摩擦，\                 #用"\"来换行
      除了产生举世惊诧的吸引眼球的收获之外，\
      只能落得下"失去"二字——尽失了信誉颜面，\
      蒙受了经济损失'
x=('美方突然升级贸易摩擦，'
      '除了产生举世惊诧的吸引眼球的收获之外，'
      '只能落得下"失去"二字——尽失了信誉颜面，
      '蒙受了经济损失' )                      #圆括号中的行会连接起来
```

又如：

```
if ((year%4 ==0 and year%100!=0) or
year%400 ==0):                            #圆括号中的行会连接起来
   y='闰年'
```

```
else:
    y='不是闰年'
```

5. 必要的空格与空行

运算符两侧、逗号两侧、函数参数之间建议使用空格分开。不同函数定义之间、不同功能代码块之间可增加一空行以增强可读性。

6. 常量名和类名

常量名（尽量不要使用中文）建议所有字母大写，由下画线连接各个单词，类名首字母大写。例如：

```
BLACK=0X00000000
THIS_IS_A_CONSTANT=1
```

1.4 使用帮助

Python自带了大量关于库及函数的说明文档，在开发过程中可以通过使用帮助的方式获取这些文档。在Python中可以使用help()函数获取帮助信息。使用格式如下：

```
help(对象)
```

help主要有以下使用情况：

1. 查看内置函数和类型的帮助信息

```
>>>help(min)
```

在IDLE环境下输入以上命令，则出现内置函数min()的帮助信息，如图1-4所示。

例如：

```
>>>help(min)                              #获取min()函数相关信息
```

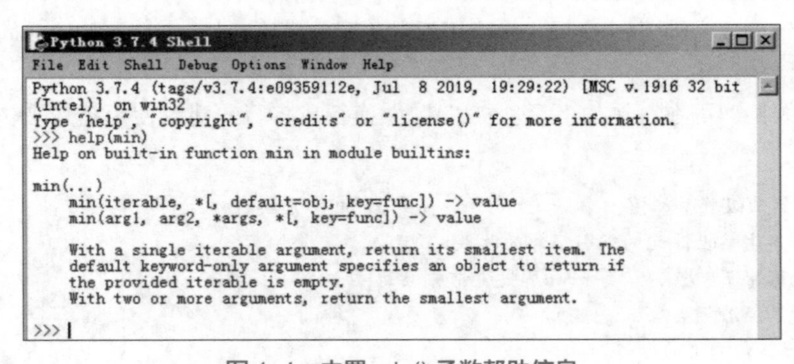

图 1-4　内置 min() 函数帮助信息

2. 查看模块中的成员函数信息

```
>>>import os
>>>help(os.fdopen)
```

欲查看模块或成员信息，需先导入该模块，再查看，如上面的import os就是导入os模块并查看os模块中的fdopen成员函数信息，则得到如下提示：

```
Help on function fdopen in module os:
fdopen(fd,*args,**kwargs)
   #Supply os.fdopen()
```

3. 查看整个模块的信息

使用help(模块名)就能查看整个模块的帮助信息，例如，查看time模块的方法如下：

```
>>>import time
>>>help(time)
```

查看Python中所有的modules：

```
>>>help("modules")
```

习题

1. Python 语言有哪些优点和缺点？
2. 简述 Python 主要有哪些应用领域。
3. Python 基本输入 / 输出函数是什么？
4. 程序注释有何作用？怎样在程序中加入注释？
5. 如何安装 Python ？
6. 常见 Python 开发工具有哪些？各有何特点？
7. 如何在 IDLE 中运行和调试 Python 程序？

第2章 Python语法基础

计算机是用来对数据进行加工处理的工具，日常生活中我们所遇到的数据通常有不同种类，例如描述一个学生的数据，可能包括姓名、性别、籍贯、个人简介等文字型数据，或者年龄、成绩等数值型数据，以及出生年月等日期型数据，甚至还可能包括照片、录音、视频等多媒体数据。不管是哪一种程序设计语言，都必须能处理这些常用种类的数据。这些不同种类的数据称为数据类型。表达式则是对这些不同种类的数据进行运算求值的式子。数据类型和表达式是程序员编写程序的基础，本章所学内容是进行Python程序设计的基础内容。

2.1 Python简单数据类型

视频：数据类型

如果对日常生活所遇到的数据作简单分类，大致可以分为数值型（如年龄、金额、成绩等）、文本型（如姓名、性别、籍贯等）、逻辑型（如上课还是不上课、吃还是不吃、是不是班干部等）以及图像、语音、视频等多媒体数据。多媒体数据通常是用二进制来存储的，而二进制本质上是数值型的一种，因此常用的数据类型包括数值型、字符型（称为文本型）、逻辑型（称为布尔型）。

2.1.1 数值型

数值型是指那些需要进行加、减、乘、除等数学运算的数据类型，包括整型（整数）、浮点型（小数）和复数。

（1）整型（int）：即整数，不带小数点，可正可负。Python 3对整数值没有大小限制，只要内存允许，取值范围几乎包括全部整数（从无穷小到无穷大），这样更利于大数据处理。

```
age=18                      #age是整型，18岁
temperature=-25             #temperature是整型，零下25摄氏度
population=1412590000       #population是整型，14.1259亿人
bit1=0b001001               #bit1是整型，值为二进制的001001
bit2=0o45                   #bit2是整型，值为八进制的45，注意'0o'，第二个符号'o'为字母。
bit3=0x001001               #bit3是整型，值为十六进制的001001
```

（2）浮点型（float）：通常所说的带小数点的小数，由整数部分与小数部分组成，也可以使用科学记数法表示，如2.98e3就是2.98×10^3=2 980。

```
score=78.9                  #score是浮点型，78.9分
temperature=-25.6           #temperature是浮点型，零下25.6摄氏度
pi=3.1415926535898          #pi（π）是浮点型，值为3.1415926535898
x=2.78e3                    #x是浮点型，值为2.78×10³
```

（3）复数（complex）：由实数部分和虚数部分构成，可以用a+bj或者complex(a,b)表示。复数的虚部以字母j或J结尾，如2+3j。

```
c1=2+3j                     #c1是复数，值为2+3j
c2=2-3j                     #c2是复数，值为2-3j
```

数值的数据类型一旦被定义后将不能再改变，如果改变其类型，将重新分配内存空间。

2.1.2 文本型

文本型（字符串）用来表示文字型的数据，例如姓名、性别等短文本，也可以表示个人简介，甚至一本书、一个网页等长文本。Python不支持单字符类型，单字符在Python中也作为一个文本型字符串来使用。Python中可以使用单引号或双引号表示文本型字符串。

1. 定义字符串

定义文本型字符串很简单，只要为变量分配一个带单引号或双引号的值即可。例如：

```
var1='Hello World!'              #用成对的单引号定义字符串
var2="Python Programming"        #也可以用成对的双引号定义字符串
name="张三"                       #name是字符型，值为"张三"
phonenumber="13798984498"        #phonenumber不是数值型，而是字符串，因为有双引号
var3=var1+var2 #把两个字符串连起来，var3值为Hello World! Python Programming
```

2. 转义字符

转义字符是具有特定含义的字符，以反斜杠（\）开关，后跟特定的字符，表示特定的含义，例如表示换行、回车等，如表2-1所示。

表 2-1 转义字符

转义字符	描 述	转义字符	描 述
\（在行尾时）	续行符	\n	换行
\\	反斜杠符号	\v	纵向制表符
\'	单引号	\t	横向制表符
\"	双引号	\r	回车
\a	响铃	\f	换页
\b	退格（Backspace）	\e	转义
\oyy	八进制数，yy 代表的字符。例如，\o12 代表换行	\000	空
\xyy	十六进制数，yy 代表的字符。例如，\x0a 代表换行		

```
var2='Python\'s Program'          #第2个单引号需以转义字符形式表示
```

程序运行结果：

```
Python's Program
```

3. 字符串格式化

Python字符串格式化有两种方式：一种是采用printf风格的格式化，另一种采用format()函数格式化。

```
print ("大家好！我叫 %s 今年 %d 岁。" % ('lucky', 18))     #%s和%d为格式化字符，将用
                                                          后面%指定的值按顺序填充
```

Python用一个元组将多个值传递给字符串模板，元组中每个值按顺序对应一个字符串格式符（以%开头），字符串格式符及其描述如表2-2所示（注意使用时所传递的值的类型必须与对应格式符指定的类型是可转换的，否则会引发类型转换错误）。

表 2-2 Python 字符串格式符及其描述

符 号	描 述	符 号	描 述
%c	格式化字符	%f	格式化浮点数字，可指定小数点后的精度
%s	格式化字符串	%e	用科学记数法格式化浮点数
%d	格式化十进制整数	%E	作用同 %e，用科学记数法格式化浮点数
%u	格式化无符号整型	%g	%f 和 %e 的简写
%o	格式化八进制数	%G	%f 和 %E 的简写
%x	格式化十六进制数	%p	用十六进制数格式化变量的地址
%X	格式化十六进制数（大写）		

上例将lucky插入到%s处，18插入到%d处。所以输出结果为：

```
大家好！我叫 lucky 今年 18 岁。
```

也可以按如下方式使用：

```
var4="大家好！我叫 %s 今年 %d 岁。" % ('lucky', 18)
print(var4)
```

字符串格式化：

```
charA=65
charB=66
print("ASCII码65代表：%c" % charA)
print("ASCII码66代表：%c" % charB)
Num1=3200000
print('转换成科学记数法为：%e' % Num1)
Num2=90
print('转换成字符为：%c' % Num2)
Num3=0xFF
```

```
print('转换成十进制为：%d' % Num3)
Num4=3.1214159
print('保留2位小数：%0.2f' % Num4)
```

程序运行结果：

```
ASCII码65代表：A
ASCII码66代表：B
转换成科学记数法为：3.200000e+06
转换成字符为：Z
转换成十进制为：255
保留2位小数：3.12
```

format()函数格式化是Python推荐的方式，例如：

```
var4="大家好！我叫 {0} 今年 {1} 岁。".format('lucky', 18)
print(var4)
```

输出结果为：

```
大家好！我叫 lucky 今年 18 岁。
```

format()函数格式化方式通过花括号预留填充位置，在花括号中可指定填充值对应的序号，无须指定值的类型，通过.format（注意format前有一个“.”字符）指定具体的填充值，如上例中，lucky将被填充到{0}所在的位置、18被填充到{1}所在的位置，依此类推。

format()方式也可以对输出数字进行格式处理或对数值进行进制转换。

```
print('保留2位小数：{0:.2f}'.format(3.14159)) #花括号中的":"后指定输出格式
print('宽度3位，左补0：{0:0>3d},{1:0>3d}'.format(8,9))
print('宽度3位，右补0：{0:0<3d},{1:0<3d}'.format(8,9))
print('宽度3位，左补空格：{0:3d},{1:3d}'.format(8,9))
print('宽度3位，右补空格：{0:<3d},{1:<3d}'.format(8,9))
print('18的二进制是:{0:b}'.format(18))
print('18的八进制是:{0:o}'.format(18))
print('18的十六进制是:{0:x}'.format(16))
```

输出结果为：

```
保留2位小数：3.14
宽度3位，左补0：008,009
宽度3位，右补0：800,900
宽度3位，左补空格：8,9
宽度3位，右补空格：8,9
18的二进制是:10010
18的八进制是:22
18的十六进制是:12
```

2.1.3 布尔型

布尔型只有True（真）和False（假）两种值，如：

```
bMale=True
bClassLeader=False
```

在Python中，布尔类型还可以与其他数据类型做and、or和not运算，此时以下情况会被认为是False值：

（1）为0的数字，包括0、0.0，空字符串''、""。

（2）表示空值的None。

（3）空集合，包括空元组()、空序列[]、空字典{}。

其他情况值都为True。例如：

```
a='python'
print(a and True)          #结果是 True
b=''
print(b or False)          #结果是 False
```

2.1.4 空值

空值表示其值不确定（不是空字符串''），是Python中的一个特殊值，用None表示。由于其值不确定，因而它不支持任何运算，也没有任何可用的内置函数，与任何数据类型进行比较运算永远都返回False。在Python中未指定返回值的函数会自动返回None。对None值作运算是引发程序异常的常见原因，例如：

```
a=None
print(a[0])                #None值不支持索引操作，将引发异常
print(a[:4])               #None值不支持切片操作，将引发异常
```

2.1.5 Python 类型转换

如果在一个运算式子中有不同精度的数据类型，Python将按“低精度转换为高精度”（整型→浮点型→复数）的隐式类型转换规则对参与运算的数据进行类型转换。另外，也可以使用指定的类型转换函数进行显式转换，如表2–3所示。

表 2–3　类型转换函数及其描述

函 数	描 述
int(x [,base])	将 x 转换为一个整数，例如 int(3.14)，结果为 3
float(x)	将 x 转换为一个浮点数，例如 float(43)，结果为 43.0
complex(real [,imag])	创建一个复数，例如 complex(2,4)，结果为 2+4j
str(x)	将对象 x 转换为便于阅读的字符串，例如 str(1235)，结果为 '1235'
repr(x)	将对象 x 转换为便于程序解释的字符串，例如 repr([0,1,3])，如果为 '[0,1,3]'
eval(str)	用来计算字符串中的有效 Python 表达式，并返回一个对象
chr(x)	将一个整数 ASCII 码转换为一个字符，例如 chr(90)，结果为 Z
ord(x)	将一个字符转换为它的 ASCII 整数值（汉字为 Unicode 编码）

续表

函 数	描 述
bin(x)	将整数 x 转换为二进制字符串，例如 bin(10)，结果为 '0b1010'
oct(x)	将一个数字转换为八进制，例如 oct(10)，结果为 '0o12'
hex(x)	将整数 x 转换为十六进制字符串，例如 hex(34)，结果为 '0x22'
tuple(s)	将序列 s 转换为一个元组
list(s)	将元组或集合 s 转换为一个列表

例如：

```
print(ord('和'))                    #'和'的Unicode编码为21644，结果是21644
print(chr(21644))                   #'和'的Unicode编码为21644，结果是'和'
var1=str([1,2,3,4])                 #把列表转换为字符串，结果为'[1,2,3,4]'
var2=eval('[1,2,3,4]')              #把字符串转换为列表，结果为[1,2,3,4]
var3=eval('(2+4)*4')                #对字符串描述的表达式进行求值，结果为24
```

2.2 常量和变量

2.2.1 常量

常量是指其值一旦定义便不能再变的量，例如，常用的圆周率π就是一个常量。在Python中，通常用全部大写的变量名表示常量：

```
PI=3.14159265359
```

但要注意，在Python中没有严格意义的常量，用大写变量名表示常量只是一种使用上的约定，该常量的值还是可以改变的。

2.2.2 变量

程序中的变量与代数方程中的变量相似，但可以表示任意类型的数据，而不仅仅是数字。在代数方程中，我们习惯使用x、y、z表示变量，而不会使用name、address等表示变量，因在代数方程中，变量的数量和种类非常有限，容易理解，不会造成相互冲突。但在计算机程序中，随着程序规模的增大，变量的数量和种类会非常庞大，如果单纯用x、y、z来表示变量将会无法区分，容易造成冲突，就像中国近14亿人口，如果全部用“张三”或“李四”来命名，将造成巨大的混乱。因此，对于程序中的每一个变量，必须给予一个容易记忆、符合规范、不会冲突的变量名称。变量名称必须符合大小写英文字母、数字和下画线的组合、且不能以数字开头的命名规则。这与人在起名时相似，必须遵循一定的规则。以下是某些变量的定义，有些是符合规范的、有些则是不合规范的。

```
a=1                                 #a是合法变量，是一个整数
t_007='T007'                        #t_007是合法变量，是一个字符串
_=True                              #_是合法变量，是一个布尔值
_grade='A'                          #_grade是合法变量，是一个字符串，以下画线开头
```

```
2x=10                               #2x是非法变量名，不能以数字开头
$3=10                               #$3是非法变量名，$不属于大小写字母、数字和下画线
99='abc'                            #99是非法变量名，不能以数字开头
```

在Python中，等号（=）是赋值运算符，用于把右边指定类型的值赋给左边的变量。Python是动态语言，同一变量在不同时刻可以赋予不同类型的值，这与静态语言不同，例如：

```
a=123                               #a是整数
a='ABC'                             #a是字符串
```

静态语言在定义变量时必须指定变量类型，赋值时类型必须匹配，否则会报错。例如，C++语言是静态语言，赋值语句如下（//表示注释作用同#）：

```
int a=520;                          //a是整型变量
a="程序设计";                        //错误：不能把字符串赋给整型变量
```

由于Python同一变量在不同时刻允许赋予不同的数据类型，就像同一个人可以同时拥有多个连姓都不相同的姓名一样，极易引起混乱，引发极难排除的程序逻辑错误。作为程序设计者，必须严格把控全局变量的使用，宁可定义多几个变量，也要确保变量的单一性，尤其在大型项目中。

作为初接触程序设计者，不要把赋值语句的等号等同于数学的等号，例如下面的代码：

```
x=20
x=x+10
```

x=x+10从数学上理解是不成立的，它不是通常意义上的方程式，无法求解。在程序中，赋值语句先计算右侧的表达式x+10，由于此时x的值是20，x+10得到结果是 30，再把结果赋给左边的变量x，这样x的值最终变成了30。对于x=x+10这样的式子，Python也经常写成x+=10，两者是等价的。

Python支持在同一个赋值运算符中对多个变量同时进行赋值，如：

```
a, b, c, d=20, 5.5, True, 4+3j
```

此时，a的值为20，b的值为5.5，c的值为True，d的值为4+3j。这种方式也经常用于拆包对象。

内置的type()函数可以用来查询变量的数据类型。

```
>>>a, b, c, d=20, 5.5, True, 4+3j
>>>print(type(a), type(b), type(c), type(d))
<class 'int'> <class 'float'> <class 'bool'> <class 'complex'>
```

当变量不再需要时，Python会自动回收，也可以使用del语句手工删除一些变量。

```
del var1[,var2[,var3[...,varN]]]
```

可以通过del语句删除单个或多个变量对象。例如：

```
del a                               #删除单个变量对象
del a, b                            #删除多个变量对象
```

【例2-1】已知某同学的信息如下，请用Python语言描述该同学的信息。

```
学号：20190210250001
姓名：梁晓敏
性别：女
籍贯：广东、广州
年龄：18
是否是班干部：是
```

分析：把用人类语言表达的信息转换成用计算机程序设计语言来描述，是程序设计的第一步，也是从人类思维向计算机思维方式转变的基础。在计算机程序设计中，所有的数据处理均始于变量的定义、运行于变量的加工处理而止于结果变量的输出，即常说的IPO过程（I：Input，输入；P：Process，加工处理；O：Output，输出）。变量的定义就是选用合适的变量名、合适的数据类型来描述我们要处理数据的过程。学生信息中有学号、姓名等，“学号”是一串数字，但因“学号”通常不参与数学运算，所以没必要使用数值型；“性别”因为只有“男”“女”两个值，与布尔类型相对应，可以用“True”表示“男”，用“False”表示“女”，也可以直接用字符串“男”“女”来描述；“年龄”是明显的数值型；“是否是班干部”是布尔型，因此用Python语言描述该同学的信息如下：

```
#ex2_1.py
sID='20190210250001'
sName='梁晓敏'
sGender='女'
sNativePlace='广东、广州'
iAge=18
bClassLeader=True
```

2.3 运算符与表达式

表达式就是计算求值的式子，如x=y+4。表达式由运算符（操作符）和运算数（操作数）组成。运算符是表示进行某种运算的符号；运算数包含常量、变量和函数等。例如，表达式y+4，在这里y和4称为操作数，“+”称为运算符。

2.3.1 运算符

1. 算术运算符

算术运算符用于实现数学运算，如表2-4所示。假设其中变量a=2、变量b=3。

表 2-4 算术运算符

运算符	描 述	示 例
+	加法	a+b=5
-	减法	a-b=-1
*	乘法	a*b =6
/	除法，保留小数	b/a =1.5

续表

运算符	描 述	示 例
%	模运算符，或称求余运算符，返回余数	b % a=1
**	指数，执行对操作数幂的计算	a**b =2^3（2 的 3 次方）
//	整除，其结果是将商的小数点后的数舍去	b//a =1，而 9.0//2.0=4.0

注意：

（1）表达式的乘号（*）不能省略。例如，数学表达式b^2-4ac相应的程序表达式应该写成：b*b−4*a*c。

（2）表达式中只能出现已定义的常量、变量或函数名。例如，数学表达πr^2相应的程序表达式不能写成π*r*r，除非已定义π变量。正确写法是：math.pi*r*r（其中，math.pi是Python已经定义的模块变量，可以通过import math命令引入）。

```
>>>import math
>>>math.pi
```

结果为3.141592653589793。

（3）表达式只使用圆括号改变运算的优先顺序（不能使用{}或[ ]）。可以使用多层圆括号，此时左右括号必须配对，运算时从内层括号开始，由内向外依次计算表达式的值。

2. 关系运算符

关系运算符用于对两个值进行比较，运算结果为True（真）或False（假）。对关系运算符的说明如表2–5所示（假设变量a=1，变量b=2）

表 2–5 关系运算符

运算符	描 述	示 例
==	检查两个操作数的值是否相等，如果相等则结果为 True	(a ==b) 结果是 False
!=	检查两个操作数的值是否不相等，如果值不相等则结果为 True	(a !=b) 结果是 True
>	检查左操作数的值是否大于右操作数的值，如果是则结果为 True	(a > b) 结果是 False
<	检查左操作数的值是否小于右操作数的值，如果是则结果为 True	(a < b) 结果是 True
>=	检查左操作数的值是否大于或等于右操作数的值，如果是则结果为 True	(a >=b) 结果是 False
<=	检查左操作数的值是否小于或等于右操作数的值，如果是则结果为 True	(a <=b) 结果是 True

可以把多个关系运算符组合在一个式子中，以表达不同的关系，例如x大于等于1并且小于等于5，可以写成这样：

```
1<=x<=5        #注意是<=，不是=<
```

该种表达式如果在其他语言中通常要用逻辑运算符把两个关系表达式连接起来，通常写成x>=1 and x<=5。

关系运算符的优先级低于算术运算符。

例如：

```
a+b>c        #等价于(a+b)>c
```

3. 逻辑运算符

Python中提供了3种逻辑运算符，分别是and、or、not，如表2-6所示。

表 2-6 逻辑运算符

运算符	描 述	示 例
and	逻辑与运算符，只有两个操作数同时是真（非零），结果才为真	(True and True) 结果是 True
or	逻辑或运算符，只要两个操作数有一个为真（非零），那么结果为真	(True or False) 结果是 True
not	逻辑非运算符，用于反转操作数的逻辑状态。如果操作数为真，则将返回 False；否则返回 True	(not True) 结果是 False

其运算结果如表2-7所示。

表 2-7 逻辑运算结果（假设参与运算的变量分别为 a、b）

变量 a 取值	变量 b 取值	a and b	a or b	not a
True	True	True	True	False
True	False	False	True	False
False	True	False	True	True
False	False	False	False	True

又如：

```
x=True
y=False
print("x and y=", x and y)
print("x or y=", x or y)
print("not x=", not x)
print("not y=", not y)
```

程序运行结果：

```
x and y=False
x or y=True
not x=False
not y=True
```

由此可见，对于and（与）运算，只有两个布尔值都为True时，计算结果才为True；对于or（或）运算，只要有一个布尔值为True，计算结果就是True；而not（非）运算，则把True变为False，或者把False变为True。

布尔运算在程序设计中通常用来做判断条件，根据计算结果为True或者False，控制程序执行不同代码块。

如果逻辑表达式的操作数值不是True或False，Python则将非0值作为True、0值作为False进行运算，如：

```
>>>a,b,c=0,5,3                       #a的值为0，b的值为5，c的值为3
>>>print(a and b)                    #结果为0
>>>print(a or b)                     #结果为5
>>>print(a or c or b)                #结果为3
```

说明：Python中的or运算符是从左到右计算的，只要遇到其值为真的表达式，or表达式计算即终止，并返回该值为真的表达式的值。

对于例2-1所描述的同学的信息，我们可以通过逻辑运算找出女班干部：

```
sGender=='女' and bClassLeader==True    #注意关系等是==，不是=
```

也可以找出年龄在18岁以上的男班干部：

```
sGender=='男' and bClassLeader==True and iAge>=18 #注意关系等是==，不是=
```

或者找出年龄在17～19之间或者当班干部的同学：

```
bClassLeader==True or (17<=iAge<=19)    #用括号改变表达式计算顺序
```

在数学运算中，逻辑值True作为数值1、False作为数值0参与计算。

```
>>>True+5                            #结果6
>>>False+5                           #结果5
```

4. 赋值运算符

赋值运算符“=”的格式为：

```
变量=表达式
```

表示将其右侧的表达式求值，把所得的结果赋给左侧的变量。例如：

```
i=3*(2+6)-3                          #i的值变为21
```

说明：

（1）赋值运算符左侧必须是变量名，右侧可以是常量、变量、函数调用或者常量、变量、函数调用组成的表达式。例如：

```
x=10
y=x+10                               #把x+10的结果赋给y
y=math.abs(-2)                       #对函数abs()的调用
10=x                                 #非法，左边不是变量名
```

（2）赋值符号“=”不同于数学的等号，它没有相等的含义（相等在Python中是“==”，又称为“双等”）。

例如：x=x+1是合法的（数学中是无解的），它的含义是取出变量x的值加1，再把加1后的结果存放到变量x中。

在Python语言中，除了“=”赋值运算，还有其他复合赋值运算，具体如表2-8所示。

表2-8 赋值运算符

运算符	描述	示例
=	直接赋值	x=1
+=	加法赋值	x +=1 相当于 x=x+1

续表

运算符	描 述	示 例
-=	减法赋值	x-=1 相当于 x=x-1
*=	乘法赋值	x*=2 相当于 x=x*2
/=	除法赋值	x/=2 相当于 x=x/2
%=	取模赋值	x %=a 相当于 x=x % a
**=	指数幂赋值	x**=a 相当于 x=x**a
//=	整除赋值	x//=a 相当于 x=x//a

5. 位运算符

位（bit）是计算机中表示信息的最小单位，位运算是对参与运算的操作数转换成二进制后逐位处理的位操作。参与运算的操作数必须为整数。位运算包括按位与（&）、按位或（|）、按位异或（^）、按位求反（~）、左移（<<）、右移（>>）。假设a=50（二进制为00110010）, b =14（二进制为00001110），现以二进制格式表示它们的位运算如下（所有运算均按操作数位从右往左，逐位处理）：

```
a       =       0011 0010
b       =       0000 1110
-------------------------
a&b     =       0000 0010          #位与：两位同时为1，结果才是1
a|b     =       0011 1110          #位或：两位只要有1，结果即为1
a^b     =       0011 1100          #位异或：两位相同结果为0，否则为1
~a      =       1100 1101          #求反：0变1、1变0
```

（1）按位与（&）。从右到左，逐位参与“与”运算。

```
a=4
b=20
c=a&b
          a = 0 0 0 0 0 1 0 0
      &   b = 0 0 0 1 0 1 0 0
-----------------------------
          c = 0 0 0 0 0 1 0 0
```

所以，变量c的值为4。

（2）按位或（|）。从右到左，逐位参与“或”运算。

```
a=4
b=20
c=a|b
          a = 0 0 0 0 0 1 0 0
      |   b = 0 0 0 1 0 1 0 0
-----------------------------
          c = 0 0 0 1 0 1 0 0
```

所以，变量c的值为20。

注意：尽管在位运算过程中，按位进行逻辑运算，但位运算表达式的值不是一个逻辑值。

（3）按位求反（~）。运算符“~”是一元运算符，结果将操作数的对应位逐一取反。

例如：

```
a=4
c=~a
         ~  a = 0 0 0 0 0 1 0 0
-------------------------------
            c = 1 1 1 1 1 0 1 1
```

所以，变量c的值为-123。因为补码形式，最高位为符号位，1表示是负数。

（4）按位异或（ ^ ）。从右到左，逐位参与“异或”运算。所谓异或运算是指若对应位相异，结果为1；若对应位相同，结果为0。

例如：

```
a=4
b=20
c=a^b
            a = 0 0 0 0 0 1 0 0
         ^  b = 0 0 0 1 0 1 0 0
-------------------------------
            c = 0 0 0 1 0 0 0 0
```

所以，变量c的值为16。

（5）左移（<<）。左移运算的格式为：a<<n（a、n是整数），其含义是将a按二进制位向左移n位，移出的高n位舍弃，低位补n个0。

例如a=8，a的二进制形式是0000 1000，做x=a<<3运算后x的值是0100 0000，其十进制数是64。

左移一个二进制位，相当于乘2操作。左移n个二进制位，相当于乘以2n操作。

左移运算可能导致数据溢出，因为整数的最高位是符号位，当左移一位时，若符号位不变，则相当于乘以2操作，但若符号位改变，将导致数据溢出。

（6）右移（>>）。右移运算的格式为：a>>n（a、n是整数），其意义是将a按二进制位向右移动n位，移出的低n位舍弃，高n位补0或1。若a是有符号的整型数，则高位补符号位；若a是无符号的整型数，则高位补0。

右移一个二进制位，相当于除以2操作，右移n个二进制位相当于除以2n操作。例如：

```
>>>a=8                  #00001000
>>>x=a>>1               #00000100
>>>print(x)             #输出结果4
```

【例2-2】编写一个简单的字符加解密程序，可对某一字符进行加解密处理。

分析：所有数据在计算机中都是以二进制方式存储，只要更改二进制数据的某一位或几位，数据就会变成另一个数据。例如更改字符a的某一位二进制位，字符a可能变成字符x，甚至变成不可见字符，使得数据失去了原有的含义，从而达到数据加密的目的。而数据解密则是把已加密的数据还原成原来的数据。二进制异或是一种很奇特的运算，以某一数k（加密用的密钥）对另一数x（被加密文本，称为明文）作x^k运算，将得到一个与x不相同的数y（加密后的文本，称为密文），如果再拿密钥k与密文y作y^k的运算，将还原回原来的明文x。

```
#ex2_2.py
ch='a'                    #待加密的字符
key=0b0101001             #加密密钥，可以是任意的二进制数
enc=ord(ch)^key           #用ord取字符ch的ASCII与密钥作异或运算，得到加密后的密文enc
print(enc)                #输出72，是字符H的ASCII，字符a被加密成了字符H
dec=chr(enc^key)          #密文与密钥作异或运算还原回原来的ASCII，用chr把ASCII转为字符
print(dec)                #输出a，字符被还原回来了
```

6. 标识运算符

标识运算符用于比较两个对象的内存位置，如表2-9所示。

表 2-9 标识运算符

运算符	描述	示例
is	如果运算符两侧的变量指向相同的对象，则计算结果为 True，否则为 False	如果 id(x) 的值为 id(y)，则 x 为 y，这里结果是 True
is not	如果两侧的变量运算符指向相同的对象，则计算结果为 False，否则为 True	如果 id(x) 不等于 id(y)，则 x 不为 y，这里结果是 True

7. 运算符优先级

如果一个表达式包含多种运算符，将按预先约定的先后顺序对各运算符进行运算，这个顺序称为运算符优先级，如表2-10所示（数字越小、级别越高）。当然，可以用括号()改变这种默认的运算顺序。

表 2-10 运算符优先级

优先级	运算符	描述
1	**	幂
2	~ + −	求反、一元加号和减号
3	* / % //	乘、除、取模和整除
4	+ −	加法和减法
5	>> <<	左、右按位转移
6	&	按位与
7	^		按位异或和按位或
8	<= < > >=	比较（即关系）运算符
9	<> == !=	比较（即关系）运算符
10	= %= /= //= −= += *= **=	赋值运算符

续表

优先级	运算符	描述
11	is　is　not	标识运算符
12	in　not　in	成员运算符
13	not　and　or	逻辑运算符

2.3.2 表达式

表达式是一个由常数、常量、变量、函数和运算符组成的运算式子，经计算后都是一个确定的值。本书后续章节中介绍的序列、函数、对象都可以成为表达式的一部分。表达式可以使用圆括号改变运算的优先顺序（不能使用{}或[]）。可以使用多层圆括号，此时左右括号必须配对，运算时从内层括号开始，由内向外依次计算表达式的值。

【例2-3】已知计算三角形面积的海伦公式如下，其中$p=(a+b+c)/2$。假设三角形三条边a、b、c分别为3、6、4，试计算其组成的三角形的面积。

$$S=\sqrt{p(p-a)(p-b)(p-c)}$$

分析：计算公式中除了三角形三条边a、b、c外，还有参数p，所以要先计算p才能计算其面积。根号运算可以使用math库中的sqrt方法。

```
#ex2_3.py
import math                                  #引入math库
a,b,c=3,6,4
p=(a+b+c)/2                                  #先计算p的值
s=math.sqrt(p*(p-a)*(p-b)*(p-c))             #注意表达式中的括号与*
print(s)                                     #输出5.3326
```

习题

1. Python 基本数据类型有哪些？各有何用途？

2. 写出下列运算式子的 Python 表达式。

（1）$x=\sqrt{a^2+b^2}$　　（2）$x=\pi r^2$

（3）$x=\dfrac{(3+a)^2}{2c+4d}$　　（4）$z=2\sin\left(\dfrac{x+y}{2}\right)\cos\left(\dfrac{x-y}{2}\right)$

提示：math.sin(x) 函数返回的是 x 弧度的正弦值，math.cos(x) 函数返回的是 x 弧度的余弦值，math.sqrt(x) 函数返回数字 x 的平方根。函数请参考第 5 章。

3. 假设 x 为性别、y 为身高、z 为年龄，则表示“年龄在 15 岁到 18 岁之间或者身高在 1.65 m 到 1.75 m 之间的女同学”的 Python 表达式为：________。

4. 假设 a=8，则 a>>2 等于 ________，a<<2 等于 ________。

5. 假设 x=5，y=4，则 x|y 等于 ________，x&y 等于 ________，

x^y 等于 ________________。

6. 假设 x=True、y=False，则表达式 x and y 等于 ________，x or y 等于 ________，y or x 等于 ________，y and x 等于 ________。

7. 表示“b^2–4ac大于0并且a不等于3”的Python表达式为：______________________。

8. 以5为实部6为虚部，Python复数的表达形式为__________。

9. 计算下列表达式的值，设a=9，b=–2，c=3。

（1）2*3**4/2　　　　（2）a*4 % 3

（3）a%4+b*b–c//3　　　　（4）(b**2–4*a*c)/2*a

10. 有一个数x，能被4整除、但不能被100整除，或者能被400整除，该Python表达式为：____。

第3章 Python高级数据类型

仅用简单的数据类型描述大批量、有规律的数据，将遇到很大的困难。例如，我们可以用一个变量 sName 来描述一位同学的姓名，但如何描述一个班的同学姓名呢？班中有 50 位同学，是不是要定义 50 个姓名变量，如 sName001、sName002……？显然，此法不可行。此时，需使用 Python 高级数据类型。Python 高级数据类型包括列表、元组、集合、字典等，是 Python 描述复杂数据的重要工具。

3.1 有序序列

序列是Python重要数据类型之一。序列是数据集合体，如一个班所有同学的姓名可以组成一个姓名序列。序列有有序和无序之分。有序序列（包括文本、列表、元组、range对象等）是指序列中的每个元素均有一个位置索引值与之对应，通常是在把元素插入到序列中时自动确定。而无序序列（包括集合、字典等）元素没有对应的位置索引，因而无法通过索引方式访问其元素。在有序序列中，每个元素均有一个对应的索引值，从0开始，第一个元素的索引值为0，第二个为1，依此类推。序列可以进行的操作包括索引、截取（切片）、加、乘、成员检查、取序列长度、取最大和最小元素等。

3.1.1 文本序列

第2章所说的文本型字符串，在Python中实质上是通过str序列对象（文本序列）来实现的，因此字符串支持序列的常规操作，例如索引访问、切片、成员检查等。另外，Python针对字符串这个特殊序列提供了一系列额外的处理方法。

1. 定义文本序列

定义文本序列就是定义字符串，只要为变量分配一个带单引号或双引号的值即可。例如：

```
var1='Hello World!'                #用成对的单引号定义字符串
var2="Python Programming"          #也可以用成对的双引号定义字符串
name="张三"                        #name是字符型，值为"张三"
phonenumber="13798984498"          #phonenumber不是数值型，而是字符串，因为有双引号
```

2. 访问文本序列

访问文本序列，可以使用方括号并指定位置索引或截取范围（切片），如：

```
var1='Hello World!'
var2="Python Programming"
print("var1[0]: ", var1[0])              #取索引为0的字符H，注意索引号从0开始
print("var2[1:5]: ", var2[1:5])          #切片，从位置1开始到位置5的字符
```

程序运行结果：

```
var1[0]: H
var2[1:5]: ytho    #切片，从位置1开始到位置5结束（不包括位置5的字符）
```

切片是序列后跟一个方括号，方括号中有一对可选的数字，并用冒号分隔，如[1:5]。切片操作中的第一个数（冒号之前）表示切片开始位置（从0开始），第二个数（冒号之后）表示切片结束位置（从0开始，不包括结束位置的字符）。

切片时如果不指定第一个数（开始位置），Python就从字符串（或序列等）首开始。如果不指定第二个数（结束位置），则Python会停止在字符串（或序列等）尾。注意：返回的切片内容从开始位置开始到结束位置之前。例如，[1:5]取位置1到位置5之前（不包括位置5的字符）的内容。

```
print("var1[:4]: ", var1[:4])            #切片，到位置4为止
print("var2[2:]: ", var2[2:])            #切片，从位置2开始到结尾
```

程序运行结果：

```
var1[:4]: Hell                           #从位置0开始，到4为止（不包括位置4所在字符。）
var2[2:]: thon Programming               #从位置2开始（第3个字符），到字符串结尾
```

切片操作在需要获取字符串某一部分子串时经常使用，例如已知某人的姓名是“张三”，请问此人姓什么？用程序可以这样求解：

```
name='张三'
print(name,"姓",name[:1])
```

程序运行结果：

```
张三 姓 张
```

3. 修改文本序列

虽然可以通过位置索引访问文本序列中的元素值，但不能通过位置索引修改文本序列元素（类似于元组），如下方法将引发程序异常：

```
var1='Hello World!'
var1[0]='h'                              #把大写字母H改为小写字母h
Traceback (most recent call last):
 File "<pyshell#8>", line 1, in <module>
  Var1[0]='h'
TypeError: 'str' object does not support item assignment
```

因此，文本序列具有只读性质，一旦创建之后不能直接修改其值，除非重新创建。假如要把上面示例中的Hello World! 修改成hello world!，只能通过重新给var1赋值的方法来实现。

```
var1='hello world!'
```

当然，如果仅仅把字符串的首字母改成小写或大写，可以利用文本序列的内置函数，例如：

```
var1='Hello World!'
var1=var1.casefold()
print(var1)        #输出'hello world!'
```

又如，要把var1中的大写字母H修改为小写字母h，可以调用replace()函数。

```
var1='Hello World!'
var1=var1.replace("H","h")
```

文本序列提供了大量的内置函数，用于根据字符串的特点进行相应的处理，如首字母转大写、所有字母转小写、文本居中、删除文本前后空格等，具体内容可参考表3-1。

4. 文本序列内置函数及运算符

Python文本序列内置函数及运算符分别如表3-1和表3-2所示。实例中变量a的值为字符串"ILove "，变量b的值为字符串"Python"。

表 3-1 Python 文本序列内置函数（假设字符串变量名为 mstr）

函 数	描 述
mstr.capitalize()	首字符转为大写，其余字符转为小写
mstr. casefold()	首字符转为小写，其余字符不变
mstr. center(width[, fillchar])	左右填充 fillchar，字符居中，总宽度为 width
mstr.count(sub[, start[, end]])	返回子字符串 sub 在 [start, end] 范围内非重叠出现的次数
mstr.startswith(suffix[,start[, end]])	是否以 suffix 字符开头
mstr.endswith(suffix[, start[, end]])	是否以 suffix 字符结尾
mstr.find(sub[, start[, end]])	返回子字符串 sub 在 [start:end] 切片内被找到的最小索引
mstr.index(str, beg=0,end=len(string))	同 find() 方法一样，只不过如果 str 不在 string 中会报一个异常
mstr.isalnum()	字符串是否为字母或数字
mstr.isalpha()	字符串是否为纯字符
mstr. isdigit ()	字符串是否为纯数字
mstr.islower()	字符串是否为小写字母
mstr.replace(old, new[, count])	把 old 子串替换成 new 子串，俗称查找替换
mstr.lower()	全部转为小写
mstr.upper()	全部转为大写
mstr.strip([chars])	删除字符串前后指定的字符，通常用于删除前后的空格
mstr.rstrip()	删除 mstr 字符串末尾的空格
mstr.lstrip()	删除 mstr 字符串开头的空格
mstr.split(sep=None, maxsplit=-1)	返回一个由 sep 分隔的字符串列表

续表

函数	描述
mstr.splitlines([keepends])	返回由各行文本组成的列表
mstr.join(iterable)	用 mstr 作为分隔符，把 iterable 的字符串元素拼接起来
len(mstr)	返回 mstr 字符串字符个数

表 3-2 Python 文本序列运算符

操作符	描述	实例
+	字符串连接	a+b 输出结果：ILove Python
*	重复输出字符串	a*2 输出结果：ILove ILove
[]	通过索引获取字符串中的字符	a[1] 输出结果：L
[:]	切片，截取字符串中的一部分	a[1:4] 输出结果：Lov
in	成员运算符，如果字符串中包含给定的字符，则返回 True	'L' in a 输出结果：True
not in	成员运算符，如果字符串中不包含给定的字符，则返回 True	'T' not in a 输出结果：True
r 或 R	原始字符串，转义字符功能消失，所有字符串直接按照字面的意思使用	print(r'\n table \n') 和 print(R'\n table \n')，输出结果 \n table \n，字符串中的转义字符 \n 不再起作用

【例3-1】设计一个简单分词器，把英文句子分成独立的单词。

分析：在英文句子中，空格是单词之间的分隔符，因此只要以空格作为分隔符调用文本序列的split分割函数即可取得句子各单词。

```
#ex3_1.py
sent="We've also provided some controls below to enable you tailor the playground
to a specific topic or lesson"          #要分词的句子放在变量sent中
for word in sent.split(' '):          #按空格分割单词，并逐个赋给变量word
    print(word)                       #word为分割出来的每个单词
```

代码中使用了循环for语句，其功能是把split()函数分割出来的单词逐个赋给变量word，再由后面的print语句显示出来。

程序运行结果：

```
We've
also
provided
some
controls
…
```

【例3-2】以下为CSV格式保存的学生成绩表，请把各学生的成绩显示出来。

```
谭青,89.5,90
张思明,68,87
谢文,92,94
```

```
邓国,78,89
罗艳,56,68
李晓,92,89
```

分析：CSV是一种常用的数据文件格式，其主要特点是文件由多行数据组成（有\r\n标识），每行以某个分隔符分隔各列的数据，例如本例中用“,”（逗号）分隔。因此对CSV文件的处理要分两步：第一步把行分割出来，第二步针对每一行根据指定的分割符把各列分割出来。

```
#ex3_2.py
data=("谭青,89.5,90\r\n"            #转义符\r\n为回车换行，是文本文件中的分行标记
      "张思明,68,87\r\n"            #每列的数据用","分隔
      "谢文,92,94\r\n"
      "邓国,78,89\r\n"
      "罗艳,56,68\r\n"
      "李晓,92,89\r\n"
     )
for line in data.splitlines(False): #splitlines可以分割以\r\n标识的行
   for item in line.split(","):     #针对每一行按","分割每一列
     print(item)                    #显示分隔出来的列
```

此处代码使用了两个for语句，并且后一个包含在前一个中，称为循环嵌套。前一个for循环的功能是把splitlines()分割出来的行逐行赋给变量line，后一个for循环的功能是每取到一行就用split()对该行进行分割，并把分割结果逐个赋给变量item, 再由后面的print语句把item变量值显示出来。

程序运行结果：

```
谭青
89.5
90
张思明
68
87
谢文
92
94
…
```

视频：
列表

3.1.2　列表

列表类似于其他语言的数组，但功能比数组强大得多，如数据项可有不同的数据类型、数据项数量不固定等。

1．创建列表

用方括号[]把逗号分隔的不同数据项括起来即可创建列表，例如：

```
li1=['中国', '英国', 1997, 2019]; #数据项类型不同
li2=[1, 2, 3, 4, 5,6];
sNames=['谢文', '谭青', '张思后', '邓国', '罗艳', '李晓']
```

2．添加列表项

使用 append()方法可在列表末尾添加元素。例如：

```
li1=['中国', '英国', 1997, 2019]
li1.append(2003)
print(li1)
```

程序运行结果：

```
['中国', '英国', 1997, 2019, 2003]
```

3. 修改列表项

可以对列表的数据项进行修改。例如：

```
print( "位置索引2的原值是: ", sNames [2])
sNames[2]='张思明';                                   #修改索引号为2的数据项
print( "位置索引2的新值是: ", sNames [2])
```

程序运行结果：

```
位置索引2的原值是: '张思后'
位置索引2的新值是: '张思明'
```

4. 访问列表中的项

使用下标索引访问列表中的值，也可以使用方括号切片截取。例如：

```
print("sNames[0]: ", sNames[0])
print("sNames[1:5]: ", sNames[1:5])
```

程序运行结果：

```
sNames[0]: '谢文'
sNames[1:5]: ['谭青', '张思明', '邓国', '罗艳']       #切片生成一个新的列表
```

5. 列表项排序

向列表对象添加元素时，通常是以添加的顺序保存，如果要对元素排序，可以使用以下方法：

方法一：使用List对象的内置方法sort()。例如：

```
sNames=['谭青', '张思明', '邓国', '罗艳']
sNames.sort(reverse=True)   #reverse取值: True—降序,False—升序
print("排序后的值: ", sNames)
```

程序运行结果：

```
排序后的值: ['邓国', '谭青', '罗艳','张思明']
```

方法二：利用sorted()内置函数，例如：

```
sNames=['谭青', '张思明', '邓国', '罗艳']
sort_Name=sorted(sNames,reverse=True) #reverse取值: True—降序,False—升序
print("排序后的值: ", sort_Name)
```

程序运行结果：

```
排序后的值: ['邓国', '谭青', '罗艳','张思明']
```

6. 删除列表项

方法一：使用 remove()方法删除列表中的元素。例如：

```
li1=['中国', '英国', 1997, 2019]
li1.remove(1997)
li1.remove('英国')
print(li1)
```

程序运行结果：

```
['中国', 2019]
```

方法二：使用pop()方法删除列表中指定位置的元素，无参数时删除最后一个元素。例如：

```
li1=['中国', '英国', 1997, 2019]
li1.pop(2)                                    #删除位置2元素1997
li1.pop()                                     #删除最后一个元素2019
print(li1)
```

程序运行结果：

```
['中国', '英国']
```

方法三：使用del语句删除列表中的元素。例如：

```
print(sNames)
del sNames[2]                                 #删除索引号为2的数据项
print("删除位置索引2的值后：", sNames)
```

程序运行结果：

```
['谢文', '谭青', '张思明', '邓国', '罗艳', '李晓']
删除位置索引2的值后：['谢文', '谭青', '邓国', '罗艳', '李晓']
```

如果用del语句时不指定元素序号，则把整个列表删除，列表删除后将不能再访问。

7. 清空列表

```
li1=['中国', '英国', 1997, 2019]
li1.clear()
print(li1)
```

程序运行结果：

```
[]
```

8. 定义多维列表

如果一个列表的数据项又是另一个列表，形成列表的嵌套，该列表便是多维列表。二维列表是常用的多维列表，如图3-1所示的“学生成绩表”即为二维列表。

1	姓名	Python程序设计	数据处理基础
2	谭青	89.5	90
3	张思明	68	87
4	谢文	92	94
5	邓国	78	89
6	罗艳	56	68
7	李晓	92	89

图3-1　学生成绩表

在Python中，可以用以下方法来描述该成绩表：

```
score=[["姓名", "Python程序设计","数据处理基础"],          #数据项是另一个列表
       ["谭青",89.5,90],
       ["张思明",68,87],
       ["谢文",92,94],
       ["邓国",78,89],
```

```
    ["罗艳",56,68],
    ["李晓",92,89],
    ]
```

由此可见，多维列表的数据项（元素值）也是一个列表，只是维度比父列表小1，即二维列表（即其他语言的二维数组）的数据项是一维列表，三维列表的数据项是二维列表，依此类推。二维列表比一维列表多一个索引（由行、列组成），可按如下方法获取元素：

```
列表名[索引1][索引2]
```

例如显示“张思明”的“Python程序设计”课程的成绩，可按如下方法实现：

```
print(score[2][1])        #第3行第2列，张思明的Python程序设计成绩，索引值从0开始
```

程序运行结果：

```
68
```

由于二维列表的数据项是另一个列表，因此如果只指定一个索引，返回的结果将是另一个列表。

```
print(score[2])           #第3行，是张思明同学的全部数据
```

程序运行结果：

```
["张思明",68,87]
```

又如，定义4行6列的二维列表，打印出元素值。

```
rows=4
cols=6
#用列表生成式生成二维列表
mat=[[0 for col in range(cols)] for row in range(rows)]
for i in range(rows):
    for j in range(cols):
        mat[i][j]=i*(4+j) #给列表每个元素赋值
        print(mat[i][j],end=",")
    print('\n')
```

程序运行结果：

```
0,0,0,0,0,0,
4,5,6,7,8,9,
8,10,12,14,16,18,
12,15,18,21,24,27,
```

列表生成式是Python内置的一种极其强大的生成列表的表达式，详见4.2.5节。本例中第3行代码生成的列表如下：

```
mat=[[0, 0, 0, 0, 0, 0],
     [0, 0, 0, 0, 0, 0],
     [0, 0, 0, 0, 0, 0],
     [0, 0, 0, 0, 0, 0]
   ]
```

9. 列表的操作符及内置函数

具体操作符及内置函数如表3-3和表3-4所示。

表 3-3 Python 列表的操作符应用示例

Python 表达式	描 述	结 果
[1, 2, 3]+[4, 5, 6]	列表组合	[1, 2, 3, 4, 5, 6]
['Ok!']*5	重复列表元素（此处重复 5-1 次）	['Ok!', 'Ok!', 'Ok!', 'Ok!', 'Ok!']
4 in [1, 2, 3,4,5]	元素是否存在于列表中	True
for x in [1, 2, 3]: print (x, end=" ")	迭代，x 依次取列表中的元素值	1 2 3

表 3-4 Python 列表的内置函数（假设列表变量名为 mlist）

函 数	功 能
mlist.append(obj)	在列表末尾添加新的对象元素
mlist.insert(index, obj)	将对象元素插入列表 index 所指定的位置
mlist.extend(seq)	在列表末尾一次性追加 seq 序列中的所有值（用新列表扩展原来的列表）
mlist.pop(index)	移除列表中 index 位置的一个元素（默认最后一个元素），并且返回该元素的值
mlist.remove(obj)	移除列表中某个值的第一个匹配项
mlist.clear()	清空列表
mlist.reverse()	反转列表中元素顺序
mlist.sort(cmp=None, key=None, reverse=False)	对原列表按 cmp 指定的规则进行排序，key 为排序的列，reverse 为排序方式，其中 True 表示降序、False 为升序，功能与内置函数 sorted 相同
mlist.count(obj)	统计某个元素在列表中出现的次数
mlist.index(obj)	从列表中找出某个值第一个匹配项的索引位置
len(mlist)	内置函数，返回列表元素个数
max(mlist)	内置函数，返回列表元素最大值
min(mlist)	内置函数，返回列表元素最小值
sum(mlist)	内置函数，返回列表元素值和
str(mlist)	内置函数，将列表转换成字符串，可以通过 eval() 把该字符串再转换成列表
list(seq)	内置函数，将元组 seq 转换为列表
sorted(mlist, cmp=None, key=None, reverse=False)	内置函数，对列表 mlist 按 cmp 指定的规则进行排序，key 为排序的列，reverse 为排序方式，其中 True 表示降序、False 为升序，以列表方式返回排序结果，原列表保持不变

3.1.3 元组

元组（Tuple）可以看作是列表的特殊形式，是只读型列表，除此之外，其使用方法与列表相似。由于是只读型的，元组创建后其元素便不能再修改（与文本序列相似），因此，列表中所有对元素作改动的操作，例如添加、扩展、插入、删除、清空、排序、反转等在元组中是不支持的。元组中的元素类型也可以不相同。

视频：
元组

1. 创建元组

创建元组与创建列表相似，但元组用的是小括号()，如果只有一个空括号，表示创建空元组。如果元组只有一个元素，需要在元素后面添加逗号。例如：

```
tup1=('中国', '英国', 1997, 2019)        #用()表示创建元组
tup2=(1, 2, 3, 4, 5 )
tup1=()
tup1=(150,)
```

元组与列表类似，下标索引从0开始，可以进行切片、连接等。

2. 访问元组

可以使用下标索引或切片来访问元组中的值。例如：

```
tup1=('中国', '英国', 1997, 2019)
print("tup1[0]: ", tup1[0])               # 输出元组的第1个元素
print("tup1[1:3]: ", tup1[1:3])           # 切片，输出从第1个元素开始到第3个元素
print(tup1[2:])            #切片，输出从第3个元素开始的所有元素
print(tup1*2)              #输出元组2次
```

程序运行结果：

```
tup1[0]: 中国
tup1[1:3]: ('英国', 1997)
(1997, 2019)
('中国', '英国', 1997, 2019, '中国', '英国', 1997, 2019)
```

3. 删除元组

元组是只读的，不能删除元素值，但可以使用del语句删除整个元组。例如：

```
tup=(1997, 2019,'中国', '英国');
print(tup)
del tup
print("删除元素 tup后: ")
print(tup)
```

当元组被删除后，如果再访问该元组将会引发异常，输出结果如下：

```
(1997, 2019,'中国', '英国')
删除元素 tup后:
NameError: name 'tup' is not defined
```

4. 连接元组

元组中的元素值是只读的，不允许修改，但可以对元组进行连接组合。例如：

```
tup1=(32, 44, 66)
tup2=(78, 90)
#tup1[0]=200               #修改元组元素操作是非法的
```

```
tup3=tup1+tup2                    #连接元组，创建一个新的元组
print(tup3)
```

程序运行结果：

```
(32, 44, 66, 78, 90)
```

5. 元组运算符及内置函数

元组是只读型列表，其运算符及内置函数的说明如表3-5和表3-6所示。

表3-5 Python元组的运算符应用示例

Python 表达式	描 述	结 果
(1, 2, 3)+(4, 5, 6)	连接	(1, 2, 3, 4, 5, 6)
('a','b')*5	重复元组元素（此处重复5-1次）	('a', 'b', 'a', 'b', 'a', 'b', 'a', 'b', 'a', 'b')
3 in (1, 2, 3,4,5)	元素是否存在	True
for x in (1, 2, 3): print (x, end=" ")	遍历元组	1 2 3

表3-6 Python元组的内置函数（假设元组变量名为mtuple）

函 数	描 述
len(mtuple)	计算元组元素个数
max(mtuple)	返回元组中元素的最大值
min(mtuple)	返回元组中元素的最小值
sum(mtuple)	内置函数，返回元组元素值和
str(seqt)	内置函数，将元组转换成字符串，可以通过eval把该字符串再转换成元组
tuple(seq)	将列表转换为元组
sorted(mtuple, cmp=None, key=None, reverse=False)	内置函数，对元组mtuple按cmp指定的规则进行排序，key为排序的列，reverse为排序方式，其中True表示降序、False为升序，以列表方式返回排序结果，原元组保持不变

例如：

```
tup1=(12, 34, 56, 16, 77)
y=min(tup1)
print(y)                          #输出结果：12
```

在Python中，经常用元组一次性对多个变量赋值或进行参数传递。例如：

```
>>>(x,y,z)=(1,2,3)                #等效于x,y,z=1,2,3
>>>print(x,y,z)                   #输出结果1 2 3
```

因此，常用的x、y两值交换在Python中可以简单写成：

```
>>>x,y=y,x
>>>print(x,y)                     #输出结果2 1
```

6．元组与列表转换

因为元组是只读的，无法直接修改，如果要修改其元素可以将元组转换为列表，修改完后再把列表转换为元组。实际上列表、元组和文本序列之间可以使用str()、tuple()和list()函数相互转换。

List()函数可以把元组转换为列表：

```
列表对象=list(元组对象)
```

例如：

```
tup=(1, 2, 3, 4, 5,6,7)
li1=list(tup)                    #元组转换为列表
print(li1)                       #返回[1, 2, 3, 4, 5,6,7]
```

tuple()函数可以把列表转换为元组：

```
元组对象=tuple(列表对象)
```

例如：

```
nums=[1, 3, 5, 7, 9, 11,13]
print(tuple(nums))               #列表转换为元组，返回(1, 3, 5, 7, 9, 11,13)
```

str()函数可以把列表转换成文本字符串：

```
nums=[1, 3, 5, 7, 9, 11, 13]
str1=str(nums)
#列表转换为字符串，返回含中括号及逗号的'[1, 3, 5, 7, 9, 11, 13]'字符串
print(str1[2])                   #打印出逗号,因为字符串中索引号2的元素是逗号
city=['广州', '深圳', '香港', '澳门']
str2="%".join(city)              #用百分号连接起来的字符串——'广州%深圳%香港%澳门'
str2="".join(city)               #用空字符连接起来的字符串——'广州深圳香港澳门'
```

需要注意，用str()把列表、元组、字典等转换为字符串后，如果想把字符串还原回原来的对象，不能使用list()、tuple()或dict()函数，必须使用eval()函数。

```
nums=[1, 3, 5]
str1=str(nums)                   #str1的值为：'[1, 3, 5]'字符串
list1=list(str1)
#list1的值为：['[', '1', ',',' ', '3',',',' ', '5', ']'], 无法还原回原来的对象
List2=eval(str1)                 #list2的值为[1, 3, 5], 正确还原回原来的对象
```

3.1.4 range

range常用于构造整数列表，它的格式是range(start, stop[, step])。其中，start是列表元素起始值，默认为0；stop是列表元素终止值（不包括该值）；step是递增的步长，默认为1。

```
>>>list(range(10))               #从 0 开始到 10，不包括10
[0, 1, 2, 3, 4, 5, 6, 7, 8, 9]
>>>list(range(1, 11))            #从 1 开始到 11
[1, 2, 3, 4, 5, 6, 7, 8, 9, 10]
```

```
>>>list(range(0, 30, 5))        #步长为 5
[0, 5, 10, 15, 20, 25]
>>>list(range(0, 10, 3))        #步长为 3
[0, 3, 6, 9]
>>>list(range(0,-10,-1))        #负数
[0,-1,-2,-3,-4,-5,-6,-7,-8,-9]
>>>list(range(0))
[]
>>>list(range(1, 0))
[]
```

3.2 无序序列

3.2.1 集合

集合（set）是一个无序（无序意味着不能通过位置索引访问元素）且元素唯一的序列，其基本功能是进行成员关系测试和重复元素的删除。

1. 创建集合

创建集合可以使用花括号{}或者set()函数，例如：

```
teacher={'Smith','Tom', 'Jim', 'Rose', 'Mary', 'Tom', 'Jack', 'Rose'}
print(teacher)  #重复的元素被自动删除
```

程序运行结果：

```
{'Jack', 'Rose', 'Mary', 'Jim', 'Smith', 'Tom'}
```

由于{}用于创建空字典，因而创建一个空集合须用set()而不是{ }。

2. 成员测试

```
if(' Tom ' in teacher) :
    print('Tom 在集合中')
else :
    print('Tom 不在集合中')
```

程序运行结果：

```
Tom 在集合中
```

3. 集合运算及内置函数

集合的运算及内置函数的说明如表3-7和表3-8所示。

表 3-7　Python 集合运算符应用示例

Python 表达式	描 述	结 果
{1, 2, 3,4} | {3,4, 5, 6}	并集 A B	{1, 2, 3, 4, 5, 6}，A、B 所有元素

续表

Python 表达式	描 述	结 果
{1,2,3,4}&{3,4,5,6}	交集 A B	{3,4}，A、B 相同的元素
{1,2,3,4}-{3,4,5,6}	差集 A B	{1,2}，在 A 中且不在 B 中的元素
{1,2,3,4}^{3,4,5,6}	补集 A B	{1,2,5,6}，A、B 去掉相同的元素

表 3-8 Python 集合的内置函数（假设集合变量名为 mset）

函 数	功 能
mset.add(elem)	在集合中添加新的元素
mset.discard(elem)	如果元素 elem 存在于集合中，则将其删除
mset.pop()	从集合中删除并返回任意一个元素
mset.remove(elem)	从集合中删除 elem 元素，如果元素不存在将引发异常
mset.clear()	清空集合
sorted(mset, cmp=None, key=None, reverse=False)	内置函数，对集合 mset 按 cmp 指定的规则进行排序，key 为排序的列，reverse 为排序方式，其中 True 表示降序、False 为升序，以列表方式返回排序结果，原集合保持不变

又如：

```
#set可以进行集合运算
a,b=set('abcd'),set('cdef')
print(a,b)
print("a和b的并集: ", a|b)        #a和b的并集
print("a和b的交集: ", a&b)        #a和b的交集
print("a和b的差集: ", a-b)        #a和b的差集
print("a和b的补集: ", a^b)        #a和b去掉相同的元素
```

程序运行结果：

```
{'a', 'c', 'd', 'b'} {'c', 'd', 'e', 'f'}
a和b的并集: {'a', 'b', 'd', 'f', 'e', 'c'}
a和b的交集: {'d', 'c'}
a和b的差集: {'b', 'a'}
a和b的补集: {'f', 'a', 'e', 'b'}
```

【例3-3】以下为同学们的籍贯信息，有大量重复数据，请把重复的数据删除。

```
sNativePlace=['广州','茂名','汕头','广州','汕头','汕头', '中山']
```

分析：删除列表元素可以使用remove()方法或del语句，remove()可以删除第一个指定值的元素（只能删除一个），而del可删除指定位置的元素。但sNativePlace列表中重复的元素无规律可循，逐个删除效率太低。我们知道，集合中的元素是不重复的，因此可以采用把列表转换成集合的方法让Python自动删除重复的元素，再把转换后的集合转换成列表即可。

```
#ex3_3.py
sNset=set(sNativePlace)              #把列表转换成集合，转换后重复的元素被自动删除
sNativePlace=list(sNset)             #再把集合转换成列表
print(sNativePlace)
```

程序运行结果：

```
['茂名','汕头','中山', '广州']    #集合是无序的，运行结果各元素顺序可能与此不同
```

3.2.2 字典

视频：字典

字典是一种可以存储任意类型对象（如字符串、数字、元组）的可变容器模型，常被称为关联数组或哈希表。字典也是无序的，不能通过位置索引访问元素。

1. 创建字典

字典由键和值（key=>value）成对组成，键/值对中键和值用冒号分隔，各键/值对之间用逗号分隔，用花括号括起所有键/值对，基本语法如下：

```
d={key1:value1, key2:value2 }
```

创建字典时，键必须是唯一的，值可相同，以下为学生信息字典：

```
dict={'name':"谭青", 'gender':"女" , 'age':18, 'class':'1班'}
```

对于图3-1中的学生成绩表，如果用字典描述，其代码如下：

```
score={"谭青":[89.5,90],             #键为"谭青",值为[89.5,90]
       "张思明":[68,87],             #键为"张思明",值为[68,87]
       "谢文":[92,94],
       "邓国":[78,89],
       "罗艳":[56,68],
       "李晓":[92,89]
      }
```

字典有如下特性：

（1）字典键必须唯一。创建时如果同一个键被赋值多次，只保留最后一次赋值，如：

```
dict={'Name': '张三', 'Age': 17, 'Name': '李四'};
print("dict['Name']: ", dict['Name']);
```

输出结果：

```
dict['Name']: 李四
```

（2）键必须不可变。所以可以用数字、字符串或元组充当，但不能是列表，例如：

```
dict={['Name']: '张三', 'Age': 17};
```

程序运行后输出错误信息：

```
Traceback (most recent call last):
 File "<pyshell#0>", line 1, in <module>
  dict={['Name']:'张三', 'Age':17}
TypeError: unhashable type: 'list'
```

（3）字典值可以是任何Python对象。如字符串、数字、元组、列表等。

2. 访问字典里的值

可以将键作为“下标”放在字典方括号[]中访问键对应的值，例如：

```
print("谭青的成绩：", score ['谭青'])
print("邓国的成绩：", score ['邓国'])
```

程序运行结果：

```
谭青的成绩：[89.5,90]          #谭青全部科目的成绩
邓国的成绩：[78,89]            #邓国全部科目的成绩
```

如果字典中不存在指定的键，会引发异常：

```
dict2={'Name':'邓国', 'Age':19, 'Class':'一班'}
print("dict2['gender']: ", dict2['gender'] )
```

由于dict2没有gender键，以上代码输出以下错误信息：

```
Traceback (most recent call last):
 File "<pyshell#10>", line 1, in <module>
  print("dict2['gender']: ", dict2['gender'] )
KeyError: 'gender''
```

3. 修改字典

如果指定的键在字典中已存在，则修改该键对应的值，否则往字典添加新的键/值对，例如:

```
dict={'Name':'王刚', 'Age':17, 'Class':'一班','Gender':'男'}
dict['Age']=19                      #修改键/值对
dict['School']="中山大学"            #增加新的键/值对
print("dict['Age']: ", dict['Age'] )
print("dict['School']: ", dict['School'];
```

程序运行结果：

```
dict['Age']: 19                     #已有键值已被修改
dict['School']: 中山大学             #增加了新的键/值对
```

4. 删除字典元素

可用del语句删除字典指定键的键/值对；用clear()方法清空字典所有元素，但字典还存在，只不过是空的。如果用“del 字典变量名”，则把字典变量删除，该字典将不再存在（该方法也适用于列表、元组、集合等）。

```
dict={'Name':'王刚', 'Age':17, 'Class':'一班','Gender':'男'}
del dict['Name']                    #删除键是'Name'的键/值对
dict.clear()                        #清空词典所有元素，dict字典依然存在
del dict                            #删除词典，用del后字典不再存在
```

5. 获取字典所有值

可用values()方法以列表形式返回字典中的所有值（忽略键），例如：

```
dict={'Name':'王刚', 'Age':18, 'Class':'一班','Gender':'男'}
print(dict.values ())
```

程序运行结果：

```
[18, '王刚', '一班', '男']
```

6. 获取字典所有键/值对

可用items()方法以元组方式返回字典中的所有键/值对：

```
dict={'Name':'王刚', 'Age':18, 'Class':'一班','Gender':'男'}
for key,value in dict.items():
   print(key,value)
```

程序运行结果：

```
Name 王刚
Class 一班
Age 18
Gender 男
```

7. 键“包含”测试

判断字典是否包含某个键可用in运算符，功能与has_key(key)方法相似，但不能判断某值是否包含在字典中。例如：

```
dict={'Name': '王刚', 'Age': 18, 'Class': '一班','Gender': '男'}
print('Age' in dict )                    #等价于print(dict.has_key('Age' ) )
```

程序运行结果：

```
True
```

因为字典是无序的，字典元素显示出来的顺序与创建之初的顺序可能会不同。而列表始终保持元素的顺序关系。如果要保持一个集合中元素的顺序，不能使用字典。同时，字典存储元素时进行了优化处理，以提高其存储和查询效率。

字典也提供了大量的内置函数和方法，如表3-9所示。

表 3-9　字典内置函数和方法（假设字典变量名为 dict1）

函数和方法	描　述
dict1.clear()	删除字典内所有元素
dict1.copy()	返回一个字典副本（浅复制）
dict1.update(dict2)	把字典 dict2 的键 / 值对更新到 dict1 中
dict.fromkeys(seq,val)	创建一个新字典，以序列 seq 中元素做字典的键，val 为键值
dict1.get(key, default=None)	返回指定键的值，如果键不在字典中，返回 default 值

续表

函数和方法	描 述
dict1.setdefault(key, default=None)	与 get() 类似，但如果键不存在字典中，将会添加键并将值设为 default
dict1.items()	以列表返回字典中所有 (键 , 值) 元组对
dict1.keys()	以列表返回一个字典所有的键
dict1.values()	以列表返回字典中的所有值（不含键）
cmp(dict1, dict2)	内置函数，比较两个字典元素
len(dict1)	内置函数，计算字典元素个数，即键的总数
str(dict1)	内置函数，把字典转换成字符串，可用 eval() 把该字符串还原成字典
type(variable)	内置函数，返回输入的变量类型，如果变量是字典就返回字典类型
sorted(dict1, cmp=None, key=None, reverse=False)	内置函数，对字典 dict1 按 cmp 指定的规则进行排序，key 为排序的列，reverse 为排序方式，其中 True 表示降序、False 为升序，以列表方式返回排序结果，原字典保持不变

【例3-4】用字典描述图3-1中的学生成绩，并统计各同学的总分。

分析：以学生姓名作为键、各科成绩作为值，用字典方式保存全班同学的成绩。通过字典的items()方法遍历字典的每一对键/值对。由于各科成绩是一个列表，可通过位置索引方式读取相应科目的成绩并进行求和，同时把求和结果以姓名/总分作为键/值对的方式添加到另一个字典中。

```
#ex3_4.py
score={"谭青":[89.5,90],
       "张思明":[68,87],
       "谢文":[92,94],
       "邓国":[78,89],
       "罗艳":[56,68],
       "李晓":[92,89]
      }
sum_dict={}                                 #存放总分的字典
for key,value in score.items():
   sum_dict[key]=value[0]+value[1]          #以姓名/总分的键/值对插入到字典中
for key,value in sum_dict.items():
   print(key,value)                         #显示各同学的总分
```

程序运行结果：

```
谭青 179.5
张思明 155
谢文 186
邓国 167
罗艳 124
李晓 181
```

习题

1. Python 高级数据类型有哪些？分别如何定义？

2. 元组与列表的主要区别是什么？如何相互转换？

3. 列表与集合的主要区别是什么？如何相互转换？

4. 已知两个集合 s1={1,2,3,4}、s2={3,4,5,6}，则 s1|s2 等于 ________，s1&s2 等于 ________，s1^s2 等于 ________，s1-s2 等于 ________。

5. 请对列表 l1={5,3,1,8,9,6} 进行升序排序。

6. 已知列表 l2={1,2,3,4,5,6,7,8}，则 l2[-1] 值为 ________，l2[:2] 值为 ________，l2[2:] 值为 ________，l2[2] 值为 ________，l2[2:5] 值为 ________。

7. 字典的键可以重复吗？

8. 已知字典 d1={" 谭青 ":[89.5,90]," 张思明 ":[68,87]," 谢文 ":[92,94]}，请写出如下操作的代码。

（1）向字典中添加键 / 值对 “" 邓国 ":[78,89]”。

（2）修改“张思明”的值为 [68,89]。

（3）删除“谢文”对应的键 / 值对。

9. Python 内置函数 ________ 可以返回列表、元组、字典、集合、字符串以及 range 对象中元素的个数。

10. 表达式 {1, 2, 3}*3 的执行结果为 ________，[1, 2, 3]*3 的执行结果为 ________，(1, 2, 3)*3 的执行结果为 ________。

第 4 章

Python 控制语句

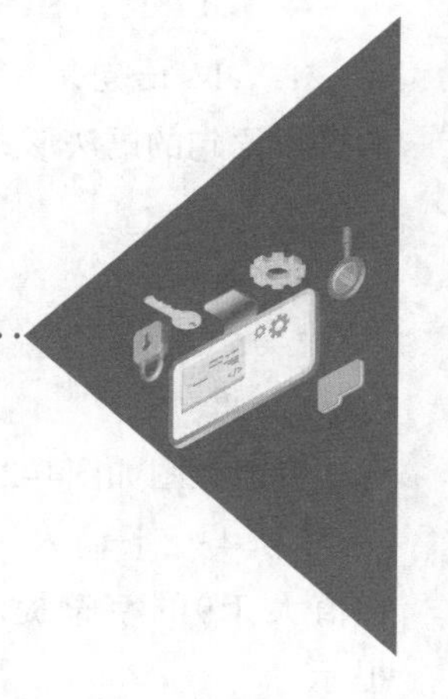

默认情况下，程序是按书写顺序从上至下逐行执行的，称之为顺序结构。但程序仅有顺序结构是无法满足处理逻辑要求的，例如有些功能是在特定条件下才能用的，此时需要选择结构；而有些处理是在某个条件满足的情况下反复执行的，这种结构称为循环结构。一个程序，不管功能多复杂，归根到底都是由这三种基本结构组成的。

4.1 选择结构

选择结构包括if、if...else和if...elif...else语句。

4.1.1 if 语句

if语句是一种单选择结构，由三部分组成：关键字if本身、测试条件真假的表达式（简称为条件表达式）和表达式结果为真（即表达式的值为非零）时要执行的代码块。if语句的语法形式如下：

```
if 表达式:                    #注意后面的冒号不能漏掉
    语句1
```

其流程图如图4-1所示。if 语句的表达式为条件表达式，用于条件判断，可以用>（大于）、<（小于）、==（等于）、>=（大于或等于）、<=（小于或等于）来表示其关系，也可用not、and、or等把简单的关系表达式组合成复杂的表达式。

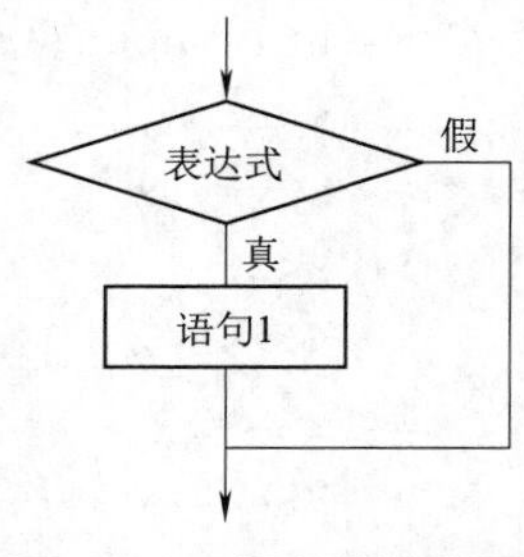

图 4-1　if 语句的流程图

【例4-1】从键盘上输入一整数，如果该数大于9，则输出该值大于9的字符提示，否则，什么也不做，直接结束程序。

```
#ex4_1.py
#比较输入的整数是否大于9
n=int(input("请输入一个整数："))          #取得一个字符串，并转换为整数
if n>9:
    print(n, "大于9")
```

4.1.2 if...else 语句

if...else语句是一种双选择结构，相当于日常所说的“如果……否则……”，有两种选择。if...else语句的语法形式如下：

```
if 表达式 :
    语句1
else:
    语句2
```

其流程图如图4–2所示。

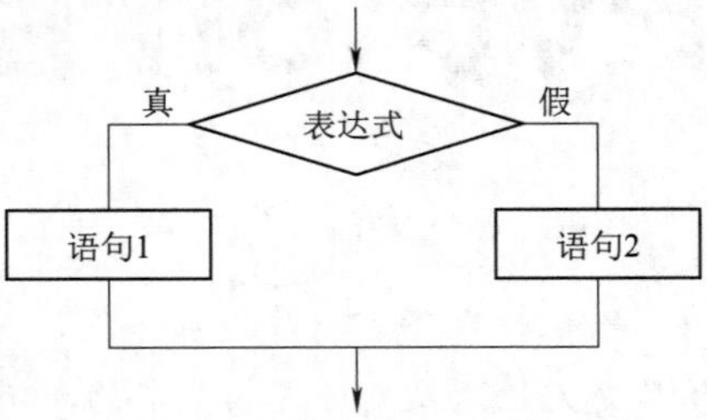

图 4-2 if...else 语句的流程图

【例4-2】输入一整数，如果该数大于9，则输出该值大于9的字符提示，否则输出该数字小于等于9的提示。

```
#ex4_2.py
n=int(input("请输入一个整数: "))
if n>9:
    print(n, "大于9")
else:
    print(n, "小于或等于9")
```

【例4-3】输入3个数字，按其值从大到小排序。

分析：3个数排序，可按以下步骤完成：① 将x与y比较，把较大者放入x中，另一个放入y中；② 将x与z比较，把较大者放入x中，另一个放入z中，此时x为三者中的最大者；③ 将y与z比较，把较大者放入y中，另一个放入z中，此时x、y、z已按由大到小的顺序排列。

程序代码：

```
#ex4_3.py
x=int( input('x=') )            #输入x
y=int( input('y=') )            #输入y
z=int( input('z=') )            #输入z
if x<y:
    x,y=y,x                     #x、y互换
if x<z:
    x,z=z,x                     #x、z互换
if y<z:
    y,z=z,y                     #y、z互换
print(x,y,z)
```

假如x、y、z分别输入3、10、9，以上代码的输出结果：

```
10 9 3
```

其中，x, y=y, x这种语句是以元组方式同时赋值，将赋值号右侧的表达式依次赋给左侧的变量，相当于x=y及y=x两个语句。例如：x, y=1, 4相当于x=1及y=4。

【例4-4】输入一年份，判断其是否为闰年。符合以下两个条件之一的年份即为闰年：

（1）能被4整除，但不能被100整除的年份。

（2）能被400整除的年份。

分析：设变量year为年份，判断year是否满足以下表达式：

（1）逻辑表达式year%4 ==0 and year%100 !=0。

（2）逻辑表达式year%400 ==0。

两者取“或”，即得到判断闰年的逻辑表达式：

```
(year%4==0 and year%100!=0) or year%400==0
```

程序代码：

```
#ex4_4.py
year=int(input('输入年份:'))          #输入input()获取的是字符串，所以需要转换成整型
if(year%4==0 and year%100!=0) or year%400==0:  #注意运算符的优先级
    print(year, "是闰年")
else:
    print(year, "不是闰年")
```

if...else也可作为表达式来使用，其格式为：x if C else y，其含义是当C取True值时，该表达式取x值，否则取y值。如：

```
score=90
grade='优秀' if score>80 else '合格'          #score>80时取"优秀"，否则取"合格"
print(grade)                                  #输出'优秀'
```

4.1.3 if…elif…else 语句

if...elif...else是一种多分支选择结构，可以对多个条件表达式进行检查，并在某个表达式为真的情况下执行相应的代码。需要注意的是，虽然if...elif...else语句的条件表达有很多，但每次执行时有且仅有一个表达式取值为真，如果所有表达式取值为假，则else部分将被执行。该语句的语法形式如下：

```
if 表达式1:
    语句1
elif 表达式2:
    语句2
    …
elif 表达式n:
    语句n
else:
    语句n+1
```

在该语句中，最后一个else子句没有条件判断，表示当前面所有条件都不匹配时将执行最后的else（兜底条件），所以else子句必须放在最后。

if...elif...else语句的流程图如图4-3所示。

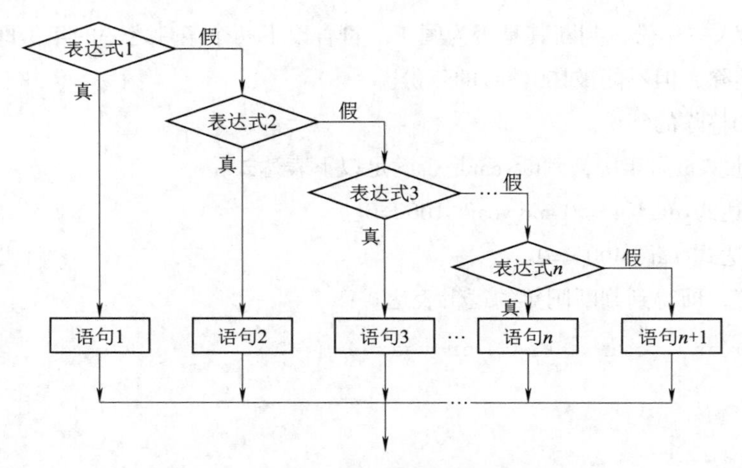

图 4-3　if…elif…else 语句的流程图

【例4-5】从键盘上输入一整数，如果该数大于9，则输出该值大于9的字符提示，如果该数等于9，则输出该数等于9的字符提示，否则输出该数小于9的字符提示。

```
#ex4_5.py
n=int(input("请输入一个整数："))          #取得一个字符串，并转换为整数
if n>9:
   print(n, "大于9")
elif n==9:
   print(n, "等于9")
else:
   print(n, "小于9")
```

【例4-6】从键盘上输入学生的成绩score，按分数输出其评语等级：大于或等于95为优，85（含85）~95为良，75（含75）~85为中，60（含60）~75为及格，小于60为不及格。

程序代码：

```
#ex4_6.py
score=int(input("请输入成绩"))      #输入成绩并转换为整型
if score>=95:
   print("优")
elif score>=85:
   print("良")
elif score>=75:
   print("中")
elif score>=60:
   print("及格")
else:
   print("不及格")
```

在3种选择语句中，条件表达式是必不可少的部分。条件表达式最终取值为True或False，通常由关系表达式或逻辑表达式来组成，例如：

```
if a==x and b==y :
   print("a=x, b=y")
```

条件表达式也可以是任何数值类型表达式，甚至可以是字符串。例如：

```
if 'a':                    #'abc':也可以
   print("a=x, b=y")
```

也可以是序列中的in运算符，只要其运算结果是True或False即可，如：

```
if x in['a','b','c']:  #in运算符返回True或False
   print("found!")
```

另外，Python语句块是用缩进来表示的，不像其他语言有专门的语句块符号，如果缩进不正确，会导致程序逻辑错误。

4.1.4　pass 语句

pass语句类似于空语句，表示什么不做，只是“占个位置”。

```
if a<b:
   pass                    #什么操作也不做
else:
   z=a
class A:                   #类的定义
   pass
def demo():                #函数的定义
   pass
```

4.2　循环结构

循环是指在条件符合的情况下反复执行某部分语句，此处所说的“条件”通常称为循环条件，被反复执行的语句称为循环体。例如，在计算全班同学总分的程序中，计算总分的表达式就是循环体，因为该表达式需对每个同学执行一次，有100个同学，就要执行100次。此处的“同学人数”通常构成循环条件，如果人数有无限多个，循环体将被执行无限多次，这便是常说的“死循环”。死循环会导致计算机处于无法响应的状态。程序开发者必须确保循环不会进入死循环。Python提供了while循环和for循环，分别由while语句和for语句实现。

视频：while语句

4.2.1　while 语句

while语句在条件满足的情况下，循环执行某段程序，以处理需要重复处理的相同任务，其基本形式如下：

```
while 条件表达式:
   执行语句1               #条件满足时反复执行"语句1"，直到条件不满足
else:
   执行语句2               #当条件不满足时执行"语句2"
```

循环体语句可以是单个语句或语句块。条件表达式可以是任何返回True或False值的表达式。当条件表达式为False时，循环结束。如果一开始条件表达式就为False，循环体语句将一次也不会执行。While语句的流程图如图4-4所示。

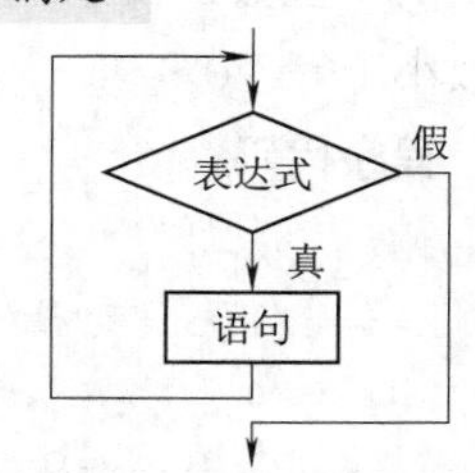

图 4-4　while 语句的流程图

【例4-7】简单的while循环。

```
#ex4_7.py
i=0
while i<3:        #冒号不能省略，注意后面语句的缩进
  print('The i is:', i)
  i=i+1           #改变循环变量以更改判断条件
else:
  print("Good bye!" )
```

程序运行结果：

```
The i is: 0
The i is: 1
The i is: 2
Good bye!
```

如果程序改成以下这样，循环体将一次也不执行。

```
i=10
while i<3:
  print('The i is:', i)
  i=i+1
else:
  print("Good bye!")
```

程序运行结果：

```
Good bye!
```

此外，while 语句“条件表达式”还可以是个常量值，表示循环条件永远成立。例如：

```
i=0
while 2:          #条件表达式是常量值2，表达式永远为 True，进入死循环
  print('The i is:', i)
  i=i+1
print("Good bye!")
```

这样就形成无限循环（俗称死循环），可以借助后面的break语句结束循环。

【例4-8】反序输出任意非负整数，例如，输入12345，输出54321。

分析：反序输出从个位开始，可以将整数对10求余得到个位数，求完后把整数除10去掉已输出的个位数，得到一个新的整数，再把该整数对10求余得到原来的十位数，依此类推，直到整数小于等于0。

程序代码：

```
#ex4_8.py
n=int(input("请输入一个非负整数: "))
while n>0:
  print(n%10,end="")                  #输出求余结果
  n=n//10                             #整除10去掉已输出的最右位数
```

程序运行结果：

```
输入一个非负整数：369
963
```

【例4-9】求1+2+3+…+200和。

分析：循环累加是一种常用的求和运算，通常需要两个变量：一是循环计数器i，从1递增到200；一是保存累加结果的变量sum，每循环一次把计数器的值i累加到sum中，同时计数器i递增1。

程序代码：

```
#ex4_9.py
sum=0              #先置0
i=1                #从1开始加
while i<=200:
    sum+=i         #累加起来
    i+=1           #每循环一次，i增加1
print("1 到200之和为：",sum)
```

程序运行结果：

```
1 到 200 之和为：20100
```

4.2.2 for 语句

for语句可以遍历任何序列，如列表、元组、字符串、集合、字典等，其语法格式如下：

视频：for语句

```
for 元素in序列
    循环体
else:
    语句2   #当条件不满足时执行"语句2"
```

for语句每循环一次便从待遍历序列中依次取出一个元素供循环体用，直到所有元素取完为止，循环随即结束。

【例4-10】依次把字符串'Program'中的字符显示出来。

```
#ex4_10.py
for ch in 'Program':
  print('当前字母 :', ch)                    #每循环一次，ch的值都会改变
```

程序运行结果：

```
当前字母：P
当前字母：r
当前字母：o
当前字母：g
当前字母：r
当前字母：a
当前字母：m
```

【例4-11】corporations列表中保存了某些企业的名称，请把列表中的企业依次显示出来。

```
#ex4_11.py
```

```
corporations=['huawei','baidu','apple','google','microsoft']
for co in corporations:
  print('公司名称 :', co)
print("Good bye!")
```

程序运行结果：

```
公司名称：huawei
公司名称：baidu
公司名称：apple
公司名称：google
公司名称：microsoft
Good bye!
```

【例4-12】求1+3+5+…+199和。

程序代码：

```
#ex4_12.py
sum=0
for x in range(1,201,2): #range步长为2，产生1、3、5、7…奇数序列
   sum=sum+x               #x依次取序列中的每个元素
print(sum)
```

程序运行结果：

```
10000
```

【例4-13】求1+2+3+…+200和。

程序代码：

```
#ex4_13.py
sum=0
for x in range(1,201): #range产生1、2、3、4…序列，不包括201
   sum=sum+x
print(sum)
```

程序运行结果：

```
20100
```

【例4-14】求区间[100, 300]内10个随机整数中的最小数。

分析：随机数在random模块中，random.randrange()可从指定范围内获取一个随机数。例如：

（1）random. randrange (9)：从0~9中随机取一个整数，不包9。

（2）random. randrange (2,8)：从2~8中随机取一个整数，不包括8。

程序代码：

```
#ex4_14.py
import random
minx=300                          #最小随机数，先置一个300以下最大值
for i in range(1,11):             #range()产生的序列包含10个元素，控制循环10次
```

```
    x=random.randrange(100,301) #每循环一次产生一个[100,300]间的随机数
    print(x,end=" ")
    if x<minx:                  #产生的随机数比minx小
        minx=x                  #保存当前最小的随机数到minx
print("最小随机数是：",minx)
```

程序运行结果（每次运行结果都不同）：

```
242 265 189 158 190 185 221 225 190 231 最小数：23
```

当然，可以利用Python内置函数min()求序列的最小值，例如：

```
print("最小数：",min([285,73, 12, 19, 16, 68, 211, 117, 90, 88])
```

程序运行结果：

```
最小数：12
```

所以上例代码可以修改如下：

```
import random
lix=[]                              #列表
for i in range(1, 11):
    x=random.randrange(100,301)     #产生一个[100,300]之间的随机数x
    print(x,end=" ")
    lix.append(x)
print("最小随机数是：",min(lix))
```

【例4-15】利用位异或运算对字符串进行加解密处理。

分析：在例2-2中，我们利用位异或运算实现对单个字符进行加解密，可以扩展到字符串的加解密。在字符串加解密过程中，分别使用两个列表存放加解密过程所产生的每个字符，当加解密完成后再把这两个列表的字符拼接成字符串。

```
#ex4_15.py
st="I Love Python Programing...."      #待加密的字符串（明文）
enc=[]                                 #已加密的字符列表
dec=[]                                 #已解密的字符列表
key=0b0101001                          #密钥
for ch in st:                          #逐个字符处理
    enc.append(ord(ch)^key)            #把字符转换成ASCII后做异或运算（加密）
for ch in enc:
    dec.append(chr(ch^key))            #对已加密字符再做异或运算（解密）
print("原字符串：",st)
st2=""
for ch in enc:
    st2+=chr(ch)                       #把字符拼接成字符串
print("加密后的字符串：",st2)
st3=""
for ch in dec:
    st3+=ch                            #把字符拼接成字符串
print("解密后的字符串:",st3)
```

程序运行结果：

```
原字符串：I Love Python Programing....
加密后的字符串：`  eF_L   yP]AFG y[FN[HD@GN□□□□
解密后的字符串：I Love Python Programing....
```

对于一个序列，也可以利用循环通过索引（元素下标）方式来访问。例如：

```
books=['Python程序设计', 'C++程序设计', 'C#程序设计']
for i in range(len(books)):                #len()取序列元素个数
       print('当前书籍 :', books[i])  #以位置索引方式访问列表元素
print("Good bye!")
```

程序运行结果：

```
当前书籍 : Python程序设计
当前书籍 : C++程序设计
当前书籍 : C#程序设计
Good bye!
```

4.2.3 break 和 continue 语句

break语句的作用是终止当前循环，跳出循环体。

continue语句的作用是终止当前循环，忽略continue之后的语句，开始下一轮循环。

【例4-16】break和continue用法示例。

程序代码：

```
#ex4_16.py
i=1
while i<20:
   i+=1
   if i%2==0:                       #双数时跳过输出
      continue
   print(i)                         #输出奇数3、5、7、9、11、13、15、17、19
i=1
while True:                         #循环条件为必定成立
   print(i)                         #输出1～15
   i+=1
   if i>15:                         #当i大于15时跳出循环
      break
```

4.2.4 多重循环

多重循环是指在一个循环体中包含另一个循环，前一循环称为外循环，后一循环称为内循环（常称为循环嵌套）。内循环的循环总次数等于内外循环次数之积。假如外循环共执行2次，每执行一次外循环，内循环要执行3次，则在整个循环中，内循环共执行6（2×3）次。循环体内可嵌入其他的循环，如while循环中嵌入for循环或while循环，for循环中嵌入for循环或while循环。

例如：

```
for i in range(1,3):            #外循环，执行2次
    for j in range(1,4):        #内循环，执行3次
        print(i+j, end=",")
```

当外层循环变量i的值为1时，内层循环j的值从1开始、到3为止，依次输出i+j的值，因此输出“2,3,4,”，内层循环执行结束；然后回到外层循环，i的值递增为2，内层循环变量j的值重新从1开始、到3为止，依次输出“3,4,5,”。因此，程序的运行结果为“2,3,4,3,4,5,”。外循环执行了2次，但内循环执行了6次，所以输出了6个数字。因此，当出现循环嵌套时，每执行一次外层循环，其内层循环必须循环所有的次数（即内层循环结束）后，才能进入外层循环的下一次循环。

【例4-17】打印九九乘法表。

分析：九九乘法表由9行9列二维数据组成，第1行有1列，第2行有2列，依此类推，需要使用双重循环。外层循环用于控制行数，内层循环用于控制列数。为了规范输出格式，使用转义符'\t'跳到下一个制表位。

程序代码：

```
#ex4_17.py
for i in range(1,10):           #外循环，控制行数，从1到9，执行9次
  for j in range(1,i+1):        #内循环，控制列数，从1到i，列数由外循环的i确定
    print(i,'*',j,'=',i*j,end="\t")
  print("")                     #仅起换行作用
```

程序执行结果如图4-5所示。

```
1 * 1 = 1
2 * 1 = 2   2 * 2 = 4
3 * 1 = 3   3 * 2 = 6   3 * 3 = 9
4 * 1 = 4   4 * 2 = 8   4 * 3 = 12  4 * 4 = 16
5 * 1 = 5   5 * 2 = 10  5 * 3 = 15  5 * 4 = 20  5 * 5 = 25
6 * 1 = 6   6 * 2 = 12  6 * 3 = 18  6 * 4 = 24  6 * 5 = 30  6 * 6 = 36
7 * 1 = 7   7 * 2 = 14  7 * 3 = 21  7 * 4 = 28  7 * 5 = 35  7 * 6 = 42  7 * 7 = 49
8 * 1 = 8   8 * 2 = 16  8 * 3 = 24  8 * 4 = 32  8 * 5 = 40  8 * 6 = 48  8 * 7 = 56  8 * 8 = 64
9 * 1 = 9   9 * 2 = 18  9 * 3 = 27  9 * 4 = 36  9 * 5 = 45  9 * 6 = 54  9 * 7 = 63  9 * 8 = 72  9 * 9 = 81
```

图 4-5 九九乘法表

【例4-18】已知学生成绩存放在如下格式的二维列表中，请统计各同学的总分及平均分。

```
score=[["姓名", "Python程序设计","数据处理基础","高等数学","算法基础"],
        ["谭青",89.5,90,94,89],
        ["张思明",68,87,87,90],
        ["谢文",92,94,84,89],
        ["邓国",78,89,90,92],
        ["罗艳",56,68,78,87],
        ["李晓",92,89,92,93]
       ]
```

分析：该成绩表有以下特点：①首行为标题行，不参与统计，其他各行为各同学的成绩；②首列为姓名，不参与统计，其他各列为各科目成绩。去掉首行的方法有多种，例如可以对

score列表做[1:]切片，也可以在循环遍历中做判断过滤。每遍历一个同学（行）的成绩时，需对该同学所有科目成绩（列）进行累加，需要使用二重循环。

程序代码：

```
#ex4_18.py
score=[["姓名", "Python程序设计","数据处理基础","高等数学","算法基础"],
       ["谭青",89.5,90,94,89],
       ["张思明",68,87,87,90],
       ["谢文",92,94,84,89],
       ["邓国",78,89,90,92],
       ["罗艳",56,68,78,87],
       ["李晓",92,89,92,93]
      ]
for item in score:                          #遍历所有同学的成绩（行）
 if(not type(item[1]) is str):              #过滤首行标题行，其他行的类型不是字符串
  f_sum=0                                   #总分，先置0
  for i in range(1,len(item)):              #从1开始遍历该同学所有科目（列），去掉姓名列
    f_sum+=item[i]                          #累计总分
  print(item[0], "总分:", f_sum, " 平均分:", f_sum/(len(item)-1))
```

程序运行结果：

```
谭青        总分: 362.5       平均分: 90.625
张思明      总分: 332         平均分: 83.0
谢文        总分: 359         平均分: 89.75
邓国        总分: 349         平均分: 87.25
罗艳        总分: 289         平均分: 72.25
李晓        总分: 366         平均分: 91.5
```

当然，如果采用列表内置sum()函数，可以去掉第二重循环，如下所示：

```
for item in score:                          #遍历所有同学的成绩
 if(not type(item[1]) is str):              #过滤首行标题行
    f_sum=sum(item[1:])                     #从位置1开始累加各科成绩
    print(item[0], "总分:", f_sum, " 平均分:", f_sum/(len(item)-1))
```

4.2.5 列表生成式

列表生成式（List Comprehensions）是用表达式的方式生成序列各元素，其基本格式如下：

```
[元素表达式 for 元素 in 序列 if 条件]
```

例如要生成一个[1,2,3,4,5,6,7,8,9]列表，可以用传统的方式：

```
>>>L=list(range(1,10))                      #L是[1, 2, 3, 4, 5, 6, 7, 8, 9]
```

也可以用列表生成式：

```
>>>L=[i for i in range(1,10)]               #L是[1, 2, 3, 4, 5, 6, 7, 8, 9]
```

如果要生成[1^2, 2^2, 3^2, …, 15^2]，可以使用传统的循环：

```
>>>L=[]
>>>for x in range(1,16):
```

```
    L.append(x**2)                          #每个元素以x**2表达式产生
>>>L
[1, 4, 9, 16, 25, 36, 49, 64, 81,100,121,144,169,196,225]
```

也可以使用列表生成式：

```
>>>L=[x**2 for x in range(1,16)]        #每个元素以x**2表达式产生
[1, 4, 9, 16, 25, 36, 49, 64, 81, 100,121,144,169,196,225]
```

上面示例中，把生成元素的表达式x**2放到前面，后面跟上for循环，每循环一次就按x**2的表达式生成一个列表的元素，并且每次循环，x的值都会根据后面in中所指列表项的值相应变化。for循环后还可以加上if判断，每次循环只取出符合判断条件的元素，例如筛选出奇数的平方：

```
>>>[x**2 for x in range(1,16) if x%2 !=0]
[1, 9, 25, 49, 81,121,169,225]
```

再如，把一个列表中各元素字符串转换成小写：

```
>>>L=['Hello', 'World', 'Python', 'Program']
>>>S=[s.lower() for s in L]             #以lower方式产生每个元素
['hello', 'world', 'python', 'program']
```

列表生成式也可以使用多重循环，其执行过程与循环嵌套相同，例如生成'12'和'34'中数字的全部组合：

```
>>>print([x+y for x in '12' for y in '34'])
['13', '14', '23', '24']
```

如果序列一次返回多个元素（通常以元组方式返回），则for循环可使用多个变量与之对应，如字典（Dict）的items()方法返回（key,value）元组，for循环可同时使用key和value变量：

```
>>>d={'k1': 'A', 'k2': 'B', 'k3': 'C' }     #字典
>>>for k, v in d.items():                   #items返回(key,value)元组
      print(k, '键值=', v, endl=';')
```

程序运行结果：

```
K1键值=B; k2键值=A; k3键值=C;
```

同理，列表生成式也可以使用多个变量来生成列表：

```
>>>d={'x': 'A', 'y': 'B', 'z': 'C'}
>>>[k+'='+v for k, v in d.items()]
['y=B', 'x=A', 'z=C']
```

要生成的列表元素可以是一个表达式运算之后的值，也可以是另一个序列对象，如另一个列表等，例如：

```
matrix=[[0 for col in range(4)] for row in range(3)]
```

在该生成表达式中，“0 for col in range(4)”表示循环4次，col变量的值从0递增到3，但因为生成元素的表达式并没使用col变量值，而是一个固定的常数“0”，因此所生成的 4个元素值为[0,0,0,0]；同理，后面的“for row in range(3)”循环3次，每次循环所生成的元素是列表“[0 for col in range(4)]”，可以把后面部分看成外循环，前面部分看成内循环。该生成式生成的列表如下：

```
matrix=[[0, 0, 0, 0], [0, 0, 0, 0], [0, 0, 0, 0]]
```

当然，列表生成式并不限于列表的生成，也可以生成元组等序列，例如：

```
tup=(x**2 for x in range(1,16) if x%2 !=0)
```

【例4-19】请使用列表生成式修改例4-15的字符串加解密程序。

分析：在例4-15中，已加密的字符放在enc列表中，每个元素通过ord(ch)^key表达式产生；已解密的字符放在dec列表中，每个元素通过chr(ch^key)表达式产生，符合列表生成式方式。

```
#ex4_19.py
st="I Love Python Programing...."                    #待加密的字符串（明文）
key=0b0101001                                        #密钥
enc=[ord(ch)^key for ch in st]                       #以列表生成式方式加密每个字符
dec=[chr(ch^key) for ch in enc]                      #以列表生成式方式解密每个字符
print("原字符串：",st)
st2="".join([chr(ch) for ch in enc])                 #把字符拼接成字符串，没有分隔符
print("加密后的字符串：",st2)
st3="".join(dec)         #把字符拼接成字符串
print("解密后的字符串:",st3)
```

程序运行结果：

```
原字符串：I Love Python Programing....
加密后的字符串：`  eF_L   yP]AFG y[FN[HD@GN□□□□
解密后的字符串：I Love Python Programing....
```

4.3 程序异常处理

程序在运行过程中总会遇到一些问题，例如设计时要求输入数值数据，用户却输入了一个字符串数据，而又拿这个字符串数据作数学运算，这样必然导致严重的错误。这些错误统称程序异常，如下所示：

```
>>> i="abc"
>>> j=i-3
Traceback (most recent call last):
  File "<pyshell#66>", line 1, in <module>
    j=i-3
TypeError: unsupported operand type(s) for -: 'str' and 'int'
```

该处的“TypeError”是引发异常的错误类型，表示运算的类型出错。引发异常的种类很多，如何处理这些异常，让程序变得更健壮呢？几乎所有程序设计语言都提供了程序异常处理机制。Python处理异常的语句是try…except…finally。

```
try:
   语句1
except <异常类型1>:
   语句2
[else:]
   语句3
[Finally:]
   语句4
```

该语句的工作机制如下：

（1）把有可能出错的语句放在try里面（称为受保护的语句）。

（2）可能出错的类型列在except中，可以有多个出错类型，因而有多个except。如果except后面没有指明要处理的异常类型，直接跟一冒号“:”，则表示该except处理所有的异常。

（3）else和finally可以省略。当try里的语句没有异常时便执行else里面的语句，如果出现异常，将根据异常的类型执行对应的except。不管有没有异常出现，最终都执行finally里面的语句。

【例4-20】利用try…except…finally处理程序异常。

```
#ex4_20.py
i="345"                           #i是字符串，不能参与数学运算
k=0                               #k是0，不能作分母
try:
  j=i+3                           #将引发TypeError异常
  j=j/k       #如果前面代码没有错误，此处将引发ZeroDivisionError异常
except TypeError:                 #处理TypeError异常
  print("运算类型不对啊")
except ZeroDivisionError:         #处理ZeroDivisionError异常
  print("被0除这个习惯是不好的")
else:                             #没有任何异常时将执行这里的代码
  print("你很棒耶，居然没有异常")
finally:                          #不管有没有异常，将执行这里的代码
  print("程序运行完毕，有没有错误只有你才知道啊！")
```

程序运行结果：

```
运算类型不对啊
程序运行完毕，有没有错误只有你才知道啊！
```

如果把代码中的i="345"改成i=345，上面代码的运行结果将变成：

```
被0除这个习惯是不好的
程序运行完毕，有没有错误只有你才知道啊！
```

如果再把k=0改成k=2等非0值，上面代码的运行结果将变成：

```
你很棒耶，居然没有异常
程序运行完毕，有没有错误只有你才知道啊！
```

习题

视频：
案例——猜单词游戏

1. 编写一程序，求方程 $ax^2+bx+c=0$ 的根。

2. 运输公司对用户计算运费，路程（s）越远，每千米运费越低，计费标准如下：

```
s<250km           没有折扣
250≤s<500         2%折扣
500≤s<1000        5%折扣
1000≤s<2000       8%折扣
```

```
2000≤s<3000      10%折扣
3000≤s           15%折扣
```

设每千米每吨货物的基本运费为 p，货物重为 w，距离为 s，折扣为 d，则总运费 f 的计算公式为：f=p×w×s×(1-d)，试编写一程序，根据基本运费为 p、货物重为 w 和距离为计总运费。

3. 输入一个百分制的成绩，根据以下规则输出其对应等级：95 分以上为“A”，85~95 分为“B”，75 ~ 85 分为“C”，60 ~ 75 分为“D”，60 分以下为“E”。

4. 编写程序计算 1×1+2×2+3×3…+n×n 当 n=100 时的值。

5. 编写程序求整数 n 阶乘（n!）。

6. 以下为同学们某门课程的成绩，请计算课程平均分、最高分和最低分。

```
Score=[98,87,68,94,56,93,87,45,99,78,86,49,60,98,72]
```

7. 以下为各同学的姓名，请用列表生成式取出各同学的姓。

```
student=["谭青","张思明","谢文","邓国","罗艳","李林","张明","王星"]
```

8. 以下为运动员的姓名及身高，请用列表生成式生成“姓名：乔丹 身高：2.1 米”格式的文本。

```
d={ '乔丹': 2.1, '姚明': 2.3, '科比': 1.9 }
```

9. 利用列表生成式创建一个包含 2~50 之间的偶数列表，并计算该列表的和与平均值。

10. 输入一个字符串，依次输出该字符串的每个字符及对应的 ASCII 码。

第5章

Python函数与模块

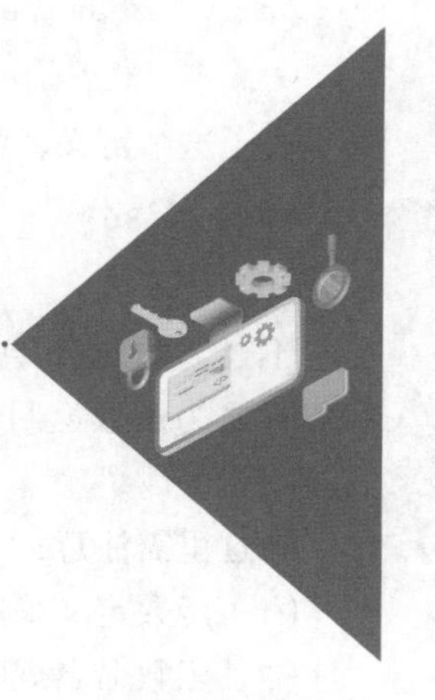

对于函数的概念，我们并不陌生，例如常用的sin()、cos()等三角函数。我们无须知道它们底层是如何实现的，只要知道能在不同场合下反复使用，这就是常说的在前人基础上探索未知的世界，无须事事从零开始。在软件工程领域，代码复用一直是一个非常重要的课题，而函数是实现代码复用的最小单位。无论在什么程序设计语言中，函数（在类中称作方法，意义是相同的）都扮演着至关重要的角色。在Python语言中，函数、类、数据等以模块方式组织，并保存在对应的模块文件中。Python标准库和第三方库提供了大量可重复使用的模块及函数。

5.1 函数的定义和使用

要深入理解函数的定义和使用，须先理解“分而治之”的模块化程序设计思想。“分而治之”是指把一个大的、复杂的问题分割成一个个小的、简单的问题，随着小问题逐个被解决，大问题最终也将迎刃而解。其实该解决问题的思想我们早已撑握，例如在计算y=x*3+sin(20)/cos(30)这样的式子中，可把求y的值看作是要解决的“大问题”，而这个“大问题”可以分割成计算sin()值、计算cos()值、计算乘除等一系列运算，随着这些运算被逐个完成，最终求y的值也完成了。又比如，我们要计算全班同学的平均分，可以把这个问题分割成3个小问题，第一是从键盘或文件中读入全班同学的成绩，第二是计算全班同学的平均分，第三是输出全班同学的平均分。模块化程序设计思想本质上是把程序分割成一个个功能相对独立的函数（类似求sin()值、cos()值等，功能相对独立），通过函数的调用或相互调用来实现整个程序的功能。

视频：
函数

在Python语言中，既可复用别人已定义好的函数，也可根据需要定义自己的函数，或将定义好的函数放在函数库（模块）中供他人调用。

5.1.1 函数的定义

在Python中，定义函数的基本形式如下：

```
def 函数名(函数参数):
    函数体
    return 表达式或者值
```

例如，定义计算正弦值的函数sin()：

```
def sin(angle):
    return 0
```

有了这个定义，就可以在表达式中调用它来计算sin()值：

```
x=sin(30)
print(x)        #永远显示0
```

不过，此处定义的sin()函数不管用什么角度值作为参数进行调用永远都只得到一个值——0，我们称之为函数返回值。当然，真正的sin()函数我们无须定义，因为在math包中已经定义好了，直接用就可以了。

在这里需注意：

（1）函数定义采用def关键字，后跟函数名称，无须指定返回值的类型。

（2）函数命名规则与变量命名规则相同，尽量采用有意义的函数名。

（3）函数参数可以是零个或者多个（多个时用“,”分隔），放在括号（ ）内，无须指定参数值类型；如果没有参数，括号（ ）也不能省略。

（4）函数功能在函数体中定义，可以由一个或多个语句组成。

（5）函数返回值可以是基本数据类型，也可以是高级数据类型，通过return语句返回；没有返回值时可省略return语句；如果没有return语句或return语句后面没有具体的值，函数将返回None（空值）。

下面定义4个函数：

```
def sin(angle):                    #带有参数angle
   return 0                        #返回 0

def HappyBirthday(who):            #根据参数，打印' Happy Birthday to you.'字符串
   print('{0},Happy Birthday to you.'.format(who))

def printNum():                    #没有参数，但( )不能省略
   for i in range(0,10):
      print(i)
   return                          #没有返回值

def multiply(a,b):                 #带两个参数:a,b,实现两个数相乘
   return a*b                      #返回*结果
```

5.1.2 函数的使用

在Python中，函数遵循“先定义、后使用”的原则，在定义了函数之后，就可以使用该函数了。

【例5-1】定义一个判断某一年是否是闰年的函数，如果是闰年返回True，否则返回False。利用该函数判断2013、2018、2020哪个是闰年。

```
#ex5_1.py
#定义leapYear()函数，先定义后使用
```

```
def leapYear(year):                    #带参数year
  if (year%4==0 and year%100!=0) or year%400==0:
    return True
  else:
    return False
#定义好leapYear()函数后便可使用了

if(leapYear(2013)):                    #利用leapYear()函数判断
  print('2013是闰年')
if(leapYear(2018)):                    #利用leapYear()函数判断
  print('2018是闰年')
if(leapYear(2020)):                    #利用leapYear()函数判断
  print('2020是闰年')
```

程序运行结果：

```
2020是闰年
```

【例5-2】根据海伦公式定义计算三角形面积的函数TriangleArea()，并利用该函数分别计算（3,5,6）、（8,5,7）、（9,12,8）这3个三角形的面积。

```
#ex5_2.py
import math
#定义TriangleArea()函数，先定义后使用
def TriangleArea(a,b,c):
    p=(a+b+c)/2                        #先计算p的值
    s=math.sqrt(p*(p-a)*(p-b)*(p-c))
    return s                           #返回计算结果
#定义好TriangleArea函数后便可使用了
print('三角形（3,5,6）的面积是：',TriangleArea(3,5,6))
print('三角形（8,5,7）的面积是：',TriangleArea(8,5,7))
print('三角形（9,12,8）的面积是：',TriangleArea(9,12,8))
```

程序运行结果：

```
三角形（3,5,6）的面积是：7.4833
三角形（8,5,7）的面积是：17.3205
三角形（9,12,8）的面积是：35.9991
```

另外，在函数调用时要注意其使用方式。在Python看来，函数名称实际上是一个对象（地址），可把函数名称赋给另一个变量（称为该变量指向该函数地址），再通过该变量来调用函数，如：

```
def TriangleArea(a,b,c):
   p=(a+b+c)/2                         #先计算p的值
   s=math.sqrt(p*(p-a)*(p-b)*(p-c))
   return s                            #返回计算结果
area=TriangleArea                      #把函数名称（不带括号）赋给另一个变量（该变量指向了函数）
print(area(3,5,6))                     #通过变量对函数调用
```

```
print(area(8,5,7))                  #通过变量对函数调用
print(area(9,12,8))                 #通过变量对函数调用
```

因而，在Python中，可以把函数名称作为参数传递给另一个函数，并在目标函数内部通过该参数发起对传递过来的函数的调用，如：

```
def TriangleArea(a,b,c):
    p=(a+b+c)/2                     #先计算p的值
    s=math.sqrt(p*(p-a)*(p-b)*(p-c))
    return s                        #返回计算结果
def CallArea(func):                 #参数func是一个函数名称
    func(3,5,6)                     #发起对传递过来的函数的调用，参数要与传递过来的函数保持一致
#用函数名称作参数调用另一函数
CallArea(TriangleArea)              #把函数名称作为参数
```

5.1.3 lambda 表达式

如果一个函数相对比较简单，可在一行内定义完，此时可以采用lambda表达式来定义该函数（称为匿名函数）。其格式如下：

```
<函数名>=lambda <参数列表>:<表达式>
```

等效于函数的定义：

```
def 函数名(参数列表):
   return <表达式>                  #函数只有一行表达式
```

例如计算两数相乘的函数：

```
def multiply (a,b):                 #带两个参数：a,b，实现两个数相乘
   return a*b                       #返回相乘结果
```

改用lambda表达式定义为：

```
multiply=lambda a,b:a*b             #带2个参数a、b，返回相乘结果
print(multiply(2,3))                #显示6
```

又如，根据参数n，生成[1*1,2*2,3*3…]列表：

```
li=lambda n:[x*x for x in range(n)] #定义带参数n的lambda表达式li
l2=li(3)                            #n取3，生成[1*1,2*2]
l5=li(6)                            #n取6，生成[1*1,2*2,3*3,4*4,5*5]
```

可以将lambda表达式作为列表的元素，每个元素定义不同的lambda表达式：

```
列表名=[(lambda 表达式1), (lambda 表达式2), …]
```

这样，就可以根据列表元素位置索引调用列表中不同的lambda 表达式：

```
列表名[索引]( lambda 表达式的参数列表)
```

例如：

```
L=[(lambda x:x**2),(lambda x:x**3),(lambda x:x**4)]
print(L[0](3),L[1](3),L[2](3))      #分别调用0、1、2位置索引对应的lambda表达式
```

通过不同的位置索引调用不同的lambda表述，可分别计算并打印3的平方、立方和四次方。程序运行结果：

```
9 27 81
```

lambda表达式和函数方式都可以定义函数，但前者是以表达式形式出现的，常用于调用函数的参数中，例如对列表排序：

```
li=[3,5,-4,-1,0,-2,-6]
li.sort(key=lambda x:abs(x))                 #按绝对值abs()对列表中的元素排序
print(li)                                     #显示[0,-1,-2,3,-4,5,-6]
```

如果不用lambda表达式方式，则代码如下：

```
def sort_abs(x):
  return abs(x)
li=[3,5,-4,-1,0,-2,-6]
li.sort(key=sort_abs)                        #按绝对值abs对列表中的元素排序
print(li)                                     #显示[0,-1,-2,3,-4,5,-6]
```

显然，采用lambda表达式使程序更加简洁明了。

5.1.4 函数的返回值

函数返回值由return语句实现，可返回多种类型的值，如基本数据类型、高级数据类型，甚至是一个lambda表达式。

【例5-3】定义一个函数stat(op)，根据参数op的值分别求两个数最大值（op为1时）、最小值（op为2时）、平均值（op为3时）和两数之和（op为4时）。

分析：根据不同参数实现不同的运算，可把不同的lambda表达式作为列表元素，然后通过调用不同的元素实现不同的计算来完成。本例要求使用函数方式，而不是列表方式，但其原理是一样的，可以根据不同的参数取值返回不同的lambda表达式来实现。

程序代码：

```
#ex5_3.py
def stat(op):
   if(op==1):
      return lambda x,y:x if x>y else y      #返回值是一个lambda表达式
   if(op==2):
      return lambda x,y:x if x<y else y
   if(op==3):
      return lambda x,y:(x+y)/2
   if(op==4):
      return lambda x,y:x+y
#调用函数
operation=stat(1)                             #返回求最大值lambda表达式
print("3,5最大值：", operation(3,5))
operation=stat(2)                             #返回求最小值lambda表达式
```

```
print("3,5最小值: ", operation(3,5))
operation=stat(3)                          #返回求平均值lambda表达式
print("3,5平均值: ", operation(3,5))
operation=stat(4)                          #返回求和lambda表达式
print("3,5求和: ", operation(3,5))
```

程序运行结果：

```
3,5最大值: 5
3,5最小值: 3
3,5平均值: 4.0
3,5求和: 8
```

另外，Python函数也可以返回高级数据类型，如元组、列表、集合或字典等。如果返回值由多个简单数据类型的值组成，则需要把这些值组合成列表或元组返回。

```
def f1():
   x=2
   y=[3,4]
   return (x,y)          #以元组方式返回多个值
print(f1())
```

程序运行结果：

```
(2, [3, 4])
```

【例5-4】编写函数分别计算字符串中大写、小写字母个数。

分析：需要返回大写、小写字母个数，共2个数，所以使用元组或列表返回。

程序代码：

```
#ex5_4.py
def CountChars(s):
  uChars,lChars=0,0                #uChars为大写字母个数，lChars为小写字母个数
  for ch in s:
     if 'a'<=ch<='z':
        lChars+=1                  #小写字母个数
     elif 'A'<=ch<='Z':
        uChars+=1                  #大写字母个数
  return (lChars,uChars)           #以元组方式返回多个值
print(CountChars('Hello World'))
```

程序运行结果：

```
(8, 2)
```

视频：
函数参数

5.2 函数参数

函数参数类似于在表达式中使用的变量，当同一变量取不同值时相同的表达式将得到不同的运算结果，例如y=x+2，x取不同的值，y必将有不同结果。同

理，同一函数当其参数取不同值时，函数值也会不同，甚至函数的行为也可能不同。此处，有两个概念：函数的参数以及参数取的值，前者称为形参，后者称为实参。除此之外，函数还涉及函数参数分类、变量的作用域等内容。

5.2.1 形参与实参

形参全称为形式参数，是用def定义函数时在括号里定义的变量。实参全称为实际参数，是在调用函数时提供的具体值或者变量。例如：

```
def multiply(a,b):          #a和b是形参
    return a*b              #我们只知道是a*b，但a取值是多少、b取值是多少无从得知

#下面是调用函数
multiply(3,5)               #3和5是实参，此时a取3、b取5，a、b有了实际的值
x=7
y=9
multiply(x,y)               #变量x和y是实参，此时a取x的值、b取y的值
```

5.2.2 函数参数分类

在Python中，定义和调用函数时，参数可分为位置参数、关键字参数、默认值参数和可变参数。

1. 位置参数与关键字参数

在调用时，实参按形参定义的先后顺序赋值，该方式即为位置参数，是所有函数匹配参数的默认方式。如果调用时按形参名称进行赋值，该方式即为关键字参数。

```
def multiply(a,b):          #a和b是形参
    return a*b
```

采用位置参数方式调用：

```
multiply(3,5)               #3、5按形参a、b的先后顺序匹配，3赋给a、5赋给b
```

采用关键字参数方式调用：

```
multiply(b=5,a=3)           #通过形参名称赋值，参数顺序就无所谓了
```

但以下调用是非法的：

```
multiply(b=5,3)             #不能把位置参数方式与关键字参数方式混合使用
```

2. 默认值参数

默认值参数是指在定义函数参数时同时给参数赋予一个值，在调用时可以给该参数赋值，也可以不给该参数赋值。如果调用时不给该参数赋值，则该参数自动取定义时的值。

【例5-5】编写添加学生的函数addStudent()，该函数带三个参数，分别为学生姓名、年龄和性别，其中性别默认值为“男”。

```
#ex5_5.py
def addStudent(name,age,gender='男'):   #gender是默认参数，默认值为'男'
  return [name,age,gender]
```

```
#调用addStudent()函数
print(addStudent('谢文',19))                    #gender没有赋值，取默认值'男'
print(addStudent('谭青',18, '女'))              #gender取值'女'
print(addStudent('张思明',18, '男'))            #gender取值'男'
print(addStudent(age=19,name='罗艳',gender='女')) #关键字参数调用
print(addStudent(age=19,name='邓国'))           #关键字参数调用
```

程序运行结果：

```
['谢文',19, '男']
['谭青',18, '女']
['张思明',18, '男']
['罗艳',19, '女']
['邓国',19, '男']
```

在调用时，对于没有定义为默认值参数的参数必须给予相应的值，否则会提示缺少参数的错误。另外，定义函数时，默认值参数必须排在所有参数的最后。

```
def addStudent(name,gender='男',age): #语法错误，默认gender在age前面
    return [name,age,gender]
```

3. 可变参数

有时候在定义函数时无法确定调用时参数的个数，此时需要使用可变参数。一般情况下，在定义函数时便能确定调用函数时参数的个数，但在某些情况下可能无法确定，例如，在计算学生课程平均分的函数中，由于不同专业、不同年级开设课程数目不一样，在计算课程平均分时统计的科目数自然是不一样的，此时无法确定调用时参数的个数。对于该情况，只需在无法确定参数数目的参数名前面加上“*”或者“**”即可。

【例5-6】编写计算平均分的函数Score_Avg()，该函数可对多门课程统计平均分。

分析：由于Score_Avg()只说“多门课程“，没有具体的课程数目，无法确定调用时参数的个数，因而需要使用可变参数。

```
#ex5_6.py
def Score_Avg(name,*score):    #score为可变参数，无法确定调用时参数个数
    score_sum=0                #总分
    for sc in score:           #用循环遍历方式取出score中的每一个参数
      score_sum+=sc            #累加总分
    return (name,score_sum/len(score))      #以元组方式返回多个值

print(Score_Avg("邓国",78,98,65))           #传了3门课程成绩给score_Avg()
print(Score_Avg("谭青",78,98,65,87,95))     #传了5门课程成绩给score_Avg()
```

程序运行结果：

```
("邓国",80.3)
("谭青",84.6)
```

顾名思义，可变参数是无法确定参数个数的，因而不能直接通过参数名称访问各参数。在

Python中，可变参数在调用时通常以元组或字典方式把可变值传给函数，定义时在参数名前加“*”表示以元组方式传递可变参数值、加“**”表示以字典方式传递可变参数值。在函数内，可通过遍历元组或字典取出对应的参数值。

【例5-7】编写计算平均分的函数Score_Avg()，该函数可对多门课程统计平均分，采用字典方式传递可变参数。

```
#ex5_7.py
def Score_Avg(name,**score):          #以字典方式传递
    score_sum=0
    for key,sc in score.items():      #以字典方式访问
        score_sum+=sc
    return (name,score_sum/len(score))

print(Score_Avg(name="邓国",Python程序设计=78,算法基础=98,数据结构=65))
print(Score_Avg(name="谭青",Python程序设计=78,算法基础=98,数据结构=65,大数据处理基础=87,网页设计=95))
```

程序运行结果：

```
("邓国",80.3)
("谭青",84.6)
```

当以字典方式定义可变参数时，调用时采用关键字方式传递参数值，注意关键字不要带上单引号或双引号。此处的关键字相当于变量名，而不是字符串值。例如以下的写法将出现语法错误：

```
print(Score_Avg(name="邓国",'Python程序设计'=78, '算法基础'=98))
```

5.2.3 变量的作用域

作用域即作用范围、有效范围，变量作用域即变量的有效范围。同一变量，如果定义在函数内部，其作用范围只限于该函数内部，称为局部变量；如果定义在函数外部，其作用范围超出了任何一个函数，作用于整个程序，称为全局变量。

视频：
变量的作用域

1. 局部变量

在函数内部定义的变量，其作用范围只限于该函数。

【例5-8】局部变量的使用。

```
#ex5_8.py
import random
def getRandom():                   #getRandom()函数开头
  x=random.randint(3,10)           #局部变量x只在getRandom()函数开头到结尾范围内有效
  print(x)                         #getRandom()函数结尾

getRandom()                        #调用getRandom()，输出x的值

def f2():
```

```
    print(x)                 #出错，超过getRandom()函数范围，局部变量x已无效

print(x)                     #出错，超过getRandom()函数范围，局部变量x已无效
```

2. 全局变量

定义在函数外部，作用域是整个程序。

【例5-9】全局变量的使用。

```
#ex5_9.py
x=20                                    #定义全局变量x
def f1():
  print("f1中的x:",x, end=" ")          #对全局变量x引用
def f2():
  print("f2中的x:",x, end=" ")          #对全局变量x引用
f1()
f2()
print("外面的x:",x, end=" ")            #对全局变量x引用
```

程序运行结果：

```
f1中的x:20 f2中的x:20 外面的x:20
```

如果定义的局部变量与全局变量同名，将服从局部优先原则，除非通过关键字global把局部变量声明为全局变量。

【例5-10】global声明全局变量。

```
#ex5_10.py
x=20                     #定义全局变量x
def f1():
  x=30                   #定义局部变量x，根据局部优先原则，全局变量x在f1中将无效
  x+=20                  #修改局部变量x
  print("f1中的x:",x, end=" ")         #引用局部变量x
def f2():
  global x                             #把x声明为全局变量
  x+=20                                #修改全局变量x
  print("f2中的x:",x, end=" ")         #引用全局变量x
f1()
f2()
print("外面的x:",x, end=" ")           #引用全局变量x
```

程序运行结果：

```
f1中的x:50 f2中的x:40 外面的x:40
```

另外，要区分变量的定义（声明）与引用，只有定义时才产生新的变量，引用是不会创建新的变量的。

【例5-11】变量的定义与引用。

```
#ex5_11.py
```

```
x=20                        #定义全局变量x
ls=[1,2,3]                  #定义全局列表变量ls
def f1():
   y=x+20                   #引用全局部变量x，定义局部变量y
   print("f1中的全局变量x:",x,"局部变量y:",y)
def f2():
   x=10                     #定义局部变量x
   x=x+1                    #修改局部x，不会影响全局x
   y=x+20                   #引用局部变量x，定义局部变量y
   print("f2中的局部变量x:",x,"局部变量y:",y)
def f3():
   ls[0]=4                  #引用全局变量ls（修改了全局变量ls的值）
   ls.append(5)             #引用全局变量ls（修改了全局变量ls的值）
   print("f3中的全局变量ls:",ls)
def f4():
   ls=[10,20,30]            #定义局部变量ls
   ls[0]=80                 #引用局部变量ls（修改了局部变量ls的值，不会影响全局ls）
   print("f4中的局部变量ls:",ls)
f1()
f2()
print("外面的变量x:",x);
f3()
f4()
print("外面的变量ls:",ls);
```

程序运行结果：

```
f1中的全局变量x: 20 局部变量y: 40
f2中的局部变量x: 11 局部变量y: 31
外面的变量x: 20
f3中的全局变量ls: [4, 2, 3, 5]
f4中的局部变量ls: [80, 20, 30]
外面的变量ls: [4, 2, 3, 5]
```

因此，不管是简单数据类型变量还是高级数据类型变量，只要定义局部变量，同名的全局变量将被临时“屏蔽”，除非使用global语句声明。同时，要注意高级数据类型变量的定义与引用，像函数f3()中是对变量的引用，但f4()中是对列表变量的重新定义。同理ls=[]、ls=()、ls={}等均是对变量的定义，会创建新的变量。

【例5-12】以下为各同学的科目成绩，请计算各同学的总分和平均分，并按平均分从高到低输出各同学的成绩。

```
#ex5_12.py
score={"谭青":[89.5,90,98],
       "张思明":[68,87,89],
       "谢文":[92,94,95],
```

```
        "邓国":[78,89,90],
        "罗艳":[56,68,87],
        "李晓":[92,89,80]
       }
```

分析：程序可以分割成2个“小问题”：一是统计，二是排序。统计是针对某个学生，而排序是针对所有学生，因此先统计每个学生的成绩，再对所有学生的统计结果进行排序。可以定义两个函数：Score_Avg()，用于统计某一学生的总分和平均分；Score_Sort()，用于对所有学生成绩进行排序。程序代码如下：

```
score={"谭青":[89.5,90,98],
       "张思明":[68,87,89],
       "谢文":[92,94,95],
       "邓国":[78,89,90],
       "罗艳":[56,68,87],
       "李晓":[92,89,80]
      }
'''
Score_Avg:计算某个学生的总分及平均分
参数:
   name: 学生姓名
   score:以列表或元组方式存放的学生各科目成绩
返回值: 以元组方式返回学生的总分及平均分,如("谭青",[277.5,92.5])
'''
def Score_Avg(name,score):
    score_sum=0
    for sc in score:
        score_sum+=sc
    return (name,[score_sum,score_sum/len(score)])

'''
Score_Sort: 对以字典方式保存的学生成绩统计结果进行排序
参数:
    score: 以字典形式存放的学生成绩,如{"谭青":[277.5,92.5]}
返回值: 按平均分排序后的学生成绩列表
'''
def Score_Sort(score):
    return sorted(score.items(),        #对key/value键值对排序
           key=lambda x:x[1][1],        #关键字x[0]对键排序、x[1]对值排序
                                        #此处值是列表,位置索引0为总分、1为平均分
                                        #x[1][1]表示对值中的平均分排序
                reverse=True)           #以降序方式排序

score_avg={}                            #全局变量,存放各学生的成绩统计结果
```

```
    for name,sc in score.items():               #遍历score字典
        s_avg=Score_Avg(name,sc)                #计算某个学生的总分和平均分
        score_avg[s_avg[0]]=s_avg[1]            #以字典键值对"姓名/成绩"方式保存统计结果
    score_sort=Score_Sort(score_avg)            #对统计结果排序，返回排序后的列表
    for sc in score_sort:                       #输出排序结果
        print(sc)
```

程序运行结果：

```
('谢文', [281, 93.6])
('谭青', [277.5, 92.5])
('李晓', [261, 87.0])
('邓国', [257, 85.6])
('张思明', [244, 81.3])
('罗艳', [211, 70.3])
```

在Score_Avg()函数中，参数score并没定义成可变参数，但其实现代码与可变参数相似。其实在Python中，可变参数是以元组方式传递各参数值，而Score_Avg()中是以列表方式传递各科目成绩，在原理上是一致的，因而实现代码也是一样的。

5.3 函数的递归

5.3.1 递归调用

函数在执行过程中调用自己本身，称为递归调用。

【例5-13】求1到n的平方和。

分析：当$n=1$时，结果为1×1，当$n=2$时，结果为$1\times1+2\times2$，当$n=3$时，结果为$1\times1+2\times2+3\times3$，可用以下函数公式来表示：

$$f(n)=\begin{cases}1 & \text{当}n=1\\ f(n-1)+n\times n & \text{当}n>1\end{cases}$$

如果采用非递归方式，代码如下：

```
def f(n):
    f_sum=0;
    for i in range(1,n+1): #从1到n
      f_sum+=i*i
    return f_sum
print(f(10))
```

程序运行结果：

```
385
```

如果改用递归版本，代码如下：

```
#ex5_13.py
def f(n):
```

```
    if n==1:                                #递归调用结束的条件
      return 1
    else:
      return(f(n-1)+n*n)                    #调用f()函数本身
print(f(10))
```

程序运行结果：

```
385
```

由此可见，递归版本更接近问题描述的递推数学公式，结构更简单。在数学公式中，n=1是计算起点，而在递归程序中则是计算的终点（称为结束条件）。一个递归程序如果没有结束条件，将无休止地调用下去，直至系统资源全部耗尽，为此，Python作了保护，当递归超过1 000层时，程序将被强迫中止。

【例5-14】从键盘输入一个整数，求该数的阶乘。

根据求一个数n的阶乘的定义$n!=n(n-1)!$，可写成如下数学形式：

$$f(n)=\begin{cases}1 & \text{当} n=1 \\ n\times f(n-1) & \text{当} n>1\end{cases}$$

如果采用非递归程序，代码如下：

```
def f(n):
      result=n
      for i in range(1,n):
        result*=i
      return result
x=int(input("输入一个正整数:"))
print(f(x))
```

程序运行结果：

```
输入一个正整数：5
120
```

如果采用递归程序，代码如下：

```
#ex5_14.py
def f(n):
    if n==1:                                #递归调用结束的条件
      result=1
    else:
      result=n*f(n-1)                       #调用f()函数本身
    return result
x=int(input("输入一个正整数:"))
print(f(x))
```

程序运行结果：

```
输入一个正整数：5
120
```

【例5-15】求n=20时Fibonacci数列的值。

分析：Fibonacci数列的数学公式如下：

$$f(n)=\begin{cases}1 & 当n=1\\ 1 & 当n=2\\ f(n-1)+f(n-2) & 当n>2\end{cases}$$

采用递归方式，程序代码如下：

```
#ex5_15.py
def f(n):
  if n==1 or n==2:                        #递归调用结束的条件
    return 1
  else:
    return f(n-1)+f(n-2)                  #调用f()函数本身
print(f(20))
```

程序运行结果：

```
6765
```

【例 5-16】汉诺塔（Hanoi）问题源自于古印度，是递归算法设计的经典，其主要内容是：有A、B、C三根宝针（见图5-1），A针上有n个从大到小叠放的金片，要求将所有金片从A针移动到C针上。移动过程中可借助任何一根针，但每次只能移动一个金片，且每根针必须满足大片在下、小片在上的条件。

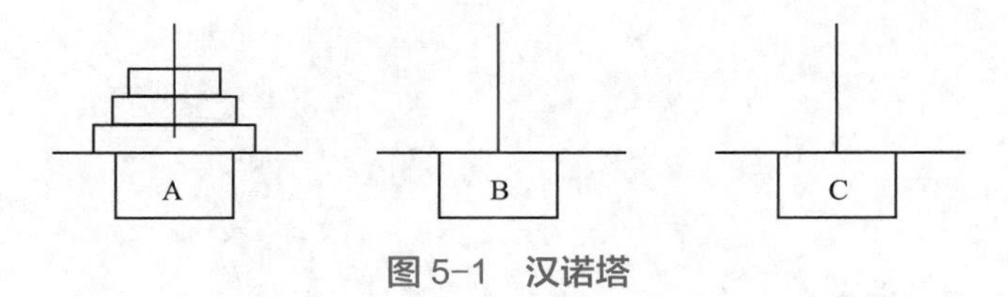

图 5-1 汉诺塔

分析：假设A针有n个金片，目标是把所有金片从A针移到C针（表示为A→C），可以分成以下三个步骤：

（1）把n–1个金片从A针移到B针，借助于C针，表示为$A\xrightarrow{C}B$。

（2）把最底层第n个金片从A针移到C针，表示为A→C。

（3）把n–1个金片从B针移到C针，借助于A针，表示为$B\xrightarrow{A}C$。

对于步骤（1）（$A\xrightarrow{C}B$），可进一步拆解为以下步骤：

（1）把n–2个金片从A针移到C针，借助于B针。

（2）把最底层第n–1个金片从A针移到B针。

（3）把n–2个金片从C针移到B针，借助于A针。

对于步骤三（$B\xrightarrow{A}C$），可进一步拆解为以下步骤：

（1）把n–2个金片从B针移到A针，借助于C针。

（2）把最底层第n–1个金片从B针移到C针。

（3）把n-2个金片从A针移到C针，借助于B针。

由此可见，每一步中的步骤（1）和（3）是下一层的递归调用，故实现代码如下：

```
#ex5_16.py
def hanoi(n,A,B,C):                    #把n个金片从A针移到C针，借助B针
  if n==1:                             #递归调用结束的条件
    print(A,"-->",C)                   #只有一层，直接从A针移到C针
  else:
    hanoi(n-1,A,C,B)                   #把n-1个金片从A针移到B针，借助C针
    print(A,"-->",C)                   #将最底层的第n个金片从A针移到C针
    hanoi(n-1,B,A,C)                   #把n-1个金片从B针移到C针，借助A针
n=int(input("请输入汉诺塔的层数："))
hanoi(n, "A","B","C")
```

当n为2时，移动过程如下：

```
请输入汉诺塔的层数：2
A--> B
A--> C
B--> C
```

当n为3时，移动过程如下：

```
请输入汉诺塔的层数：3
A--> C
A--> B
C--> B
A--> C
B--> A
B--> C
A--> C
```

5.3.2 递归过程分析

递归过程可以分为递推前行和调用回退两部分。在执行过程中，先逐层递推前进，直至遇到递归终止条件，然后逐层回退。图5-2所示为例5-14中当n=5时的递归过程，右边为递推前行，左边为调用回退顺序。因此，递归过程中必须有递归结束条件，否则调用过程无法回退。

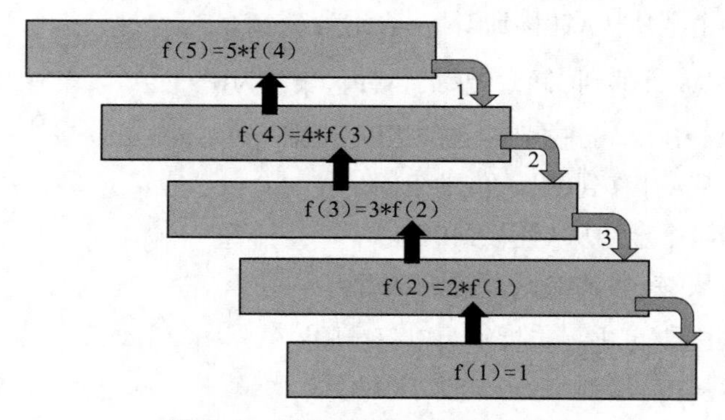

图 5-2　递归调用 n! 的执行过程

递归调用与普通函数调用一样利用了先进后出的栈结构。每次调用时，在栈中分配内存单元保存返回地址、参数及局部变量；与普通函数调用不同的是，递推前行是一个逐层调用的过程，因此需要逐层把参数入栈，直至到达递归终止条件为止；接着回退过程不断从栈中弹出当前的参数，直至栈空返回到初始调用处为止。

5.4 内置函数

Python函数分为内置函数和第三方函数。内置函数又称系统函数、标准函数，或内建函数，是Python自身提供的函数，不依赖于任何第三方库。第三方函数是由第三方按Python函数规范开发的库函数，需导入第三方库才能使用。Python常用的内置函数有数学运算函数、类型转换函数、反射函数、迭代器函数等。想要查看所有内置函数名，可以在Python命令行方式下输入如下语句：

```
>>>dir(__builtins__)
```

5.4.1 数学运算及类型转换函数

数学运算、类型转换函数完成算术运算及数据类型转换，如表5-1所示。

表 5-1　数学运算及类型转换函数

函 数	具体说明
abs(x)	求绝对值。参数可以是整型，也可以是复数，若参数是复数，则返回复数的模
divmod(a, b)	分别求商和余数。例如，divmod(40,5) 结果是 (8, 0)
pow(x, y)	返回 x 的 y 次幂。pow(2,3) 结果是 8
range([start], stop[, step])	产生一个从 start 到 stop 的序列（不包括 stop），默认从 0 开始
round(x[, n])	对参数 x 的第 n+1 位小数进行四舍五入，返回一个小数位数为 n 的浮点数
eval(str)	将字符串 str 当成有效的表达式来求值并返回计算结果。例如，eval("2+2*3") 结果是 8
complex([real[, imag]])	创建一个复数
float(x)	将一个字符串或数转换成浮点数，如果无参数将返回 0.0。例如，float('1234') 结果是 1234.0
int([x[, base]])	将一个字符转换为 int 类型，base 表示进制。例如，int('100', base=8) 结果是 64
bool(x)	将 x 转换为布尔类型。例如，bool(1) 结果是 True，bool(0) 结果是 False

5.4.2 反射函数

反射函数主要用于获取类型、对象的标识、基类操作等，如表5-2所示。

表 5-2　反射函数

函 数	具体说明
getattr(object, name [, defalut])	获取一个对象的属性
hasattr(object, name)	判断对象 object 是否包含名为 name 的特性
setattr(object, name, value)	设置对象属性值

续表

函 数	具体说明
hash(object)	如果对象 object 为哈希表类型，返回对象 object 的哈希值
id(object)	返回对象的唯一标识
isinstance(object, classinfo)	判断 object 是否是 class 的实例
issubclass(class, classinfo)	判断是否是子类
globals()	返回一个描述当前全局符号表的字典
locals()	返回当前的变量列表
memoryview(obj)	返回一个内存镜像类型的对象
object()	基类
property([fget[, fset[, fdel[, doc]]]])	属性访问的包装类，设置后可以通过 c.x=value 等来访问 setter 和 getter
reload(module)	重新加载模块
repr(object)	将一个对象变换为可打印的格式
staticmethod	声明静态方法
super(type[, object-or-type])	引用父类
type(object)	返回该 object 的类型
vars([object])	返回对象的变量，若无参数与 dict() 函数类似

5.4.3 迭代器函数

迭代器函数主要对可迭代对象，如列表、元组、集合、字典等进行运算，如表5-3所示。

表 5-3 迭代器函数

函 数	具体说明
next(iterator[, default])	类似于 iterator.next()
filter(function, iterable)	把迭代器中通过 function 运算返回真值的那些元素构建一个新的迭代器（过滤）
map(function, iterable, ...)	对迭代器中每个元素执行 function 运算操作，返回运算结果组成新的迭代器（把旧值“映射”到新值）
zip(*iterables)	返回一个聚合了来自每个可迭代对象中的元素的迭代器
reduce(function,iterable[,initializer])	对一个迭代器对象进行压缩运算，得到一个值。注意在 Python 3 中，该函数已移至 functools 模块，所以使用之前需要 from functools import reduce
all(iterable)	迭代器中所有元素为真则返回 True，否则返回 False
any(iterable)	迭代器中任一元素为真则返回 True，否则返回 False
reversed(iterable)	反转可迭代对象元素，首尾依次交换
sorted(iterable,key=None,reverse=False)	对可迭代对象元素排序，key 指定排序关键字，reverse 指定排序方式
sum(iterable[, start])	求可迭代对象中元素总和

续表

函数	具体说明
min(iterable,*[, key, default])	求可迭代对象中元素的最小值
max(iterable,*[, key, default])	求可迭代对象中元素的最大值
len(iterable)	返回对象的元素个数
dict(iterable,**kwarg)	返回一个新的字典，常用于类型转换
list([iterable])	返回一个新的列表，常用于类型转换
tuple([iterable])	返回一个新的元组，常用于类型转换
set([iterable])	返回一个新的集合，常用于类型转换

【例5-17】利用filter()函数筛选100以内的偶数。

分析：用range()内置函数可产生100以内的整数，如果只取符合一定条件的元素，可对生成结果作进一步筛选处理。

```
#ex5_17.py
list(filter(lambda x:x%2==0,range(1,100)))
```

程序运行结果：

```
[2,4,6,8,10,12,14,….]
```

filter()返回的是一个可迭代对象，可利用list()函数转换为列表。此处filter()函数的第一个参数function采用lambda表达式，该表达式带一个参数x，运行时x会依次取可迭代对象range(1,100)中的每个元素，把该元素按x%2==0的表达式进行运算，如果返回值为True则把该元素添加到返回值序列中，否则跳过该元素，由此过滤掉奇数元素。当然，也可使用列表生成式达到相同的效果：

```
[i for i in range(1,100) if i%2==0]
```

【例5-18】已知全班同学的信息如下，请筛选出全部男同学。

```
Students=[["谭青","女"],
          ["张思明","男"],
          ["谢文","男"],
          ["邓国","男"],
          ["罗艳","女"],
          ["李晓","女"]
         ]
```

分析：学生信息表Students是一个二维列表，每个同学的信息由两列数据组成，在筛选时需根据每个同学第2列数据进行处理。

```
#ex5_18.py
Students=[["谭青","女"],
          ["张思明","男"],
          ["谢文","男"],
```

```
            ["邓国","男"],
            ["罗艳","女"],
            ["李晓","女"]
          ]
list(filter(lambda x:x[1]=="男", Students)  #根据每个元素第2列进行筛选
```

程序运行结果：

```
[["张思明","男"],["谢文","男"],["邓国","男"]]
```

其等价的列表生成式为：

```
[x for x in Students if x[1]=="男"]    #根据每个元素第2列进行筛选
```

【例5-19】以下为全班同学某门课程的成绩，有些同学成绩为0分，请把0分的成绩替换成班平均分。

```
score=[98,67,93,97,0,89,45,0,87,34,0,96,98,87]
```

分析：在数据分析中，经常要对数据作预处理，方式有很多种，其中之一是把非法数据替换成合法数据，例如把空的字符串替换成某一固定值、把小于0的数据替换成某一值（如平均值、最小值等）等。针对序列元素大批量、有规律替换，Python中通常使用列表生成式或相应内置函数map()对原序列进行加工处理并生成新的序列，代码如下：

```
#ex5_19.py
score=[98,67,93,97,0,89,45,0,87,34,0,96,98,87]
avg=sum(score)/len(score) #计算班平均分
list(map(lambda x:avg if x==0 else x, score))
```

map()函数会依次取出可迭代对象中的每个元素，把该元素按照function所定义的方式进行加工处理，并把处理结果作为新的元素返回。此处的function定义为一个lambda表达式，带一个元素参数x，通过判断x的值是否是0来决定该元素生成的值。其等价的列表生成式代码如下：

```
avg=sum(score)/len(score)                #计算班平均分
[avg if x==0 else x for x in score]      #如果x为0，则替换成平均分
```

程序运行结果：

```
[98, 67, 93, 97, 63.6, 89, 45, 63.6, 87, 34, 63.6, 96, 98, 87]
```

另外，map()函数还可以对多个迭代对象进行处理，依次把各迭代对象的元素取出来，按function定义的方式进行加工并生成新的元素。由于有多个迭代对象，function定义时需带多个参数，依次对应每个迭代对象的元素。同时，在lambda表达式中可以调用已定义的函数，进一步拓展数据加工处理逻辑。

【例5-20】以下为全班同学2门课程的成绩，有些同学成绩为0分，请把0分的成绩替换成该课程的班平均分，并计算各同学课程平均分。

```
score1=[98,67,93,97,0,89,45,0,87,34,0,96,98,87]
score2=[87,87,83,0,95,97,75,65,0,78,85,85,89,85]
```

分析：由于同时要处理2门课程成绩，包括0分成绩替换以及平均分计算，如果用lambda表达

式在一行代码中完成这些功能过于复杂，但可以把这些运算逻辑定义为一个函数，在lambda表达式中进行调用，代码如下：

```
#ex5_20.py
score1=[98,67,93,97,0,89,45,0,87,34,0,96,98,87]
score2=[87,87,83,0,95,97,75,65,0,78,85,85,89,85]
def score_avg(x,y,x_avg,y_avg):
    s1=x_avg if x==0 else x         #替换第1门课程的成绩
    s2=y_avg if y==0 else y         #替换第2门课程的成绩
    return (s1+s2)/2                #计算平均分
x_avg=sum(score1)/len(score1)       #计算第1门课程班平均分
y_avg=sum(score2)/len(score2)       #计算第2门课程班平均分
list(map(lambda x,y:score_avg(x,y,x_avg,y_avg),score1,score2))
```

程序运行结果：

```
[92.5, 77.0, 88.0, 84.6, 79.3, 93.0, 60.0, 64.3, 79.6, 56.0, 74.3, 90.5,
93.5, 86.0]
```

说明：因为map()函数要同时处理2个列表score1、score2，所以function要带2个参数，分别对应score1和score2的每个元素，例中使用参数x、y。另外，由于此处function处理逻辑过于复杂，在lambda表达式的一行代码中难以完成，故把处理逻辑定义在函数score_avg()中。score_avg()函数既要使用2个列表的元素，又要使用它们对应的平均分，故定义了4个参数，分别对应2门课程的成绩及平均分。

【例5-21】已知学生信息存放在3个列表中，请输出每个同学的完整信息。

```
names=["谭青","张思明","谢文","邓国","罗艳","李晓"]
genders=["女","男","男","男","女","女"]
nativePlace=["广州","茂名","潮洲","深圳","汕头","云浮"]
```

分析：如果要依次从每个迭代对象中取出一个元素组成一个新的元素，例如例中从names列表取出“谭青”、从genders列表取出对应的性别“女”、从nativePlace列表取出对应的籍贯“广州”来组成一个新的元素（"谭青","女","广州"），可以使用聚合函数zip()。

```
#ex5_21.py
names=["谭青","张思明","谢文","邓国","罗艳","李晓"]
genders=["女","男","男","男","女","女"]
nativePlace=["广州","茂名","潮洲","深圳","汕头","云浮"]
list(zip(names,genders,nativePlace))
```

程序运行结果：

```
[('谭青', '女', '广州'), ('张思明', '男', '茂名'), ('谢文', '男', '潮洲'), ('邓
国', '男', '深圳'), ('罗艳', '女', '汕头'), ('李晓', '女', '云浮')]
```

当然，也可以使用map()函数依次取出3个列表的元素组成一个元组，代码如下：

```
list(map(lambda x,y,z:(x,y,z),names,genders,nativePlace))
```

5.4.4 I/O函数

I/O函数主要用于输入/输出等操作，如表5-4所示。

表5-4 I/O函数

函数	描述
open(name[,mode[,buffering]])	打开文件
input([prompt])	获取用户输入，并以字符串形式返回输入结果
print()	打印输出函数

5.5 模块导入与定义

模块（Module）是Python代码存放的文件，以py为扩展名。所有的函数、类、变量等均定义在模块文件中，模块有时又称为库，但通常一个库会由多个模块文件组成。如果要使用模块中的函数，需先导入，例如，要使用math模块中的sqrt()函数，必须用import关键字导入math这个模块。模块分为标准模块和第三方模块，前者由Python提供，无须单独安装；后者由第三方机构或个人提供，需安装方可使用。

5.5.1 导入模块

不管标准模块还是第三方模块，使用前都必须用import语句导入。

1. 导入模块的方法

在Python中用关键字import来导入模块，格式如下：

```
import module1[, module2[,... moduleN]]
```

可一次导入多个使用的模块。模块要先导入、再使用，通常把导入语句放在文件开头。对同一模块如果有多个import，只导入一次。模块导入后便可在代码中调用模块中的函数，调用格式如下：

```
模块名.函数名
```

例如：

```
import math                              #导入math模块
print("10的平方根：", math.sqrt(10))    #调用math模块中的sqrt函数
```

有些模块的名称较长，例如用于深度学习的tensorflow模块，如果每次使用都要输入“tensorflow”这一串模块名有点麻烦，Python提供了解决方法，在导入模块的同时给予模块一个别名，格式为“import 模块名 as 别名”，这样在使用时直接用别名即可，例如：

```
import tensorflow as tf
import matplotlib.pyplot as plt
l1=tf.keras.layers.Dense(units=1,input_shape=[1])  #直接用别名tf，简化输入
plt.figure()                                        #直接用别名plt，简化输入
```

调用模块中的函数为什么一定要加上模块名（别名）而不能像内置函数那样直接调用呢？

主要是防止不同模块存在相同函数名而导致名称冲突。就像你叫“张三”，别人也叫“张三”，如果不加上籍贯等限定词就无法区分是哪个“张三”了。模块名就相当于此处的限定词。当然，如果非要在调用时不加模块名这个限定词，Python也提供了另外的导入语句，格式如下：

```
from 模块名 import 函数名1，函数名2...
```

通过这种方式导入的函数，调用时就只能直接用函数名了。如果函数名称冲突会怎么样呢？以最后导入为准。例如两个模块中都有函数f()，最终起作用的是最后导入的模块中的f()，这极易引起程序逻辑错误，因而应该尽量避免。

如果想一次性把模块中所有函数导入，可以通过：

```
from 模块名 import*
```

2. 模块位置的搜索顺序

当导入一个模块时，Python解析器按如下顺序搜索并加载：

（1）当前目录。

（2）如果当前目录找不到，则搜索PYTHONPATH中设置的每个目录。

（3）如果都找不到，则搜索安装目录。

模块搜索路径存储在sys模块的sys.path变量中，可通过查看该变量值了解其搜索路径。例如：

```
>>>import sys
>>>print(sys.path)
```

输出结果：

```
['C:\\新建文件夹\\PythonCode\\Chapter 5', 'E:\\python\\Lib\\idlelib', 'E:\\python\\python37.zip', 'E:\\python\\DLLs', 'E:\\python\\lib', 'E:\\python', 'E:\\python\\lib\\site-packages']
```

3. 列举模块内容

“dir(模块名)”函数返回一个排好序的字符串列表，内容是模块中定义的变量和函数。例如：

```
import math
dir (math)
```

输出结果：

```
['_ _doc_ _', '_ _loader_ _', '_ _name_ _', '_ _package_ _', '_ _spec_ _', 'acos', 'acosh', 'asin', 'asinh', 'atan', 'atan2', 'atanh', 'ceil', 'copysign', 'cos', 'cosh', 'degrees', 'e', 'erf', 'erfc', 'exp', 'expm1', 'fabs', 'factorial', 'floor', 'fmod', 'frexp', 'fsum', 'gamma', 'gcd', 'hypot', 'inf', 'isclose', 'isfinite', 'isinf', 'isnan', 'ldexp', 'lgamma', 'log', 'log10', 'log1p', 'log2', 'modf', 'nan', 'pi', 'pow', 'radians', 'sin', 'sinh', 'sqrt', 'tan', 'tanh', 'trunc']
```

但该方法无法区分哪些是变量、哪些是函数，而“help(模块名)”可详细区分模块中的变量和函数。

5.5.2 自定义模块

在Python中，每个Python文件就是一个模块，文件名即为模块名。例如，在文件moduledemo.py中定义了2个函数f1()、f2()。

```
#moduledemo.py
def f1():                       #定义f1()函数
print('你在调用f1…')
def f2():                       #定义f2()函数
print('你在调用f2…')
```

那么在其他文件（如test.py）中就可以按如下方式使用：

```
#test.py
import moduledemo as mm
```

加上模块名称来调用函数：

```
mm.f1()                         #显示'你在调用f1…'
mm.f2()                         #显示'你在调用f2…'
```

5.5.3 自定义包

如果一个文件夹下存在特殊文件__init__.py，则该文件夹便是一个包。在该文件夹下可有多个属于该包的模块文件，便于模块文件的分类管理。导入时以“包名.模块名”方式即可。例如pg1文件夹下有3个文件，分别为__init__.py（文件内容可以为空）、moduledemo.py、datasheet.py，结构如下：

```
pg1
|-----__init__.py
|-----moduledemo.py
|-----datasheet.py
```

如果要导入pg1包下的moduledemo、datasheet模块，可以使用以下方式：

```
import pg1.moduledemo as mm
import pg1.datasheet as ds
```

5.6 标准模块

5.6.1 time 模块

time模块提供了时间处理功能。在Python中表示时间通常有两种方式：

（1）时间戳，是从1970年1月1日00:00:00开始到现在的秒数。

（2）时间元组struct_time，其中共有9个属性，具体如表5-5所示。

表 5-5 struct_time 属性

属 性	描 述
tm_year	年，如 2019
tm_mon	月，1~12
tm_mday	日，1~31

续表

属 性	描 述
tm_hour	时，0~23
tm_min	分，0~59
tm_sec	秒，0~61（60 或 61 是闰秒）
tm_wday	星期，0~6，0 是周一
tm_yday	一年中的第几天，1 到 366（儒略历）
tm_isdst	是否是夏令时，默认为 1 夏令时

time模块包含既有时间处理、也有转换时间格式的函数，如表5–6所示。

表 5–6 time 模块中的函数

函 数	
time.asctime([tupletime])	接收时间元组并返回一个可读的形式为 "Tue Dec 11 18:07:14 2018"（2018 年 12 月 11 日周二 18 时 07 分 14 秒）的 24 个字符的字符串
time.ctime([secs])	作用相当于 asctime(localtime(secs))，获取当前时间字符串
time.gmtime([secs])	接收时间戳（1970 纪元后经过的浮点秒数）并返回时间元组 t
time.localtime([secs])	接收时间戳（1970 纪元后经过的浮点秒数）并返回当地时间的时间元组 t
time.mktime(tupletime)	接收时间元组并返回时间戳（1970 纪元后经过的浮点秒数）
time.strftime(fmt[,tupletime])	接收时间元组并返回可读字符串格式表示的当地时间，格式由 fmt 决定，具体取值如表 5–7 所示
time.strptime(str,fmt=' %a % b %d %H: %M: %S %Y')	根据 fmt 的格式把一个时间字符串解析为时间元组
time.time()	返回当前时间的时间戳（1970 纪元后经过的浮点秒数）
time.clock()	用以浮点数计算的秒数返回当前的 CPU 时间。用来衡量不同程序的耗时，比 time.time() 更有用
time.sleep(secs)	暂停程序运行，secs 指暂停秒数

1. 获取当前时间

```
import time
time.localtime()                    #以struct_time时间元组格式返回当前时间
time.time()                         #以时间戳格式返回当前时间
#获取年、月、日等数据
print(time.localtime().tm_year)     #显示年份
```

```
print(time.localtime().tm_mon)          #显示月份
print(time.localtime().tm_mday)         #显示日
print(time.localtime().tm_hour)         #显示时
print(time.localtime().tm_min)          #显示分
print(time.localtime().tm_sec)          #显示秒
```

2. 创建时间变量

```
#根据时间字符串创建时间变量（时间元组格式）
mtime=time.strptime('2019-07-30 16:37:06', '%Y-%m-%d %X')
#根据时间戳创建时间变量（时间元组格式）
ttime=time.localtime(time.time())
```

3. 格式化时间字符串

```
#把时间元组格式的时间按指定字符串输出
time.strftime("%Y-%m-%d %X",mtime) #输出'2019-07-30 16:37:06'
```

所用的格式字符串及其含义如表5-7所示。

表 5-7　时间格式字符串

%y 两位数的年份表示（00~99）	%Y 四位数的年份表示（0000~9999）	%m 月份（01~12）
%d 月内中的一天（0~31）	%H 24 小时制小时数（0~23）	%I 12 小时制小时数（01~12）
%M 分钟数（00~59）	%S 秒（00~59）	%a 本地简化星期名称
%A 本地完整星期名称	%b 本地简化的月份名称	%B 本地完整的月份名称
%c 本地相应的日期表示和时间表示	%j 年内的一天（001~366）	%p 本地 A.M. 或 P.M. 的等价符
%U 一年中的星期数（00~53），星期天为星期的开始	%w 星期（0~6），星期天为星期的开始	%W 一年中的星期数（00~53）星期一为星期的开始
%x 本地相应的日期表示	%X 本地相应的时间表示	%Z 当前时区的名称

4. 计算时间差

```
#计算两个时间元组格式的时间差（秒）
time.mktime(mtime)-time.mktime(ttime) #转换为时间戳再计算
#计算两个时间戳的时间差（秒）
start=time.time()
time.sleep(10)          #暂停10秒
end=time.time()
print(end-start)        #显示10
```

5.6.2　calendar 模块

与日历相关的函数在calendar模块中，例如打印某月的字符月历、今天是星期几等。calendar模块中的函数如表5-8所示。

表 5-8 calendar 模块中的函数

函 数	描 述
calendar(year,w=2,l=1,c=6)	返回一个多行字符串格式的 year 年年历，3 个月一行，间隔距离为 c。 每日宽度间隔为 w 字符。每行长度为 21 × W+18+2 × C。l 是每星期行数
isleap(year)	是闰年返回 True，否则为 False
leapdays(y1,y2)	返回在 y1、y2 两年之间的闰年总数
month(year,month,w=2,l=1)	返回一个多行字符串格式的 year 年 month 月日历，两行标题，一周一行。每日宽度间隔为 w 字符。每行的长度为 7 × w+6。l 是每星期的行数
monthcalendar(year,month)	返回一个整数的单层嵌套列表。每个子列表代表一个星期的整数。year 年 month 月外的日期都设为 0；范围内的日子都由该月第几日表示，从 1 开始
monthrange(year,month)	返回两个整数。第一个是该月的星期几的日期码，第二个是该月的日期码。日从 0（星期一）~6（星期日）；月从 1~12
timegm(tupletime)	和 time.gmtime 相反：接受一个时间元组形式，返回该时刻的时间戳（1970 年后经过的浮点秒数）
weekday(year,month,day)	返回给定日期的日期码。0（星期一）~6（星期日）。月份为 1（一月）~12（12 月）
setfirstweekday(weekday)	设置每周的起始日期码，0（星期一）~6（星期日）
firstweekday()	返回当前每周起始日期的设置。默认情况下，首次载入 calendar 模块时返回 0，即星期一

1. 获取某一月的日历

```
import calendar
print(calendar.month(2019,7)   #返回2019年7月的日历
```

输出结果：

```
July 2019
Mo Tu We Th Fr Sa Su
1  2  3  4  5  6  7
8  9  10 11 12 13 14
15 16 17 18 19 20 21
22 23 24 25 26 27 28
29 30 31
```

2. 获取某一日是星期几

```
import calendar
print(calendar.weekday(2019,7,28)   #返回6，星期天
```

5.6.3 datetime 模块

datetime模块支持日期和时间运算的同时，还能更有效地处理和格式化时间输出，同时该模块还支持时区处理。

1. 获取当前时间

```
import datetime as dt
dt.datetime.now()                          #以datetime类型返回当前时间
```

```
#获取年、月、日等数据
print(dt.datetime.now().year)              #显示年份
print(dt.datetime.now().month)             #显示月份
print(dt.datetime.now().day)               #显示日
print(dt.datetime.now().hour)              #显示时
print(dt.datetime.now().minute)            #显示分
print(dt.datetime.now().second)            #显示秒
print(dt.datetime.now().weekday)           #显示星期几
```

2. 创建时间变量

```
#根据时间值创建时间变量（datetime类型）
mtime=dt.datetime(2019, 7, 29, 16, 57, 13) #2019-7-29 16:57:13
```

3. 格式化时间字符串

```
#把时间元组格式的时间按指定字符串输出
mtime.strftime("%Y-%m-%d %X")              #输出'2019-07-30 16:57:13'
dt.datetime.now().strftime("%Y-%m-%d %X")  #输出当前日期及时间
```

所用的格式字符串及其含义如表5-7所示。

4. 计算时间差

```
#计算两个datetime类型的时间差（秒）
start=dt.datetime.now()
time.sleep(10)                             #暂停10秒
end=dt.datetime.now()
```

5. 日期时间运算

```
now=dt.datetime.now()
#当前日期加一天
nextday=now+dt.timedelta(days=1)
#当前时间加1小时
nexthour=now+dt.timedelta(hours=1)
#当前时间减1天5小时
prehour=now-dt.timedelta(days=1,hours=5)
#计算两个日期相差的天数
date1=dt.datetime(2019, 7, 29, 16, 57, 13)
days=dt.datetime.now()-date1
```

5.6.4 random 模块

random模块包含随机数函数，常用的随机数函数如表5-9所示。

表 5-9 常用的随机数函数

函 数	描 述
random.randrange ([start,] stop [,step])	从指定范围内，按指定 step 递增的集合中获取一个随机数，step 默认值为 1，如 random.randrange(6)，从 0~5 中随机挑选一个整数

续表

函 数	描 述
random.choice(seq)	从序列的元素中随机挑选一个元素，如 random.choice(range(10))，从 0~9 中随机挑选一个整数
random.random()	在 [0,1) 范围内随机生成下一个实数
random.uniform(x, y)	在 [x,y] 范围内随机生成下一个实数
random.randint(x, y)	在 [x,y] 范围内随机生成下一个整数
random.shuffle(list)	随机排列序列元素，在机器学习中常用于打乱样本顺序
random.seed([x])	改变随机数生成器的种子 seed

5.6.5 math 与 cmath 模块

math模块实现了常用的数学运算，如表5–10所示。

表 5–10 math 模块的数学运算函数

函 数	说 明
math.e	自然常数 e
math.pi	圆周率 pi
math.degrees(x)	弧度转度
math.radians(x)	度转弧度
math.sin(x)	返回 x（弧度）的三角正弦值
math.asin(x)	返回 x 的反三角正弦值
math.cos(x)	返回 x（弧度）的三角余弦值
math.acos(x)	返回 x 的反三角余弦值
math.tan(x)	返回 x（弧度）的三角正切值
math.atan(x)	返回 x 的反三角正切值
math.atan2(x,y)	返回 x/y 的反三角正切值
math.exp(x)	返回 e 的 x 次方
math.expm1(x)	返回 e 的 x 次方减 1
math.log(x[,base])	返回 x 的以 base 为底的对数，base 默认为 e
math.log10(x)	返回 x 的以 10 为底的对数
math.pow(x,y)	返回 x 的 y 次方
math.sqrt(x)	返回 x 的平方根
math.ceil(x)	返回不小于 x 的整数

续表

函 数	说 明
math.floor(x)	返回不大于 x 的整数
math.trunc(x)	返回 x 的整数部分
math.fabs(x)	返回 x 的绝对值
math.modf(x)	返回 x 的小数和整数
math.fmod(x,y)	返回 x%y（取余）
math.factorial(x)	返回 x 的阶乘
math.hypot(x,y)	返回以 x 和 y 为直角边的斜边长
math.copysign(x,y)	若 y<0，返回 -1 乘以 x 的绝对值；否则，返回 x 的绝对值
math.ldexp(m,i)	返回 m 乘以 2 的 i 次方

例如：

```
>>>import math
>>>math.pow(6,4)          #结果1296.0
>>>math.sqrt(4)           #结果2.0
>>>math.modf(5.2)         #结果(0.2,5.0)
>>>math.ceil(6.2)         #结果7.0
>>>math.floor(6.8)        #结果8.0
>>>math.trunc(6.8)        #结果6
```

另外，Python提供了与math模块类似的cmath模块，专门针对复数运算，其使用方法与math模块类似。

```
>>>import cmath
>>>cmath.sqrt(-2)         #结果2j
>>>cmath.sqrt(16)         #结果(4+0j)
>>>cmath.sin(3)           #结果(0.14112-0j)
>>>cmath.log10(50)        #结果(1.698+0j)
```

5.7 第三方模块

5.7.1 安装第三方模块

在Python中，所有第三方库均要安装后才能使用，可以使用Python自带的pip工具安装第三方库。在安装Python时要注意把安装pip工具选项勾选，否则pip工具会无法使用。pip工具有多种功能，主要用于安装或卸装第三方库，可在Windows的命令提示符窗口中执行该命令。

1. 安装第三方库

安装第三方库使用pip install命令，格式如下：

```
pip install [--upgrade] 库名称或路径
```

pip可执行在线安装，也可执行离线安装。在线安装需知道安装库的名称，相关库名称可在https://pypi.org/上查找。例如，在线安装中文分词库jieba，可输入并执行以下命令：

```
pip install jieba
```

此时耐心等待下载并安装即可。如果安装包已下载到本地（扩展名通常是whl），例如下载到c:\plib目录下，此时可使用离线安装方法：

```
pip install c:\plib\wordcloud-1.5.0-cp37-cp37m-win32.whl
```

如果系统中已安装了相应库，现要再次安装，可在install后面带上--upgrade选项，以更新方式重新安装。

2. 卸装第三方库

卸装库采用以下方法：

```
pip uninstall 库名
```

5.7.2 中文分词模块（jieba）

在第3章例3-1中，我们设计了一个简单的英文分词器，以空格为分隔符，把英语句子中的单词分割出来，但该分词器有很多缺陷，例如不能对中文分词、不能分割英语短语等。jieba（结巴）是Python中功能较完善的分词器，可支持精确模式、全模式和搜索引擎模式分词，并提供繁体分词及自定义词典、关键字提取等功能。精确模式试图将句子进行最精确切分；全模式把句子中所有可以成词的词语都描述出来；搜索引擎模式在精确模式基础上对长词再次切分。

1. 安装 jieba 库

```
pip install jieba
```

2. 分词

分词使用jieba的cut()和cut_for_search()方法，前者针对精确和全模式，后者针对搜索引擎模式。

```
import jieba as jb
sen="开发者可以指定自定义的词典,以便包含jieba词库里没有的词。"
ret=list(jb.cut(sen,cut_all=True))          #精确模式
print("/".join(ret))
ret=list(jb.cut(sen,cut_all=False))          #全模式
print("/".join(ret))
ret=list(jb.cut_for_search(sen))            #搜索引擎模式
print("/".join(ret))
```

输出结果：

```
开发/开发者/可以/指定/自己/自定/自定义/定义/的/词典/以便/包含/jieba/词库/库里/没有/
的/词

开发者/可以/指定/自己/自定义/的/词典/,/以便/包含/jieba/词/库里/没有/的/词/

开发/开发者/可以/指定/自己/自定/定义/自定义/的/词典/,/以便/包含/jieba/词/库里/没有/
的/词/
```

3. 词性标注

词性标注使用jieba的posseg模块

```
import jieba as jb
import jieba.posseg as pseg
sen="开发者可以指定自己自定义的词典，以便包含jieba词库里没有的词。"
words=pseg.cut(sen)
for word,flag in words:
    print(word,flag)
```

输出结果：

```
开发者 n
可以 c
指定 v
自己 r
自定义 l
……
```

4. 关键字提取

关键字提取使用jieba的analyse模块的extract_tags()方法。

```
import jieba as jb
import jieba.analyse as jan
tags=jan.extract_tags(sen,5) #提取5个关键字
print(list(tags))
```

输出结果：

```
['自定义', 'jieba', '开发者', '库里', '词典']
```

5. 自定义词典

对于jieba词库中没有的词，可以通过自定义方式添加到jieba系统中。自定义词典是一个文本文件（UTF-8格式），每行为一个词，每个词由3部分组成，分别是词、词频和词性，用空格分隔，词性可省略，如：

```
云计算 5 n
李小福 2 nr
创新办 3 i
```

词典文件定义好后，调用jieba的load_userdict()函数加载即可，如：

```
jieba.load_userdict(dict.txt)
```

5.7.3 词频统计模块（wordcloud）

Wordcloud是词云图，也叫文字云，是关键字出现频率的分布图，以不同的字体、字号、颜色等标识不同关键字的出现频率，对文本中出现频率较高的关键词进行视觉化显示。

1. 安装 wordcloud 库

```
pip install wordcloud
```

该方式经常不能安装成功，因为需要在本机先安装C++编译器。此时可从网站https:\\pygi.org搜索wordcloud并下载已编译好的whl安装包进行本地安装。

```
pip install c:\plib\wordcloud-1.5.0-cp37-cp37m-win32.whl
```

此处安装的是已下载到本地的32位版本，另外也有64位的版本，名称为wordcloud-1.5.0-cp37-cp37m-win_amd64.whl，可根据操作系统及已安装的Python版本作选择。

由于wordcloud需要使用matplotlib生成统计图片，如果没安装该模块，可用以下命令安装：

```
pip install matplotlib
```

2. 统计词频

wordcloud能较好地支持英文分词及统计，但如果要对中文进行统计，通常先借助其他分词工具，如jieba等，先分词再统计，词与词之间用空格分隔。

【例5-22】生成句子“开发者可以指定自己自定义的词典，以便包含jieba词库里没有的词。”的词云图，代码如下：

```
#ex5_22.py
import jieba as jb                          #用于分词的jieba库
import wordcloud as wd
import matplotlib.pyplot as plt             #用于显示统计结果
sen="开发者可以指定自己自定义的词典,以便包含jieba词库里没有的词。" #要统计的文本
ctext=jb.cut(sen,cut_all=True)              #用jieba先分词
wd_text=" ".join(ctext)                     #把各词语用空格连起来
w=wd.WordCloud(background_color="white",
               width=800,height=400,margin=2,
               font_path="c:\\windows\\Fonts\\simhei.ttf") #防止中文乱码
w.generate(wd_text)                         #对已分词的文本进行词频统计
w.to_file("cut.png")                        #把统计结果输出到png图片文件
plt.imshow(w)                               #后面3个语句利用plt显示统计结果
plt.axis("off")
plt.show()
```

在代码中创建wordcloud对象时指定了font_path参数值为Windows系统中的某一中文字库名称。由于wordcloud对中文支持不是很好，必须指定相应的中文字库，否则会出现中文乱码。程序运行结果如图5-3所示。

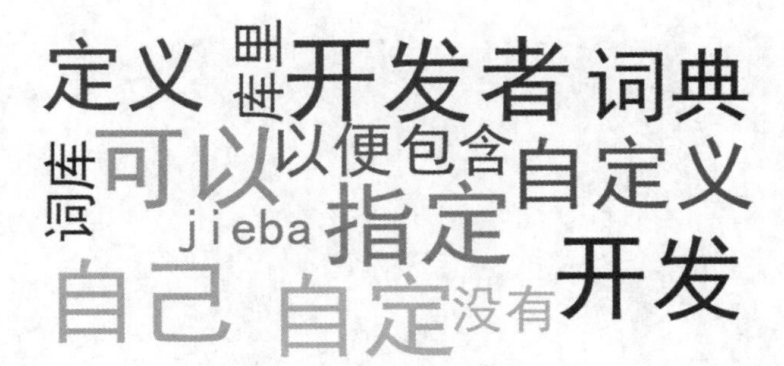

图 5-3　词频统计结果

视频：
案例——发牌程序函数

习题

1. 已知华氏温度转换摄氏温度的公式为 C=(F-32) × 5/9，试编写一函数 TempConvert( )，把华氏温度转换为摄氏温度。

2. 编写一个函数 multi()，可有任意多个参数，计算并返回这些参数的乘积。

3. 编写一个 PM2.5 空气质量提醒函数 PM25()，如果 PM 值大于等于 75，提醒"空气污染警告"，如果 PM 值大于等于 35 并小于 75，则提醒"空气质量良，建议适度户外活动"，如果 PM 值小于 35，则提醒"空气质量优，建议户外活动"。

4. 编写一个函数，求方程 $ax^2+bx+c=0$ 的根。

5. 编写一递归函数 *f*()，计算当 n=20 时以下式子的取值：

$$1^1+2^2+3^3+4^4+\cdots+n^n$$

6. 编写函数实现统计字符串中数字的个数并返回，如统计 abc873df4g6 中数字的个数。

7. 生成以下文字的词云图：

```
在Python中，所有第三方库均要安装后才能使用，可以使用Python自带的pip工具安装第三方库。在安装Python时要注意把安装pip工具选项勾选，否则pip工具会无法使用。pip工具有多种功能，主要用于安装或卸装第三方库，可在windows的命令提示符窗口中执行该命令。
```

8. 以下为班中各宿舍的评比得分，请按得分排序，并计算得分平均分：

```
score={"301":98,"302":89,"405":95,"502":89,"601":88,"602":89}
```

9. 以下为同学们 Python 程序设计课程成绩，请分别利用 filter() 函数和列表生成式列出成绩大于 90 分的同学名单。

```
score={"谭青":89.5,
       "张思明":68,
       "谢文":92,
       "邓国":90,
       "罗艳":88,
       "李晓":91
      }
```

10. 以下为各同学 Python 程序设计课程成绩，请利用 map() 函数给各同学评定等级，评等级的规则是：60 分以下为及格、60~75 分为中，75~90 为良，90 以上为优。

```
score={"谭青":89.5,
       "张思明":68,
       "谢文":92,
       "邓国":90,
       "罗艳":88,
       "李林":59,
       "张明":60,
       "王星":85,
       "陈东":73,
       "谢英":94
      }
```

第 6 章

面向对象程序设计

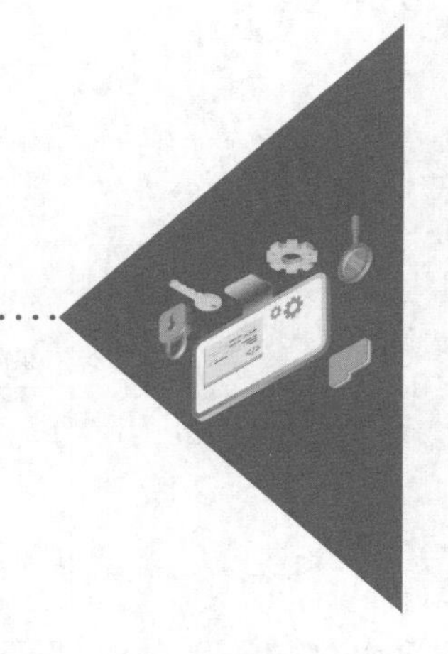

目前，编程界有两种最为流行的编程思想：面向过程（结构化）程序设计与面向对象程序设计，这两种编程思想都有各自的特点。在最近的计算机语言发展中，一些同时支持这两种编程思想的高级编程语言悄然浮出水面。它们中的佼佼者有 Python、Ruby 和 PHP 等。Python 非常灵活，既支持面向过程程序设计，也支持面向对象程序设计。前面的章节介绍了 Python 结构化的编程思想，本章介绍 Python 面向对象的编程思想与具体实现。

6.1 面向对象程序设计基础

面向过程程序设计（Procedure Oriented Programming，POP），是一种以过程为中心的编程思想。面向过程就是分析出解决问题所需要的步骤，然后用函数把这些步骤一步一步实现，使用的时候一个一个依次调用就可以了。通常，为了简化程序设计，面向过程把函数继续切分为子函数，即把大块函数通过切割成小块函数来降低系统的复杂度。面向对象程序设（Object Oriented Programming，OOP），是一种以对象为中心的程序设计思想。面向对象是把计算机程序视为一组对象的集合，而每个对象都可以接收其他对象发过来的消息，并处理这些消息，计算机程序的执行就是一系列消息在各个对象之间传递。

初学者往往很难理解这两种编程思想的本质区别，下面通过一个“五子棋”的例子来说明两者的区别。

面向过程的设计思路就是首先分析问题的步骤：①开始游戏；②黑子先走；③绘制画面；④判断输赢；⑤轮到白子；⑥绘制画面；⑦判断输赢；⑧返回步骤2；⑨输出最后结果。把上面每个步骤用分别的函数来实现，问题就解决了，具体流程如图6–1所示。

面向对象的设计则是从另外的思路来解决问题。整个五子棋可以分为三类对象：①黑白双方，这两方的行为是一模一样的，只是颜色不同而已；②棋盘系统，负责绘制画面；③规则系统，负责判定诸如犯规、输赢等。第一类对象（玩家对象）负责接收用户输入，并告知第二类对象（棋盘对象）棋子布局的变化，棋盘对象接收到棋子的变化就要负责在屏幕上面显示出这种变化，同时利用第三类对象（规则系统）来对棋局进行判定。

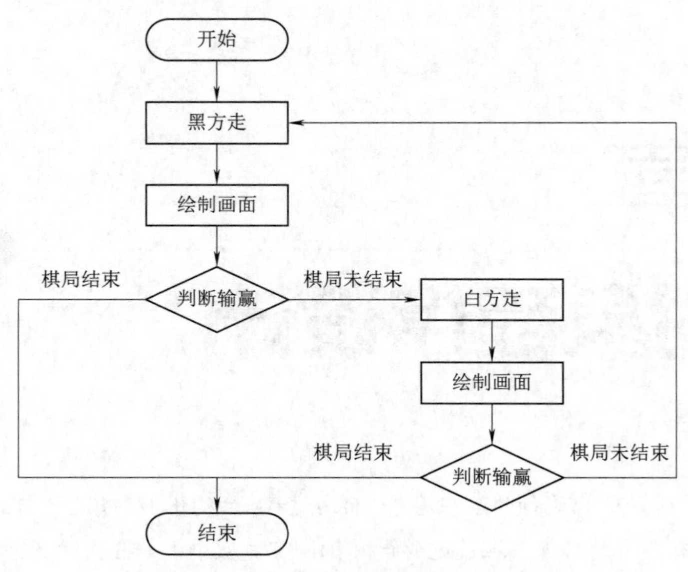

图 6-1　五子棋的流程图

可以明显地看出，面向对象程序设计方法尽可能模拟人类的思维方式，使得软件的开发方法和过程尽可能接近人类认识世界、解决现实问题的方法和过程，也就是使得描述问题的问题空间与解决问题的方法空间在结构上尽可能一致，把客观世界中的实体抽象为问题域中的对象，如图6-2所示。

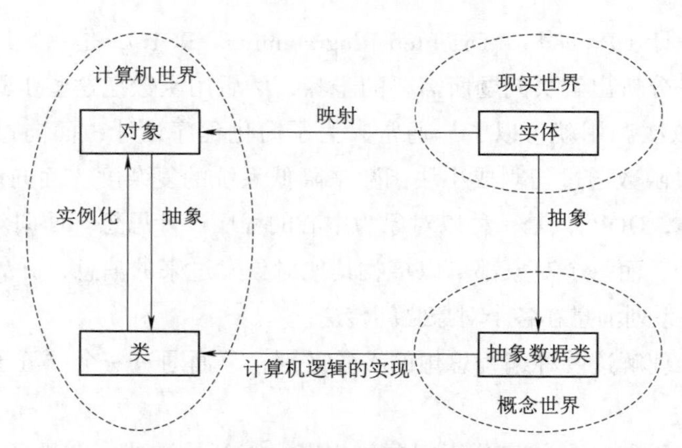

图 6-2　客观世界与计算机世界的映射

与面向过程程序设计相比较而言，面向对象程序设计的主要优点如下：

（1）允许将问题域中的对象直接映射到程序中，减少软件开发过程中中间环节的转换过程，降低了程序设计的复杂性。

（2）通过封装可以在保持外部接口不变的情况下改变内部实现，从而减少甚至避免对外界的干扰。

（3）通过继承大幅减少冗余的代码，并可以方便地扩展现有代码，提高编码效率，也减低了出错概率，降低软件维护的难度。

当然，面向对象程序设计与面向过程程序设计并不是完全对立的；相反，面向对象程序设计是以面向过程程序设计为基础的，因为对象的方法（行为）就是按面向过程的思想来实现的。采用面向对象程序设计方法大大提高了软件开发效率，降低了软件开发的复杂性，提高了软件的可维护性、可扩展性。

面向对象程序设计是一种计算机编程架构，它达到了软件工程的三个主要目标：重用性、灵活性和扩展性。面向对象程序设计具有以下三大基本特性：

（1）封装性：就是将数据和与这个数据有关的操作组装到一起，形成一个实体——对象，并尽可能屏蔽对象的内部细节。其目的在于将对象的用户与设计者分开，用户不必知道对象行为的细节，只需用设计者提供的外部接口命令对象去做就可以。只要外部接口保持不变，即使完全重写了指定方法中的代码，应用程序依然可以与对象进行交互。

例如，手机是一个类，用户手中的手机是这个类的一个对象，它有品牌、颜色、声音、亮度等属性。如果需要调节它的属性（如声音），只需要按或点击一些按钮即可。当进行这些操作时，并不需要知道这部手机的内部构造和工作原理，而是通过生产厂家提供的按钮等接口来实现。这样既降低了用户操作手机的难度，同时也避免了用户误操作对设备造成的损坏。

面向对象的封装性使对象以外的事物不能随意获取对象的内部属性（公有属性除外），有效地避免了外部错误对它产生的影响，大大减轻了软件开发过程中查错的工作量，减小了排错的难度；隐蔽了程序设计的复杂性，提高了代码重用性，降低了软件开发的难度。

（2）继承性：在面向对象程序设计中，根据既有类（父类）派生出新类（子类）的现象称为类的继承机制，亦称为继承性。

子类无须重新定义在父类中已经定义的属性和行为，而是自动地拥有其父类的全部属性与行为。子类既具有继承下来的属性和行为，又具有自己新定义的属性和行为。当子类又被它更下层的子类继承时，它继承的及自身定义的属性和行为又被下一级子类继承。面向对象程序设计的继承机制实现了代码重用，有效地缩短了程序的开发周期。

（3）多态性：从宏观的角度来讲，多态性是指在面向对象技术中，多个属于不同类的对象接收到同一个完全相同的消息之后，所表现出来的行为是各不相同的，具有多种形态；从微观的角度来讲，多态性是指在面向对象技术中，可以使用相同的调用方式来对相同的函数名进行调用，即便这若干个具有相同函数名的函数所表示的函数是不同的。

Python完全支持面向对象的基本功能，如封装、继承、多态以及对父类方法的覆盖或重写。但与其他面向对象程序设计语言不同的是，Python中对象的概念很广泛，Python中的一切内容都可以称为对象，除了数字、字符串、列表、元组、字典、集合、range对象、zip对象等，函数也是对象，类也是对象。

6.2 类和对象

视频：
类和对象

在面向对象编程中，最重要的两个核心概念是类和对象。

对象是在计算机世界中描述现实世界中客观事物的实体。客观事物可以是有形的，也可以是无形的。例如：“五子棋”中的黑白双方和棋盘都是有形的，而规则系统则是无形的（虽然看不见摸不着，但它确实存在）。描述一个客观事物，通常需要描述其静态特征（属性）和动态特征（行为）。例如："那个微笑的高高瘦瘦的女孩"，"高"、"瘦"和"女"描述其静态特征，"微笑"描述其动态特征。

类是不同对象之间共性的抽象，即类是对象的抽象，对象是类的具体表现形式，也说对象是类的实例。例如：可以根据不同学生的共性，抽象出"学生类"（属性："姓名"、"学号"和"专业"；行为："学习"和"运动"）。虽然不同学生的"姓名"、"学号"和"专业"都不一样，但都具有这些特性；同样，虽然不同学生的学习能力和运动能力各有差异，但他们都具备这些方面的能力。从对象抽象出类的时候，会忽略与当前主题和目标无关的那些方面，将注意力集中在与当前目标有关的方面。

类是创建对象的依据或模板。例如：要创建一个具体的学生对象，依据"学生类"我们知道，该对象具有哪些属性和哪些行为，至于其具体属性值或特有属性，可以通过对属性赋值或添加属性来实现。

6.2.1 定义和使用类

1. 类的定义

要想创建一个对象，需要先定义一个类。类一般由三个部分组成：

类名：类的名称，用于与其他类区分开来，它的首字母一般要大写，如Boy。

属性：用于描述事物的静态特征，如性别、身高等特征。

方法：用于描述事物的动态特征（行为），比如打游戏、运动等行为。

Python使用class关键字来定义类，其基本语法格式如下：

```
class 类名:
    类的属性
    类的方法
```

【例6-1】定义一个Boy男孩类。

```
#ex6_1_Boy.py
class Boy:
    gender="male"              #定义类属性
    def playGame(self):        #定义方法
        print("playing game!")
```

同样，Python使用缩进标识类的定义代码。在Boy类中定义了一个属性gender，用于描述男孩类的性别，显然其值为字符串"male"；一个方法playGame(self)，用于描述男孩打游戏的行为，在此只是简单地输出字符串"playing game!"。

注意：方法和函数的区别。方法和函数在格式上是一样的，但方法定义在类定义中，且主要的区别在于方法必须显式地声明一个self参数，而且位于参数列表的开头。self代表类的对象本身，在方法中访问类的实例属性或其他实例方法时需要通过self来引用对象（以"self.实例属性名"或"self.实例方法名()"的形式），后面会结合实际的应用来介绍self的具体用法。

2. 根据类创建对象

定义了类之后，我们就可以利用类来创建该类具体的实例对象。如果男孩类是一个类，那么某个特定的男孩就是一个对象。

Python创建对象的语法如下：

```
对象名=类名()
```

例如，下面的代码创建了Boy类的对象boy：

```
boy=Boy()            #创建对象
```

创建了对象后，可以分别通过“对象名.属性名”或“对象名.方法名()”的方式来访问其属性或方法。运行例6_1代码之后，可在交互方式下执行如下命令：

```
>>>boy=Boy()
>>>boy.gender
'male'
>>>boy.playGame()
playing game!
```

注意：在类的外部通过“对象名.方法名()”访问对象方法时，无须为第一个参数self传值，Python会自动提供这个值，self即为调用这个方法的对象。

Python中对象被创建后，还可以动态给对象添加属性（这点与Java等面向对象编程语言不同），其语法格式如下：

```
对象名.新的属性名=值
```

例如，为boy对象添加age属性，示例代码如下：

```
>>>boy.age=12
>>>boy.age
12
```

一个对象有自己的状态、行为和唯一的标识；所有相同类型的对象所具有的结构和行为在它们共同的类中被定义。

状态（state）：包括这个对象已有的属性（通常是类里面已经定义好的）再加上对象具有的当前属性值（这些属性往往是动态添加的）。

行为（behavior）：是指一个对象如何影响外界及被外界影响，表现为对象自身状态的改变和信息的传递。

标识（identity）：是指一个对象所具有的区别于所有其他对象的属性（本质上指内存中所创建的对象的地址）。

如下面的示例所示，对象boy和boy2两个对象，虽然均是Boy类的对象，但其标识不相同（分别是运行结果中方框中的部分）。对象名实质是对对象地址的引用。

```
>>>boy=Boy()
>>>boy
<__main__.Boy object at 0x00000158A7FE7208 >
>>>boy2=Boy()
>>>boy2
<__main__.Boy object at 0x00000158A8030108 >
```

6.2.2 构造方法

在上一节中，我们给boy对象动态地添加了age（年龄）属性。假定所有的Boy类对象，我们都关注他们的年龄，也就都要为他们增加age属性。当然每个对象都可以通过“对象名.属性名=值”的形式动态添加，但每创建一个对象就需要添加一次属性，这种做法显然太麻烦。

为了解决这个问题，可以在创建对象的时候就设置好属性值，Python提供了一个特殊的方法：构造方法，来实现对象的初始化。构造方法名称固定为__init__（以两个下画线“_”开头和结束）。当创建类的实例的时候，系统会自动调用构造方法，为实例添加属性并赋初值。如果用户未定义构造方法，Python将提供一个默认的构造方法。

【例6-2】定义一个男孩类Boy，构造方法完成对象初始化工作。

```
#ex6_2_Boy.py
class Boy:
  gender="male" #定义类属性
  def __init__(self):#定义构造方法
    self.age=12
  def playGame(self):#定义方法
    print("playing game!")
  def introduce(self):#定义方法
    print("I am {} years old.".format(self.age))
    print("I love", end=" ")
    self.playGame()
```

运行例6-2代码之后，可在交互方式下执行如下命令：

```
>>>boy=Boy()
>>>boy.age
12
>>>boy.introduce()
I am 12 years old.
I love playing game!
```

在构造方法__init__(self)中为Boy类的实例添加属性age，并设置初值为12，其格式为“self.age=12”。通过代码“boy=Boy()”创建对象boy时，会自动调用其构造方法。这样，我们就可以通过“boy.age”来访问boy对象的age属性。

注意：在类外访问实例属性（或方法）与在实例方法中访问实例属性（或方法）的区别。前者采用“对象名.属性名”（“对象名.方法名()”），后者采用“self.属性名”（“self.方法名()”）。例如:在例6-2中，introduce(self)方法中，访问实例属性age和方法playGame()分别采用的是“self.age”和“self.playGame()”。

上面例子中的构造方法，无论创建多少个对象，这些对象的age属性值都是一样的，这样的构造方法显然太不灵活了。如果希望每个对象创建时，其属性值可以灵活赋值，可以定义传入参数的构造方法。

【例6-3】定义一个男孩类Boy，进一步演示构造方法完成对象初始化工作。

```
#ex6_3_Boy.py
class Boy:
  gender="male" #定义类属性
  def __init__(self,age):#定义带传入参数age的构造方法
    self.age=age
```

运行例6-3代码之后，可在交互方式下执行如下命令：

```
>>>boy=Boy(12)
>>>boy.age
12
>>>boy2=Boy(10)
>>>boy2.age
10
```

在创建对象boy时，给其age属性赋值为12；创建对象boy2时，为其age属性赋值为10。对象的属性值通过调用构造方法时传入。

6.2.3　析构方法

创建对象时，Python解释器会自动调用构造方法__init__()来实现对象的初始化，与之相对应，销毁对象时，Python解释器会自动调用析构方法__del__()，来释放对象占用的资源。如果用户未定义析构方法，Python将提供一个默认的析构方法进行必要的清理工作。

Python 采用垃圾回收机制来清理不再使用的对象；Python 提供gc模块释放不再使用的对象，Python 采用“引用计数”的算法方式来处理对象回收，即：当某个对象在其作用域内不再被其他对象引用的时候，Python 就自动销毁该对象。在销毁对象时，会自动调用析构方法__del__()。

【例6-4】定义一个男孩类Boy，演示析构方法的定义与执行。

```
#ex6_4_Boy.py
class Boy:
  gender="male"              #定义类属性
  def __init__(self):        #定义构造方法
    self.age=12
  def playGame(self):        #定义方法
    print("playing game!")
  def __del__(self):         #定义析构方法
    print("------deleting------")
boy=Boy()
```

在Windows控制台中用命令运行上述程序，运行结果如图6-3所示。

图 6-3　运行结果

从图6-3所示的运行结果可以看出，boy是全局对象，程序运行结束之后，就跳出了其作用域，

析构方法就会被自动调用输出信息“------deleting------”。注意：在IDLE中运行上述程序，析构方法并不会被调用，因为在IDLE中执行时解释器没有关闭所以没有触发__del__()。

【例6-5】定义一个男孩类Boy，进一步演示析构方法的定义与执行。

```
#ex6_5_Boy.py
class Boy:
  gender="male"             #定义类属性
  def __init__(self):       #定义构造方法
    self.age=12
  def playGame(self):       #定义方法
    print("playing game!")
  def __del__(self):        #定义析构方法
    print("------deleting------")
def main():
  boy=Boy()
  boy.playGame()
main()
print("------End------")
```

程序运行结果如下：

```
playing game!
------deleting------
------End------
```

说明： 对象boy是局部对象，其作用域局限在函数main()范围内，当函数main()运行结束后，该对象不再被引用，就会被自动销毁。销毁对象boy时，其析构方法被自动调用，因此会输出“------deleting------”。

【例6-6】定义一个男孩类Boy，删除对象触发析构方法执行。

```
#ex6_6_Boy.py
class Boy:
  gender="male"             #定义类属性
  def __init__(self):       #定义构造方法
    self.age=12
  def playGame(self):       #定义方法
    print("playing game!")
  def __del__(self):        #定义析构方法
    print("------deleting------")
boy=Boy()
del boy
print("------End------")
```

程序运行结果如下：

```
------deleting------
------End------
```

说明：虽然boy是全局对象，但使用del语句对其进行了手动删除，使其不再被引用，其会被自动销毁。销毁时，其析构方法被自动调用，因此会输出“------deleting------”。

【例6-7】定义一个男孩类Boy，进一步演示删除对象触发析构方法执行。

```
#ex6_7_Boy.py
class Boy:
  gender="male"                        #定义类属性
  def __init__(self):                  #定义构造方法
    self.age=12
  def playGame(self):                  #定义方法
    print("playing game!")
  def __del__(self):                   #定义析构方法
    print("------deleting------")
boy=Boy()
boy2=boy
del boy
print("------living------")
del boy2
```

程序运行结果如下：

```
------living------
------deleting------
```

说明：运行结果只输出一次“------deleting------”，并未输出两次。因为del语句只是删除了对象的引用，并未删除对象。在本例中，“boy”和“boy2”引用相同的对象，执行语句“del boy”之后，该对象依然被“boy2”引用，所以该对象不会被销毁，其析构方法也不会被调用；只有执行语句“del boy2”之后，该对象才不再被引用，这时对象才会被销毁，其析构方法才会被调用。

对象被创建后，将其赋值给一个变量，其引用计数就加1；执行“del 对象引用变量名”语句，就会删除该变量对此对象的引用，对象的引用计数会减1；当对象的引用计数为0时，对象就会被销毁。

6.2.4 实例属性和类属性

Python中属性有两种：一种是实例属性；另一种是类属性。实例属性是在构造函数__init__（以两个下画线“__”开头和结束）中定义的，定义时以self作为前缀；类属性是在类中方法之外定义的属性。在主程序中（在类的外部），实例属性属于实例（对象），只能通过对象名访问；类属性属于类，可通过类名访问，也可以通过对象名访问，为类的所有实例共享。

【例6-8】定义含有实例属性（姓名name、年龄age）和类属性（性别gender，国籍nationality）的男孩类Boy。

```
#ex6_8_Boy.py
class Boy:
  gender="male"                   #定义类属性
```

```
    nationality="CHN"
    def __init__(self,name,age):      #定义构造方法
      self.name=name
      self.age=age
    def introduce(self):
      print("I'm a boy from {0}. My name is {1}. I'm {2} years old.".\
         format(self.nationality, self.name, self.age))


boy=Boy("Tom","12")
boy.introduce()
print(boy.name)
print(boy.nationality)
print(Boy.nationality)
```

程序运行结果：

```
I'm a boy from CHN. My name is Tom. I'm 12 years old.
Tom
CHN
CHN
```

一般来说，被类的所有对象所共享或所有对象属性值都相同的属性，会被定义为类属性；相应的，被某个对象所特有或不同对象属性值不同的属性，会被定义为实例（对象）属性。例如：所有男孩的性别都相同，均为“male”,所以将性别（gender）定义为类属性；不同的男孩姓名都不同，所以将姓名（name）定义为实例属性。

在类的外部，通过“对象名.属性名”访问实例属性，例如“boy.name”；可以通过“对象名.属性名”，也可以通过“类名.属性名”来访问类属性，例如“boy.nationality”和“Boy.nationality”。但要注意“对象名.属性名”和“类名.属性名”访问类属性的区别。

在读取属性值时，“类名.属性名”方式，直接在类属性中查找，然后读取其值；“对象名.属性名”首先在实例属性中查找，如果没有找到，则再到类属性中查找。在对属性值赋值时，采用“类名.属性名=值”方式，直接修改类属性的值；采用“对象名.属性名=值”方式，实际上为对象实例添加了一个与类属性同名的实例属性并赋值，并不会影响到相应类中定义的同名属性。当类属性与实例属性同名时，一个实例访问这个属性时实例属性会覆盖类属性，即访问的是实例属性，但类访问时，访问的是类属性。

【例6-9】类属性的修改。

```
#ex6_9_Boy.py
class Boy:
  gender="male"                  #定义类属性
  nationality="CHN"
  def __init__(self,name,age): #定义构造方法
    self.name=name
    self.age=age
```

```
boy=Boy("Tom","12")
print(boy.nationality)
print(Boy.nationality)
boy.nationality="USA"
print(boy.nationality)
print(Boy.nationality)
```

程序运行结果：

```
CHN
CHN
USA
CHN
```

在例6-9中，在执行boy.nationality="USA"之前，通过boy.nationality和Boy.nationality均是读取Boy类的类属性，故输出结果均为“CHN”。在执行boy.nationality="USA"之后，对象boy添加了实例属性nationality，其值为“USA”，所以print(boy.nationality)输出的结果是“USA”；而print(Boy.nationality)输出的结果是“CHN”，因为Boy.nationality读取的依然是Boy类的类属性。

我们可以通过内置属性__dict__分别查看类和对象的属性，进一步来验证我们上面的分析。

```
>>>Boy.__dict__
mappingproxy({'__module__': '__main__', 'gender': 'male', 'nationality': 'CHN', '__init__': <function Boy.__init__ at 0x000001AE1F122558>, '__dict__': <attribute '__dict__' of 'Boy' objects>, '__weakref__': <attribute '__weakref__' of 'Boy' objects>, '__doc__': None})
>>>boy.__dict__
{'name': 'Tom', 'age': '12', 'nationality': 'USA' }
```

当类属性是列表等组合数据类型时，情况又会有所不同。先请看下面的例子。

【例6-10】组合数据类型的类属性修改。

```
#ex6_10_Boy.py
class Boy:
  gender="male" #定义类属性
  nationality=["CHN"]
  def __init__(self,name,age):#定义构造方法
    self.name=name
    self.age=age

boy=Boy("Tom","12")
print(boy.nationality)
print(Boy.nationality)
boy.nationality.append("USA")
print(boy.nationality)
print(Boy.nationality)
```

程序运行结果：

```
['CHN']
['CHN']
['CHN', 'USA']
['CHN', 'USA']
```

在例6-10中，类属性nationality是列表类型。通过执行boy.nationality引用该属性，并调用列表类型的append()函数在列表最后增加元素“USA”。这样，修改的实际上是类属性，所以不管是boy.nationality还是Boy.nationality，输出的都是['CHN', 'USA']。注意：若采用“boy.nationality=['USA']”的赋值语句，与简单数据类型一样，对象boy会添加一个与类属性同名的实例属性nationality，这时boy.nationality值为['USA']，而Boy.nationality值为['CHN']。

6.2.5 实例方法、类方法和静态方法

Python中有实例属性和类属性两种属性，与之类似，Python中有三种比较常见的方法，即实例方法、类方法和静态方法。这三种方法都定义在类中，但它们在定义、调用和作用上都不尽相同。

1. 实例方法

简而言之，实例方法就是类的实例能够使用的方法。我们前面介绍的方法都是实例方法，实例方法也是三种方法中最常见的方法。其定义和调用方式如下：

定义：第一个参数必须是实例对象，该参数名一般约定为“self”，通过它来传递实例的属性和方法（也可以传类的属性和方法）。

调用：只能由实例对象调用。

2. 类方法

用@classmethod装饰，默认有个 cls 参数的方法就是类方法。其定义和调用方式如下：

定义：使用装饰器@classmethod。第一个参数必须是当前类，该参数名一般约定为“cls”，通过它来传递类的属性和方法（不能传实例的属性和方法）。

调用：实例对象和类都可以调用，两者无区别。

3. 静态方法

用 @staticmethod 装饰的不带self和cls参数的方法叫做静态方法。其定义和调用方式如下：

定义：使用装饰器@staticmethod。参数随意，没有“self”和“cls”参数，但是方法体中不能使用类或实例的任何属性和方法。

调用：实例对象和类都可以调用，两者无区别。

静态方法主要是用来存放逻辑性的代码，逻辑上属于类，但是和类本身没有关系，也就是说在静态方法中，不会涉及类中的属性和方法的操作。可以理解为，静态方法是个独立的、单纯的函数，它仅仅托管于某个类的名称空间中，便于使用和维护。

注意：这里说静态方法中通常不会涉及类中的属性和方法的操作，并不是说静态方法中不能访问类属性和其他类方法。在静态方法中通过“类名.属性名”或“类名.方法名()”可以访问类属性和其他类方法，只是涉及类中的属性和方法的操作，我们通常会定义为类方法。

下面通过一个例子来进一步熟悉实例方法、类方法和静态方法的定义与调用。

【例6-11】实例方法、类方法、静态方法的定义和调用。

```
#ex6_11_Boy.py
class Boy:
  gender="male" #定义类属性
  num=0
  def __init__(self,name,age):#定义构造方法
    self.name=name
    self.age=age
    Boy.num+=1

  def __del__(self):#定义析构方法
    Boy.num-=1

  def introduce(self):#定义实例方法
    print("My name is {}. I'm {} years old.".format(self.name,self.age))

  @classmethod
  def getNum(cls):#定义类方法
    return cls.num

  @staticmethod
  def ChineseOfBoy():#定义静态方法
    return "男孩"

boy=Boy("Tom","12")
boy.introduce()
boy2=Boy("Jerry",10)
print(Boy.getNum())
print(boy.getNum())
print(boy.ChineseOfBoy())
print(Boy.ChineseOfBoy())
```

程序运行结果：

```
My name is Tom. I'm 12 years old.
2
2
男孩
男孩
```

在例6-11中，Boy类中定义了三个实例方法：分别是构造方法、析构方法和introduce()；一个类方法getNum()；一个静态方法ChineseOfBoy()。在类外，通过实例对象boy来调用实例方法introduce()；类方法getNum()和静态方法ChineseOfBoy()，既可以通过实例对象boy调用，又可以通过类Boy调用，两种调用方式在效果上无区别。

6.2.6 私有成员与公有成员

类（或对象）的属性和方法，统称为类（或对象）的成员。一般面向对象的编程语言都会区分公有成员和私有成员。顾名思义，公共成员是在类的内部和外部均可访问的成员；私有成员是只能在类的内部访问，外部无法访问的成员。通常将类（或对象）中的内部细节或需要对外“隐藏”的成员定义为私有成员；类（或对象）与外部交互的接口定义为公有成员。

面向对象编程语言Java和C++中，关键字public和private分别用来修饰公有成员和私有成员。但在Python中，没有类似的关键字，而是采用名字改编的技术来实现。在Python中，在定义类（或对象）的成员时，如果成员名以两个下画线“__”或更多下画线开头而不以两个或更多下画线结束则表示是私有成员，否则是公有成员。

【例6-12】为Boy类定义私有属性。

```
#ex6_12_Boy.py
class Boy:
  gender="male"
  __num=0                   #定义私有类属性
  def __init__(self,name,age):
    self.name=name
    self.__age=age          #定义私有实例属性
    Boy.__num+=1            #修改私有类属性

  def __del__(self):
    Boy.__num-=1            #修改私有类属性

  def getAge(self):         #定义公有实例方法读取私有实例属性
    return self.__age

  def setAge(self,age):     #定义公有实例方法修改私有实例属性
    if(age>=0 and age<18):
      self.__age=age
    else:
      self.__age=None

  def introduce(self):      #定义实例方法,访问公有实例属性和私有实例属性
    print("My name is {}. I'm {} years old."\
       .format(self.name,self.__age))

  @classmethod
  def getNum(cls):          #定义类方法,读取私有类属性
    return cls.__num
```

在IDLE中运行例6-12代码之后，可在交互方式下执行如下命令：

```
>>>boy=Boy("Tom",12)
>>>boy.__age
```

```
Traceback (most recent call last):
 File "<pyshell#1>", line 1, in <module>
  boy.__age
AttributeError: 'Boy' object has no attribute '__age'
>>>boy.getAge()
12
>>>boy.setAge(20)
>>>boy.introduce()
My name is Tom. I'm None years old.
>>>Boy.__num
Traceback (most recent call last):
  File "<pyshell#5>", line 1, in <module>
    Boy.__num
AttributeError: type object 'Boy' has no attribute '__num'
>>>Boy.getNum()
1
```

如例6-12所示，假定认为年龄属于个人隐私，不希望被随意知道，所以将对象属性年龄定义为私有属性，属性名为“__age”；增加了一个类属性，用来记录该类的实例个数，同样我们不允许外界随意去修改这个属性的值，因此将该属性定义为私有属性，属性名为“__num”。在类的外部，试图通过“boy.__age”来访问对象boy的私有属性，就会发生错误，因为私有属性，不能在类外直接被访问。类似的，试图通过“Boy.__num”来访问类Boy的私有属性，也会发生错误。

但是，我们可以通过类（或）对象提供的公共方法来间接地访问其私有属性。例如：通过“boy.getAge()”和“boy.setAge(20)”分别来读取和修改boy对象的“__age”属性的值，通过“Boy.getNum()”来读取Boy类的“__num”属性的值。采用这样的间接方式（这其实就是我们前面讲到的面向对象封装的思想），可实现外界对属性访问的控制。例如：通过提供公共方法setAge()来间接访问私有属性__age，保证了修改男孩的年龄属性时，年龄在正常的范围（0≤age<18，大于等于18就不再是男孩）；通过只提供读取属性__num的公有方法getNum()，而不提供修改该属性的公有方法，保证了该属性外界只能读不能写。

Python并没有对私有成员提供严格的访问保护机制，只是动了一下手脚，把私有成员进行了改名，改为“_类名+私有成员名”，即在私有成员名的前面加上了“_类名”的前缀。

在前面的例子的基础上，继续执行如下命令：

```
>>>boy.__dict__
{'name': 'Tom', '_Boy__age': None}
>>>Boy.__dict__
mappingproxy({'__module__': '__main__', 'gender': 'male', '_Boy__num':
1, '__init__': <function Boy.__init__ at 0x00000268B2F87558>, '__del__':
<function Boy.__del__ at 0x00000268B2F87678>, 'getAge': <function Boy.getAge
at 0x00000268B2F8D678>, 'setAge': <function Boy.setAge at 0x00000268B2F96438>,
'introduce': <function Boy.introduce at 0x00000268B2F96678>, 'getNum':
<classmethod object at 0x00000268B2F73848>, '__dict__': <attribute '__dict__'
```

```
of 'Boy' objects>, '__weakref__': <attribute '__weakref__' of 'Boy' objects>,
'__doc__': None})
```

从上述命令的执行结果可以看出，私有实例属性“__age”的属性名变成了“_Boy__age”，私有类属性“__num”的属性名变成了“_Boy__num”。

Python提供了访问私有属性的特殊方式，即通过“_类名__xxx”这样的特殊方式来访问。在前面的例子的基础上，继续执行如下命令：

```
>>>Boy._Boy__num
1
>>>boy._Boy__age=20
>>>boy.introduce()
My name is Tom. I'm 20 years old.
```

从上述命令的执行结果可以看出，确实可以通过这种特殊的方式来访问私有属性，这样我们对私有属性的保护就失效了。虽然Python支持以特殊的方式来从外部直接访问类的私有成员，但是并不推荐这样做。其主要用于程序的测试和调试。

在IDLE环境中，在对象或类名后面加上一个圆点“.”，稍后则会自动列出其所有公有成员，模块也具有同样的特点。而如果在圆点“.”后面再加一个下画线“_”，则会列出该对象或类的所有成员，包括私有成员。

说明：在Python中，以下画线开头的变量名和方法名有特殊的含义，尤其是在类的定义中。用下画线作为变量名和方法名前缀和后缀来表示类的特殊成员。

_xxx：受保护成员，在用“from module import*”导入时，不会导入module中受保护的成员（类或者函数）。

__xxx__：系统定义的特殊成员。

__xxx：类中的私有成员，只有类自己内部成员方法能访问，子类内部成员方法不能访问到这个私有成员，但在类外部可以通过“_类名__xxx”这样的特殊方式来访问。

6.2.7 内置函数和属性

接下来，介绍与类和对象相关的有些内置函数和属性。

（1）Python中可以使用以下内置函数（BIF）来访问对象属性：

• getattr(object,name)：访问对象object的name属性。

• hasattr(object,name)：检查对象object是否存在name属性。

• setattr(object,name,value)：设置对象object的name属性值为value。如果属性不存在，会创建一个新属性并赋值。

• delattr(object,name)：删除对象object的name属性。

• property(fget=None,fset=None,fdel=None,doc=None)：把需调用方法来访问的属性伪装成新定义的属性来访问。

下面通过一些简单的例子，来演示这些内置函数的使用。

【例6-13】Boy类，通过内置函数访问对象属性。

```
#ex6_13_Boy.py
```

```
class Boy:
  gender="male"                         #定义类属性
  def __init__(self,name,age):          #定义构造方法
    self.name=name                      #定义公有实例属性
    self.__age=age                      #定义私有实例属性

  def getAge(self):                     #定义公有实例方法读取私有实例属性
    return self.__age

  def setAge(self,age):                 #定义公有实例方法修改私有实例属性
    if(age>=0 and age<18):
      self.__age=age
    else:
      self.__age=None

  def introduce(self):                  #定义实例方法，访问公共实例属性和私有实例属性
    print("My name is {}. I'm {} years old."\
       .format(self.name,self.__age))
```

在IDLE中运行例6-13代码之后，可在交互方式下执行如下命令：

```
>>>boy=Boy("Tom",12)
>>>boy.introduce()
My name is Tom. I'm 12 years old.
>>>hasattr(boy,'name')
True
>>>hasattr(boy,'__age')
False
>>>getattr(boy,'name')
'Tom'
>>>setattr(boy,'name','Jerry')
>>>boy.introduce()
My name is Jerry. I'm 12 years old.
>>>delattr(boy,'name')
>>>boy.introduce()
Traceback (most recent call last):
 File "<pyshell#10>", line 1, in <module>
  boy.introduce()
 File "C:/Users/1/AppData/Local/Programs/Python/Python37/src/ex6.13_Boy.
py", line 19, in introduce
  .format(self.name,self.__age))
AttributeError: 'Boy' object has no attribute 'name'
```

从上述命令的执行结果可以看出，通过Python内置函数也能实现对象属性的访问。

【例6-14】Boy类，通过内置函数property()访问对象属性。

```
#ex6_14_Boy.py
class Boy:
  gender="male"                    #定义类属性
  def __init__(self,name,age):  #定义构造方法
    self.name=name                 #定义公有实例属性
    self.__age=age                 #定义私有实例属性

  def getAge(self):                #定义公有实例方法读取私有实例属性
    return self.__age

  def setAge(self,age):            #定义公有实例方法修改私有实例属性
    if(age>=0 and age<18):
      self.__age=age
    else:
      self.__age=None

  def introduce(self):             #定义实例方法，访问公有实例属性和私有实例属性
    print("My name is {}. I'm {} years old."\
      .format(self.name,self.__age))

  age=property(getAge,setAge,None,'年龄')
```

在IDLE中运行例6-14代码之后，可在交互方式下执行如下命令：

```
>>>boy=Boy("Tom",12)
>>>boy.age
12
>>>boy.age=10
>>>boy.introduce()
My name is Tom. I'm 10 years old.
```

从上述命令的执行结果可以看出，__age原本是Boy类中的私有实例属性，在类外无法直接访问，需通过公有的实例方法setAge()和getAge()来读取和修改__age的值；通过内置函数property()，将其“伪装”成Boy类中的公有类属性age，属性age在类外可以直接读取和赋值，对属性age的读取和赋值会自动调用实例方法setAge()和getAge()。

使用property()定义实例属性，把通过显式地调用诸如get()、set()类的方法访问实例变量改成了实例属性的使用和赋值，这样可以有效提高代码的可读性和简洁性，还能确保访问逻辑的正确；同时，还可对外隐藏类中属性的真实属性名，当需要修改属性名的时候，修改仅限于该类中，不会影响其他使用该类的程序。

（2）Python中也可以使用以下内置函数来判断类与类之间或类与对象之间的关系：

- isinstance(object,Class)：判断对象object的是否是类Class的实例对象。
- issubclass(Class1,Class2)：判断类Class1的是否是类Class2的子类。

【例6-15】通过内置函数判断类与类之间或类与对象之间的关系。

在IDLE中运行例6_14代码之后，在交互方式下继续执行如下命令：

```
>>>boy=Boy("Tom",12)
>>>isinstance(boy,Boy)
True
>>>issubclass(Boy,object)
True
```

注意：在Python（Python 3.x之后的版本）中所有的类都直接或间接继承自object类，因此issubclass(Boy,object)的返回值是True。有关继承的内容，我们后面还会详细讲解。

（3）Python中还内置了一些与类相关的属性：

• __dict__：类（对象）的属性字典，键为属性名，值为属性值。

• __doc__：类的文档字符串。

• __name__：类名。

• __module__：类定义所在的模块（类的全名是“__main__.className”，如果类位于一个导入模块mymod中，那么“类名.__module__”结果为mymod）。

• __bases__：类的所有父类组成的元组。

【例6-16】Python与类相关的内置属性使用演示。

```
#ex6_16_Boy.py
class Boy:
  '男孩类'
  gender="male"                    #定义类属性
  def __init__(self,name,age):     #定义构造方法
    self.name=name                 #定义公有实例属性
    self.__age=age                 #定义私有实例属性

  def getAge(self):                #定义公有实例方法读取私有实例属性
    return self.__age

  def setAge(self,age):            #定义公有实例方法修改私有实例属性
    if(age>=0 and age<18):
      self.__age=age
    else:
      self.__age=None

  def introduce(self):             #定义实例方法，访问公有实例属性和私有实例属性
    print("My name is {}. I'm {} years old."\
      .format(self.name,self.__age))

  age=property(getAge,setAge,None,'年龄')
```

在IDLE中运行例6-16代码之后，在交互方式下继续执行如下命令：

```
>>>boy=Boy("Tom",12)
```

```
>>>boy.__dict__
{'name': 'Tom', '_Boy__age': 12}
>>>Boy.__dict__
mappingproxy({'__module__': '__main__', '__doc__': '男孩类', 'gender': 'male', '__init__': <function Boy.__init__ at 0x0000025CBE9803A8>, 'getAge': <function Boy.getAge at 0x0000025CBE987708>, 'setAge': <function Boy.setAge at 0x0000025CBE987558>, 'introduce': <function Boy.introduce at 0x0000025CBE987678>, 'age': <property object at 0x0000025CBE9DF728>, '__dict__': <attribute '__dict__' of 'Boy' objects>, '__weakref__': <attribute '__weakref__' of 'Boy' objects>})
>>>Boy.__doc__
'男孩类'
>>>Boy.__name__
'Boy'
>>>Boy.__module__
'__main__'
>>>from numpy import ndarray
>>>ndarray.__module__
'numpy'
>>>Boy.__base__
<class 'object'>
```

从上述命令的执行结果可以看出，这些常用内置属性的含义。特别要注意类的__dict__属性与对象的__dict__属性的区别。

6.3 类的继承和多态

视频：类的继承

继承是为代码复用和设计复用而设计的，是面向对象程序设计的重要特性之一。当设计一个新类时，如果可以继承一个已有的设计良好的类然后进行二次开发，无疑会大幅减少开发工作量。

6.3.1 类的继承

类继承的语法：

```
class 子类名(父类名):                      #父类名写在括号里
    派生类成员
```

在继承关系中，已有的、设计好的类称为父类（或基类），新设计的类称为子类（或派生类）。派生类可以继承父类的公有成员，但是不能继承其私有成员。

在Python中继承的一些特点：

（1）父类的构造方法不会被自动调用，它需要在其子类的构造方法中专门调用。

（2）如果需要在子类中调用父类的方法时，通过“父类名.方法名()”的方式来实现，需要加上父类的类名前缀，且需要带上self参数，而在类中调用普通方法时并不需要带上self参数。也可以使用内置函数super()实现这一目的。

（3）Python总是首先查找对应类型的方法，如果它不能在子类中找到对应的方法，才开始到父类中逐个查找（先在本类中查找调用的方法，找不到才去父类中找）。

【例6-17】类的继承。

```
#ex6_17v1_Boy.py
class Boy:
  '男孩类'
  gender="male"                          #定义类属性
  def __init__(self,name,age):           #定义构造方法
    self.name=name                       #定义公有实例属性
    self.__age=age                       #定义私有实例属性

  def getAge(self):                      #定义公有实例方法读取私有实例属性
    return self.__age

  def setAge(self,age):                  #定义公有实例方法修改私有实例属性
    if(age>=0 and age<18):
      self.__age=age
    else:
      self.__age=None

  def introduce(self):                   #定义实例方法，访问公有实例属性和私有实例属性
    print("My name is {}. I'm {} years old."\
        .format(self.name,self.__age))

class ITBoy(Boy):
  'IT BOY指兼具两性吸引力的男生'
  def __init__(self,faceValue):
    self.faceValue=faceValue             #属性faceValue表示颜值

  def showAge(self):
    #print(self.__age)                   #在子类中直接访问父类的私有属性会出错
    print(Boy.getAge(self))              #在子类中调用父类的方法
```

在IDLE中运行例6-17代码之后，在交互方式下继续执行如下命令：

```
>>>itboy=ITBoy(95)
>>>itboy.name
Traceback (most recent call last):
 File "<pyshell#1>", line 1, in <module>
  itboy.name
Attribute Error: 'ITBoy' object has no attribute 'name'
```

从上述命令的执行结果可以看出，Python中子类的构造方法不会自动地调用父类的构造方法。下面对例6-17代码中的代码进行修改，修改后的代码如下：

```
#ex6_17v2_Boy.py
```

```
class Boy:
  '男孩类'
  gender="male"                        #定义类属性
  def __init__(self,name,age):         #定义构造方法
    self.name=name                     #定义公有实例属性
    self.__age=age                     #定义私有实例属性

  def getAge(self):                    #定义公有实例方法读取私有实例属性
    return self.__age

  def setAge(self,age):                #定义公有实例方法修改私有实例属性
    if(age>=0 and age<18):
      self.__age=age
    else:
      self.__age=None

  def introduce(self):                 #定义实例方法，访问公有实例属性和私有实例属性
    print("My name is {}. I'm {} years old."\
       .format(self.name,self.__age))

class ITBoy(Boy):
  'IT BOY指兼具两性吸引力的男生'
  def __init__(self,name,age,faceValue):
    Boy.__init__(self,name,age)        #在子类中调用父类的构造方法
    self.faceValue=faceValue           #属性faceValue表示颜值

  def showAge(self):
    #print(self.__age)                 #在子类中直接访问父类的私有属性会出错
    print(Boy.getAge(self))            #在子类中调用父类的方法
```

在IDLE中运行例6-17修改之后的代码，接着在交互方式下继续执行如下命令：

```
>>>itboy=ITBoy("Tom",17,95)
>>>itboy.name
'Tom'
>>>itboy.__age
Traceback (most recent call last):
 File "<pyshell#3>", line 1, in <module>
  itboy.__age
AttributeError: 'ITBoy' object has no attribute '__age'
>>>itboy.introduce()
My name is Tom. I'm 17 years old.
>>>itboy.getAge()
17
>>>itboy.showAge()
17
```

从上述命令的执行结果可以看出，父类的私有成员无论是在子类的方法中，还是通过子类的对象均无法访问。父类的公有成员既可以在子类的方法中，也可以通过子类的对象访问。

上面的例子，在子类中调用父类方法，采用的是“父类名.方法名()”的方式，需要带上self参数，这种方式被称为**调用未绑定的父类方法**。在调用一个实例的方法时，该方法的self参数会被自动绑定到实例上（称为绑定方法）。但如果直接调用类的方法，那么就没有实例会被绑定，因此要人为地传递实例对象给self参数。这也是为什么采用这种方式，需要带上self参数的原因，其表示将子类对象与父类方法的self参数绑定。

如果觉得调用未绑定的父类方法不太好理解，建议采用内置函数super()来实现在子类中调用父类的方法。super([type[, object-or-type]])返回一个代理对象，它会将方法调用委托给type指定的父类或兄弟类。如果第二个参数为一个对象obj，则isinstance(obj, type) 必须为真值。

我们进一步修改例6-17的代码如下：

```
#ex6_17v3_Boy.py
class Boy:
  '男孩类'
  gender="male"                          #定义类属性
  def __init__(self,name,age):           #定义构造方法
    self.name=name                       #定义公有实例属性
    self.__age=age                       #定义私有实例属性

  def getAge(self):                      #定义公有实例方法读取私有实例属性
    return self.__age

  def setAge(self,age):                  #定义公有实例方法修改私有实例属性
    if(age>=0 and age<18):
      self.__age=age
    else:
      self.__age=None

  def introduce(self):                   #定义实例方法,访问公有实例属性和私有实例属性
    print("My name is {}. I'm {} years old."\
       .format(self.name,self.__age))

class ITBoy(Boy):
  'IT BOY指兼具两性吸引力的男生'
  def __init__(self,name,age,faceValue):
    super(Boy,self).__init__(name,age)        #super调用父类的构造方法
    self.faceValue=faceValue                  #属性faceValue表示颜值

  def showAge(self):
    print(super(Boy,self).getAge())           #在子类中调用父类的方法
```

在IDLE中运行例6-17修改之后的代码，接着在交互方式下继续执行如下命令：

```
>>>itboy=ITBoy("Tom",12,100)
>>>itboy.introduce()
My name is Tom. I'm 12 years old.
```

在Python 3中，可以直接使用 super().xxx 代替 super(Class, self).xxx，即可以省略super()函数的参数。例如上例中，super(Boy,self).__init__(name,age)可以简写为super().__init__(name,age)，两者效果相同。

【例6-18】利用例6-17中定义的类，创建父类与子类的对象。

```
#ex6_18_Boy.py
from ex6_17v3_Boy import*
print("------创建父类对象和子类对象------")
boy=Boy("Tom",12)
itboy=ITBoy("Jerry",10,95)
print("------类与对象的关系------")
print(type(boy))
print(type(itboy))
print(type(boy)==Boy)
print(type(itboy)==ITBoy)
print(type(itboy)==Boy)
print("------type()与isinstance()的区别------")
print(isinstance(boy,Boy))
print(isinstance(itboy,ITBoy))
print(isinstance(itboy,Boy))
print("------父类与子类的关系------")
print(issubclass(ITBoy,Boy))                    #判断ITBoy类是否是Boy类的子类
print(ITBoy.__base__)                           #输出ITBoy类的父类
print(Boy.__base__)                             #输出Boy类的父类
```

程序运行结果：

```
------创建父类对象和子类对象------
My name is Tom. I'm 12 years old.
My name is Jerry. I'm 10 years old.
------类与对象的关系------
<class 'ex6_17v3_Boy.Boy'>
<class 'ex6_17v3_Boy.ITBoy'>
True
True
False
------type()与isinstance()的区别------
True
True
True
------父类与子类的关系------
```

```
True
<class 'ex6_17v3_Boy.Boy'>
<class 'object'>
```

内置函数type(object) 返回对象object的类型。isinstance(object,Class)判断对象object是否类Class的实例。注意两者的区别：isinstance() 认为子类对象既是子类的实例，又是父类的实例，考虑继承关系；type()不会认为子类是一种父类类型，不考虑继承关系。因此上例中，isinstance(itboy,Boy)返回的是True，表达式type(itboy)==Boy的值却是False。

6.3.2 类的多继承

Python中允许多继承，即一个子类可以继承多个父类。并不是所有的面向对象编程语言都支持多继承，比如Java和C#中均不支持多继承。Python中，当一个类有多个父类时，继承的父类列表跟在类名之后。

类的多继承语法：

```
class SubClassName (ParentClass1[, ParentClass2, ...]):
  子类成员
```

【例6-19】类的多继承，通过super()函数调用父类的构造方法。

```
#ex6_19_Vehicle.py
class Vehicle:
  '交通工具类'
  def __init__(self):
    print("Vehicle")
  def run(self):
    pass

class Car(Vehicle):
  '交通工具类'
  def __init__(self):
    super().__init__()
    print("Car")
  def run(self):
    print("running")

class Plane(Vehicle):
  '交通工具类'
  def __init__(self):
    super().__init__()
    print("Plane")
  def run(self):
    print("flying")

class FlyingCar(Car,Plane):
```

```
    '交通工具类'
    def __init__(self):
        super().__init__()
        print("Flying Car")
    def run(self):
        print("flying or running")
```

在IDLE中运行例6-19修改之后的代码，接着在交互方式下继续执行如下命令：

```
>>>flyingcar=FlyingCar()
Vehicle
Plane
Car
Flying Car
```

在上面的例子中，类FlyingCar（会飞的车）有两个父类：类Car（车）和类Plane（飞机）。在多继承时，采用内置函数super()调用父类构造方法比较简单。特别是在继承的层次比较复杂时。

如果子类继承自两个单独的父类，而那两个父类又继承自同一个公有基类，那么就构成了钻石继承体系。这种继承体系很像竖立的菱形，也称作菱形继承。

如果采用未绑定父类方法的方式调用父类的构造方法，在“钻石继承”时，公有基类的构造方法会被重复调用，采用内置函数super()可以有效地避免出现这类问题。

【例6-20】类的多继承，通过未绑定父类方法的方式调用父类的构造方法。

```
#ex6_20_Vehicle.py
class Vehicle:
    '交通工具类'
    def __init__(self):
        print("Vehicle")
    def run(self):
        pass

class Car(Vehicle):
    '车类'
    def __init__(self):
        Vehicle.__init__(self)
        print("Car")
    def run(self):
        print("running")

class Plane(Vehicle):
    '飞机类'
    def __init__(self):
        Vehicle.__init__(self)
        print("Plane")
```

```
    def run(self):
        print("flying")

class FlyingCar(Car,Plane):
    '飞车类'
    def __init__(self):
        Car.__init__(self)
        Plane.__init__(self)
        print("Flying Car")
    def run(self):
        print("flying or running")
```

在IDLE中运行例6-20的代码，接着在交互方式下继续执行如下命令：

```
>>> flyingcar=FlyingCar()
Vehicle
Car
Vehicle
Plane
Flying Car
```

从命令的执行结果可见，在创建FlyingCar类的对象时，类Car和类Plane共同的基类Vehicle的构造方法被调用了两次。

在多继承中，子类同时继承了多个父类的方法，如果不同父类中有同名的方法，子类对象调用这个名字的方法时，会调用哪个父类的方法呢？我们先看下面的例子。

【例6-21】多重继承的方法调用顺序。

```
#ex6_21_Vehicle.py
class Vehicle:
    '交通工具类'
    def run(self):
        pass

class Car(Vehicle):
    '车类'
    def run(self):                #子类重写父类方法
        print("running")

class Plane(Vehicle):
    '飞机类'
    def run(self):                #子类重写父类方法
        print("flying")

class FlyingCar(Car,Plane):
    '飞车类'
```

```
    def show(self):
        print("I can both run and fly.")

flyingcar=FlyingCar()
flyingcar.run()                              #FlyingCar类的对象调用方法run()
```

程序运行结果：

```
running
```

从运行结果可以看出，对象flyingcar调用的是Car类中的run()方法。在Python 3中，如果子类继承的多个父类间是平行的关系，子类先继承哪个类，就会优先调用哪个类中的方法。如果当前类的继承关系非常复杂，Python会使用MRO（Method Resolution Order）算法在合适的类中寻找并调用方法。借助类的__mro__属性，可以获取其查找顺序。

```
>>> FlyingCar.__mro__
(<class '__main__.FlyingCar'>, <class '__main__.Car'>, <class '__main__.
Plane'>, <class '__main__.Vehicle'>, <class 'object'>)
```

从上面命令的执行结果可见，类FlyingCar的对象调用某个方法时，先在当前类（FlyingCar）中查找，若找到则直接调用；若找不到，再依次按类Car、类Plane、类Vehicle、类object的顺序查找该方法。

6.3.3 方法重写

在类的继承中，允许方法重写。它是指当子类继承了父类的方法之后，如果父类方法的功能不能满足需求，需要对父类中的某些方法进行修改。在子类重写父类的方法，这就是方法重写。即子类中的方法与父类中的方法同名，只是方法的实现不同。

【例6-22】方法重写。

```
#ex6_22_Vehicle.py
class Vehicle:
    '交通工具类'
    def run(self):
        pass

class Car(Vehicle):
    '车类'
    def run(self):                    #子类重写父类方法
        print("running")

class Plane(Vehicle):
    '飞机类'
    def run(self):                    #子类重写父类方法
        print("flying")

class FlyingCar(Car,Plane):
```

```
    '飞车类'
    def run(self):                  #子类重写父类方法
      print("flying or running")

if __name__=='__main__':            # 检查是单独执行还是被导入
    vehicle=Vehicle()
    vehicle.run()                   #Vehicle类的对象，调用Vehicle类中的方法run()
    car=Car()
    car.run()                       #Car类的对象，调用Car类中的方法run()
    plane=Plane()
    plane.run()                     #Plane类的对象，调用Plane类中的方法run()
    flyingcar=FlyingCar()
    flyingcar.run()                 #FlyingCar类的对象，调用FlyingCar类中的方法run()
```

程序运行结果：

```
running
flying
flying or running
```

当子类和父类都存在相同的run()方法时，子类的run( )覆盖了父类的run()，在代码运行时，总是会调用子类的run()。这样，就获得了继承的另一个优点：多态。

6.3.4 多态

在强类型语言（例如Java或C#）中，多态是指允许一个父类类型的变量引用其子类的对象，通过该变量调用父类和子类中均定义了的方法，实际的运行结果，根据被引用对象特征的不同而不同。

视频：
类的多态

在Python中，多态指在不考虑对象类型的情况下直接使用对象方法。也就是说，不关注对象的类型，而是关注对象具有的行为。这样实际效果就根据不同对象而异，表现出效果的多样性。我们先看下面的例子。

【例6-23】演示面向对象的多态特征。

```
#ex6_23_Vehicle.py
from ex6_22_Vehicle import Vehicle,Car,Plane,FlyingCar
def move(vehicle):
  vehicle.run()

move(Vehicle())          #创建Vehicle类的对象，传递给move()方法的参数
move(Car())              #创建Car类的对象，传递给move()方法的参数
move(Plane())            #创建Plane类的对象，传递给move()方法的参数
move(FlyingCar())        #创建FlyingCar类的对象，传递给move()方法的参数
```

程序运行结果：

```
running
flying
```

```
flying or running
```

在定义函数move()时，根本不考虑参数vehicle的类型，只要它具备行为（或方法）run()即可。在实际调用move()时，根据传递给参数vehicle的对象类型不同，运行的效果各不相同。

6.3.5 运算符重载

在Python中可以通过运算符重载来实现对象之间的运算。Python把运算符与类的方法关联起来，每个运算符对应一个函数，因此重载运算符就是实现函数。常用的运算符与函数方法的对应关系如表6-1所示。

表 6-1 常用的运算符与函数方法的对应关系表

函数方法	重载的运算符	说明	调用举例
__add__()	+	加法	Z=X+Y,X+=Y
__sub__()	-	减法	Z=X-Y,X-=Y
__mul__()	*	乘法	Z=X*Y,X*=Y
__div__()	/	除法	Z=X/Y,X/=Y
__lt__()	<	小于	X<Y
__eq__()	==	等于	X==Y
__le__()	<=	小于等于	X<=Y
__ne__()	!=	不等于	X!=Y
__len__()	长度	对象长度	len(X)
__str__()	输出	输出对象时调用	print (X)，str(X)
__or__()	或	或运算	X|Y,X|=Y

所以，在Python中定义类时，可以通过实现一些函数来实现重载运算符。

【例6-24】对Boy类重载运算符。

```
#ex6_24_Boy.py
class Boy:
  gender="male"                        #定义类属性
  def __init__(self,name,age):         #定义构造方法
    self.name=name                     #定义公共实例属性
    self.__age=age                     #定义私有实例属性

  def getAge(self):                    #定义共有实例方法读取私有实例属性
    return self.__age

  def setAge(self,age):                #定义共有实例方法修改私有实例属性
    if(age<18):
      self.__age=age
```

```
        else:
            self.__age=None

    def introduce(self):                #定义实例方法，访问公共实例属性和私有实例属性
        print("My name is {}. I'm {} years old."\
              .format(self.name,self.__age))

    def __eq__(self,other):             #重载Boy类的"=="关系运算符
        equal=False
        if type(self)==type(other):
            if self.__dict__==other.__dict__:
                equal=True
        return equal

    def __str__(self):                  #定制Boy类对象的字符串形式
        return "{0}:{1},{2} years old.".\
            format(self.name,self.gender,self.__age)

if __name__=='__main__':
    boy=Boy("Tom",12)
    boy2=Boy("Tom",12)
    print(boy==boy2)
    boy2.name="Jerry"
    print(boy==boy2)
    print(boy)
```

程序运行结果：

```
True
False
Tom: male,12 years old.
```

在上例中，重载了Boy类的“等于”关系运算符，所以两个不同的对象boy和boy2进行“相等”关系运算时，比较的是两者的实例属性是否相同，而不是没有重载前的比较对象标识（即内存地址）；重载了__str__()方法，所以在打印对象boy时，按照事先定制的字符串输出，而不是输出对象标识。

习题

一、单选题

1. 关于面向过程和面向对象，下列说法错误的是（　　）。

   A. 面向过程和面向对象都是解决问题的一种思路

   B. 面向过程是基于面向对象的

   C. 面向过程强调的是解决问题的步骤

   D. 面向对象强调的是解决问题的对象

2. 关于类和对象的关系，下列描述正确的是（　　）。

A. 类是面向对象的核心

B. 类是现实中事物的个体

C. 对象是根据类创建的，并且一个类只能对应一个对象

D. 对象描述的是现实的个体，它是类的实例

3. 构造方法的作用是（　　）。

A. 一般成员方法　　B. 类的初始化　　C. 对象的初始化　　D. 对象的建立

4. 构造方法是类的一个特殊方法，Python 中它的名称为（　　）。

A. 与类同名　　B. _construct　　C. _init_　　D. init

5. Python 类中包含一个特殊的变量（　　），它表示当前对象自身，可以访问类的成员

A. self　　B. me　　C.this　　D. 与类同名

6. 下列选项中，符合类的命名规范的是（　　）。

A. HolidayResort　　B. Holiday Resort

C. hoildayResort　　D.hoilidayresort

7. Python 中用于释放类占用资源的方法是（　　）。

A. __init__　　B. __del__　　C. _del　　D. delete

二、判断题

1. 面向对象是基于面向过程的。（　　）
2. 通过类可以创建对象，有且只有一个对象实例。（　　）
3. 方法和函数的格式是完全一样的。（　　）
4. 创建类的对象时，系统会自动调用构造方法进行初始化。（　　）
5. 创建完对象后，其属性的初始值是固定的，外界无法进行修改。（　　）
6. 使用 del 语句删除对象，可以手动释放它所占用的资源。（　　）

三、填空题

1. 在 Python 中，可以使用 ________ 关键字来声明一个类。
2. 面向对象需要把问题划分多个独立的 ________，然后调用其方法解决问题。
3. 类的实例方法中必须有一个 ________ 参数，位于参数列表的开头。
4. Python 提供了名称为 ________ 的构造方法，实现其实例对象的初始化。
5. 如果想修改属性的默认值，可以在构造方法中使用 ________ 设置。

四、简答题

1. 请简述 self 在类中的意义。
2. 类是由哪三个部分组成的？
3. 请简述构造方法和析构方法的作用。

五、程序题

设计一个 Circle（圆）类，包括圆心位置、半径、颜色等属性。编写构造方法和其他方法计算周长和面积。

第 7 章

Python 文件操作与数据格式化

在程序运行时，用各种类型的变量来保存数据，这些数据实际上保存在内存中。内存是临时存储设备，内存中的数据在程序结束或关机后就会丢失。如果想要在下次开机运行程序时使用同样的数据，就需要把数据存储在永久存储介质中，如硬盘、光盘或 U 盘中。数据以文件的形式保存在永久存储介质中。通过读 / 写文件，程序就可以在运行时保存和获取数据，无须重新制作一份数据，省时省力。本章将学习使用 Python 在磁盘上创建、读 / 写及关闭文件的基本操作，并介绍一些常用的数据存储格式（CSV、Excel 和 XML 等）。

7.1 文件

文件是一个存储在外存储器上的数据序列，可以包含任何类型数据。按编码方式不同，文件可分为两大类型：文本文件和二进制文件。不同的文件类型适合存储不同类型的数据。比如：文本文件适合存储文字或数值数据，而图片、音视频数据就存放在二进制文件中。

视频：文件的基本概念

文本文件一般由单一特定编码的字符组成，如ASCII编码、UTF-8编码等，内容容易统一展示和阅读。大部分文本文件都可以通过文本编辑软件（如记事本或UltraEdit等）创建、修改和阅读。由于文本文件存在统一编码，因此，它也可以被看作是存储在磁盘上的长字符串，例如一个txt格式的文本文件、一个html格式的网页文件。

二进制文件直接由比特0和比特1组成，没有统一字符编码，文件内部数据的组织格式与文件用途相关。二进制文件是信息按照非字符但特定格式形成的文件，例如，jpg格式的图片文件、mp4格式的视频文件。二进制文件和文本文件最主要的区别在是否有统一的字符编码。二进制文件由于没有统一的字符编码，只能当作字节流，而不能看作是字符串。

无论是文本文件还是二进制文件，都可以用“文本文件方式”和“二进制文件方式”打开，但打开后的操作不同，所展现出来的效果也不同。

【例7-1】理解文本文件的两种打开方式。

用记事本软件新建文本文件“7.1.txt”，该文件中的内容如下所示：

```
Python是一种开源的高级编程语言。
Python是一种解释型脚本语言。
Python语言既支持结构化编程，又支持面向对象编程。
```

分别用“文本文件方式”和“二进制文件方式”读取该文件，并打印输出内容，代码如下：

```
#ex7_1File.py
print("----------------文本方式打开----------------")
txtfile=open("7.1.txt","rt")        #t表示以文本方式打开文件
print(txtfile.readline())           #读取文件第一行内容并打印输出
txtfile.close()#关闭文件
print("----------------二进制方式打开---------------")
binfile=open("7.1.txt","rb")        #b表示以二进制方式打开文件
print(binfile.readline())
binfile.close()
```

运行结果如下：

```
----------------文本方式打开----------------
Python是一种开源的高级编程语言。
----------------二进制方式打开---------------
b'Python\xca\xc7\xd2\xbb\xd6\xd6\xbf\xaa\xd4\xb4\xb5\xc4\xb8\xdf\xbc\xb6\
xb1\xe0\xb3\xcc\xd3\xef\xd1\xd4\xa1\xa3\r\n'
```

从运行结果可见，采用文本方式读入文本文件，文件内容经过编码形成字符串，打印出有含义的字符；采用二进制方式打开文本文件，文件内容被解析为字节流。

在上面的例子中，用到了文件打开/关闭、读写的操作，这里只要大致了解就可以了，在下一节中将详细介绍这些操作。

本章将重点学习以文本文件方式对文本文件的操作。当然，二进制文件可以使用Python提供的内置模块或第三方模块进行处理。

7.2 文件的访问

视频：
文件的访问

在Python中对文件的操作通常按照以下3个步骤进行：

（1）使用open()函数打开（或建立）文件，返回一个file对象。

（2）使用file对象的读/写方法对文件进行读/写操作。其中，将数据从外存传输到内存的过程称为读操作，将数据从内存传输到外存的过程称为写操作。

（3）使用file对象的close()方法关闭文件。

7.2.1 打开（建立）和关闭文件

在Python中要访问文件，必须先打开文件。操作系统中的文件默认处于存储状态，首先需要将其打开，使得当前程序有权操作这个文件。打开后的文件处于占有状态，此时，其他进程不能操作这个文件。文件打开后，可以通过一组方法读取文件的内容或向文件写入内容，此时，

文件作为一个数据对象存在，采用<对象>.<方法>()方式进行操作。

Python通过内置的open()函数打开或建立文件，open()函数语法如下：

```
<fileobj>=open(<filename>[,<mode>])
```

其中，fileobj是open()函数返回的文件对象。参数filename是以字符串形式表示的文件名，是必选参数，既可以是绝对路径，也可以是相对路径。mode（模式）是可选参数，用来指明文件打开方式和允许操作的字符串，常用的值如表7-1所示。

表 7-1 open() 函数中 mode 参数常用值

值	描 述
r	读模式，如果文件不存在，则发生异常 FileNotFoundError，默认值
w	写模式，如果文件不存在，则创建文件再打开；如果文件存在，则清空文件内容再打开
a	追加模式，如果文件不存在，则创建文件再打开；如果文件存在，打开文件后将新内容追加至原内容之后
x	创建写模式，如果文件不存在，则创建文件；如果文件存在，则返回异常 FileExitError
t	文本文件模式，默认值
b	二进制模式，可添加到其他模式中使用
+	读 / 写模式，可添加到其他模式中使用

说明：

（1）“r”，“w”，“a”，“x”可以和“t”，“b”，“+”组合使用，形成既表达读写又表达文件打开模式的方式。例如：“rt”表示文本只读模式。

（2）当mode参数省略时可获得能读取文本文件内容的文件对象，即“rt”是mode参数的默认值。

（3）“+”参数指明读和写都是允许的，可以用到其他任何模式中。例如，“r+”可以打开一个文本文件并进行读/写。

（4）“t”表示文本文件模式，“b”表示二进制模式。通常，Python处理的是文本文件。当处理二进制文件时，需在模式参数中增加“b”。例如，可以用“rb”来读取一个二进制文件。

（5）只读模式，如果指定路径下无法找到文件，会报错“FileNotFoundError”；写模式或追加模式，如果指定路径下无法找到文件，会先新建文件再打开。

文件使用结束后，要关闭文件，释放文件的使用授权。否则，文件一直处于占用状态，其他进程就无法继续打开文件访问。关闭文件采用文件对象的close()方法实现，具体语法如下：

```
<fileobj>.close()
```

文件打开和关闭的例子，大家可以看例7-1。

7.2.2 读取文本文件

当文件被打开后，根据文件打开方式不同可以对文件进行相应的读写操作。当文件以文本文件方式打开时，读写文件按照字符串方式，使用当前操作系统采用的编码或指定编码；当文件以二进制文件方式打开时，读写按照字节流方式。本节重点介绍文本文件的操作。用户可以调用文件对象的多种方法读取文件内容。

1. read() 方法

不设置参数的read()方法将整个文件的内容读取为一个字符串。read()方法一次读取文件的全部内容，性能根据文件大小而变化。例如，1 GB的文件读取时需要使用同样大小的内存。

【例7-2】调用read()方法读取文件“7.1.txt”中的全部内容。

```
#ex7_2File.py
txtfile=open("7.1.txt","rt")              #以文本只读方式打开文件
print(txtfile.read())                     #读取文件全部内容并打印输出
txtfile.close()                           #关闭文件
```

程序运行结果：

```
Python是一种开源的高级编程语言。
Python是一种解释型脚本语言。
Python语言既支持结构化编程，又支持面向对象编程。
```

也可以设置最大读入字符数来限制read()函数一次返回的大小。

【例7-3】设置参数一次读取10个字符读取文件。

```
#ex7_3File.py
txtfile=open("7.1.txt")
content=""
while True:
    fragment=txtfile.read(10)
    if fragment=="":                      #当读到文件结尾之后，read()方法会返回空字符串
        break
    content+=fragment
txtfile.close()
print(content)
```

2. readlines() 方法

readlines()方法从文件读入所有行，以每行为元素形成一个列表。

【例7-4】使用readlines()方法读取文件内容。

```
#ex7_5File.py
txtfile=open("7.1.txt")
for line in txtfile.readlines():
    print(line,end="")
txtfile.close()
```

注意：由于文本文件中每行内容最后已经包含一个换行符了，为了避免输出时出现多余的空行，在print()函数中设置end=""。

3. readline() 方法

readline()方法从文件中读入一行内容，以字符串的形式返回。

当一个文件非常大时，一次性读取全部内容，会占用很多内存，影响程序执行速度。一个合理的方法是逐行读取内容到内存，并逐行处理，如例7-5所示。

【例7-5】调用readline()方法读取文件“7.1.txt”的内容。

```
#ex7_5File.py
txtfile=open("7.1.txt")
while True:
    line=txtfile.readline()
    if line=="":                #当读到文件结尾之后，readline()方法会返回空字符串
        break
    else:
        print(line,end="")
txtfile.close()
```

此外，Python将文件本身作为一个行序列，遍历文件的所有行并逐行处理，如例7-6所示。

【例7-6】将文件本身作为一个行序列，实现遍历文件并逐行处理。

```
#ex7_6File.py
txtfile=open("7.1.txt")
for line in txtfile:
    print(line,end="")
txtfile.close()
```

7.2.3 写文本文件

写文件与读文件相似，都需要先打开文件，获取文件对象。所不同的是，打开文件时是以“写”模式或“添加”模式打开。如果文件不存在，则创建该文件。

与读文件时不能添加或修改数据类似，写文件时也不允许读取数据。用“w”（写模式）打开已有文件时，会覆盖文件原有内容，从头开始，就像给变量赋予一个新值；用“a”（追加模式）打开已有文件时，将新内容追加至原内容之后。

视频：写文件

1. write() 方法

write()方法向文件写入一个字符串，字符串通过参数传入。

【例7-7】用write()方法写文件。

```
#ex7_7File.py
txtfile=open("7.7.txt","wt")          #写模式打开文本文件
txtfile.write("Hello World.\nHello Python.\n")
txtfile.close()
txtfile=open("7.7.txt","at")          #追加模式打开文本文件
txtfile.write("Welcome to the Python world!")
txtfile.close()
txtfile=open("7.7.txt","rt")          #只读模式打开文本文件
print(txtfile.read())
txtfile.close()
```

程序运行结果：

```
Hello World.
```

```
Hello Python.
Welcome to the Python world!
```

当以写模式打开文件“7.7.txt”时，如果文件不存在，则会先新建文件再打开；如果事先存在这个文件，则文件原有内容被覆盖。调用write()方法将字符串参数写入文件，这里“\n”代表换行符。关闭文件之后再次以添加模式打开文件，调用write()方法写入的字符串“Welcome to the Python world!”被添加到了文件末尾。最后以只读模式打开文件读取全部内容并打印输出。

注意：write()方法不能自动在字符串末尾添加换行符，需要自己添加“\n”。

2. writelines() 方法

writelines()方法将一个元素全为字符串的列表写入文件，如果需要换行则要自己加入每行的换行符。

【例7-8】用writelines()方法写文件。

```
#ex7_8File.py
of= open("7.8.txt","w+")
lst=["Hello World.\n","Hello Python.\n","Welcome to the Python world!"]
of.writelines(lst)
of.seek(0)              #回到文件的开头
print(of.read())
of.close()
```

程序运行结果：

```
Hello World.
Hello Python.
Welcome to the Python world!
```

运行结果是生成一个“7.8.txt”文件，文件内容如程序运行结果所示。注意：文件的打开模式是“w+”，即先以写模式打开，写入数据后，可以读取数据；完成数据写入后，读写位置（光标）在文件的末尾，要读取数据需要移动光标的位置。上例中的seek(0)方法将光标移动到文件开头。

7.2.4 文件内移动

在前面的学习中，文件的读写都是顺序进行的。但是在实际开发中，可能会需要从文件的某个特定位置开始读写，这时就需要对文件的读写位置进行定位，包括获取文件当前的读写位置以及定位到文件的指定读写位置。接下来，介绍具体的方法。

1. 使用 tell() 方法获取文件当前的读写位置

使用open()函数打开文件后，文件对象会跟踪文件的当前读写位置。默认情况下，文件的读/写都从文件的开始位置进行。随着读/写过程的进行，文件的当前读写位置也会随之改变。文件对象的tell()方法可以返回文件当前读写位置（即当前读写位置与开始位置之间的偏移量）。

【例7-9】用tell()方法获取文件当前的读写位置。

```
#ex7_9File.py
of=open("7.8.txt","rt")
words=of.read(6)
```

```
    print("读取的数据是：",words)
    curPos=of.tell()                    #查找当前位置
    print("当前文件位置：",curPos)
    words=of.read(5)
    print("读取的数据是：",words)
    curPos=of.tell()                    #查找当前位置
    print("当前文件位置：",curPos)
    of.close()
```

程序运行结果：

```
读取的数据是：Hello
当前文件位置：6
读取的数据是：World
当前文件位置：11
```

在上面的例子中，打开文本文件“7.8.txt”之后，先读取了6个英文字符存放到变量words，此时words的值为“Hello ”（注意末尾有一个空格），当前读写位置为6；接着又读取了5个英文字符，存放到变量words，此时words的值为“World”，当前读写位置变为11。

注意： read(n)方法中的参数n表示的是读取的字符数，而tell()返回的偏移量是字节数，一个字符所占的字节数，在不同字符编码方式下各不相同，中文字符和英文字符也不同。

2. 使用 seek() 方法定位到文件的指定读写位置

seek()方法设置新的文件当前位置，允许在文件中跳转，实现对文件的随机访问。语法如下：

```
<fileobj>.seek(offset[,whence])
```

seek()方法有两个参数：第一个参数是字节数；第二个参数是引用点。seek()方法将文件读写位置由引用点移动指定的字节数到指定的位置。

说明： offset是一个字节数，表示偏移量。引用点whence有3个取值。

（1）SEEK_SET或者0：whence参数的默认值，表示以文件开始处作为基准位置，此时字节偏移量必须大于等于0。

（2）SEEK_CUR或者1：表示以当前位置作为基准位置，此时偏移量取负值表示向前移，偏移量取正值表示向后移。

（3）SEEK_END或者2：表示以文件末尾作为基准位置，此时字节偏移量必须为小于或等于0。

注意： 当文件以文本文件方式打开时，只能默认从文件头计算偏移量，即whence参数为1或2时，offset参数只能取0，Python解释器不接受非零当前偏移；当文件以二进制方式打开时，可以使用上述参数值进行定位。

【例7-10】用seek()方法定位到文件的指定位置。

```
#ex7_10File.py
of=open("7.8.txt","rt")
of.seek(6)                          #定位到文件开头6个字节之后
curPos=of.tell()                    #查找当前位置
print("当前文件位置：",curPos)
```

```
words=of.read(5)
print("读取的数据是：",words)
curPos=of.tell()            #查找当前位置
print("当前文件位置：",curPos)

of.seek(0)                  #定位到文件开头
curPos=of.tell()            #查找当前位置
print("当前文件位置：",curPos)
words=of.read(5)
print("读取的数据是：",words)
curPos=of.tell()            #查找当前位置
print("当前文件位置：",curPos)
of.close()
```

程序运行结果：

```
当前文件位置：6
读取的数据是：World
当前文件位置：11
当前文件位置：0
读取的数据是：Hello
当前文件位置：5
```

在上例中，打开文本文件“7.8.txt”之后，先将读写位置移动到文件开头之后6个字节的位置，读取5个字节的内容（“World”），当前位置变为11；接着重新回到文件开头，当前位置变为0；最后读取了5个字节的内容（“Hello”），当前读写位置变为5。

注意：在追加模式“a”下打开文件，不能使用seek()方法进行定位追加；改用“a+”模式打开文件，即可使用seek()方法进行定位。

7.3 文件系统的操作

实际开发中，有时需要在程序中对操作系统中的文件系统进行操作。对文件系统的操作，可以分为两大类：对文件的操作，如对文件重命名、删除文件、获取文件路径和文件名等；对文件夹（或目录）的操作，如获取当前目录，创建或删除文件夹等。Python的标准os模块，可以处理对文件系统的操作。

视频：
文件夹的操作

7.3.1 文件夹的操作

在大多数操作系统中，文件被存储在多级目录（文件夹）中，在Python程序中对文件夹（或目录）进行操作，需要os模块。

1. 当前工作目录

os模块的getcwd()函数用来获取当前目录。在IDLE交互式环境中输入以下代码：

```
>>>import os
>>>os.getcwd()
```

程序运行结果：

```
'C:\\Users\\1\\AppData\\Local\\Programs\\Python\\Python37'
```

运行结果显示此时的当前路径是本机上Python的安装路径。路径中多出的一个反斜杠是Python的转义字符。

2. 创建文件夹

os模块的mkdir()函数和makedirs()函数均可以用来创建文件夹，要注意两者的区别。在IDLE交互式环境中输入以下代码：

```
>>>import os
>>>os.mkdir("e:\\python3\\files")
```

程序运行结果：

```
Traceback (most recent call last):
  File "<pyshell#6>", line 1, in <module>
    os.mkdir("e:\\python3\\files")
FileNotFoundError: [WinError 3] 系统找不到指定的路径。: 'e:\\python3\\files'
```

程序运行出错，提示系统找不到指定的路径，是因为在E盘中找不到文件夹python3。在E盘创建文件夹python3后，再运行就不再报错。由此可见，mkdir()仅创建路径中的最后一级目录，即：只创建文件夹files，而如果之前的目录不存在，就会报错。

在IDLE交互式环境中输入以下代码：

```
>>>import os
>>>os.makedirs("e:\\python2\\files")
```

运行程序，不会报错，在E盘下分别创建了python2文件夹及其子文件夹files，也就是说，用makedirs()函数创建文件夹时，路径中所有必需的文件夹都会被创建。

3. 删除文件夹

os模块的rmdir()函数和romovedirs()函数用来删除文件夹，同样也要注意两者的区别。在IDLE交互式环境中输入以下代码：

```
>>>import os
>>>os.rmdir("e:\\python3")
```

程序运行结果：

```
Traceback (most recent call last):
  File "<pyshell#3>", line 1, in <module>
    os.rmdir("e:\\python3")
OSError: [WinError 145] 目录不是空的。: 'e:\\python3'
```

程序运行出现错误，是因为rmdir()函数删除文件夹时要保证文件夹内不包含文件及子文件夹，也就是说，os.rmdir()函数只能删除空文件夹。又如：

```
>>>os.rmdir("e:\\python3\\files")
>>>os.path.exists("e:\\python3\\files")
False
```

```
>>>os.path.exists("e:\\python3")
True
```

exists()函数是os模块的子模块os.path中的函数，用于判断文件夹是否存在。从运行结果可见，文件夹files删除成功，exists()函数返回值为False。文件夹python3依然保留，exists()函数返回值为True。在IDLE交互式环境中再输入以下代码：

```
>>>os.removedirs("e:\\python2\\files")
>>>os.path.exists("e:\\python2\\files")
False
>>>os.path.exists("e:\\python2")
False
```

由运行结果可见，removedirs()是递归删除文件夹（里面只能有空文件夹），先判断组后一级目录是否为空，如果为空就删除，如果非空就报错；然后再判断上一级目录是否为空，如果为空就继续删除，如果非空就结束删除操作。可以简单地认为，rmdir()与mkdir()互为逆操作，removedirs()和makedirs()互为逆操作。

4. 列出目录内容

os模块的listdir()函数可以返回给定路径下文件名及文件夹名的字符串列表。在IDLE交互式环境中输入以下代码：

```
>>>import os
>>>os.mkdir("e:\\python1")
>>>os.listdir("e:\\python1")
[]
>>>os.mkdir("e:\\python1\\files")
>>>os.listdir("e:\\python1")
['files']
>>>for i in range(3):
    file=open("e:\\python1\\file"+str(i+1)+".txt","w")
    file.close()

>>>os.listdir("e:\\python1")
['file1.txt', 'file2.txt', 'file3.txt', 'files']
```

在刚创建python1文件夹时，是个空文件夹，返回一个空列表。后续在文件夹下分别创建了一个子文件夹files和三个文件file1.txt、file2.txt和file3.txt，列表中返回的是子文件夹名和文件名。

5. 修改当前目录

os模块的chdir()函数用来更改当前工作目录。例如：

```
>>>import os
>>>os.chdir("e:\\python1")      #.代表当前工作目录
>>>os.listdir(".")              #.代表当前工作目录
['file1.txt', 'file2.txt', 'file3.txt', 'files']
```

6. 查找匹配文件或文件夹

glob模块的glob()函数可以查找匹配文件或文件夹（目录），返回值为查找到的文件名或文件夹名的字符串列表。glob()函数使用UNIX Shell的规则来查找：

（1）*：匹配任意个任意字符。

（2）?：匹配单个任意字符。

（3）[字符列表]：匹配字符列表中的任一个字符。

（4）[!字符列表]：匹配除列表外的其他字符。

```
import glob
glob.glob("d*")                  #查找以d开头的文件或文件夹
glob.glob("d????")               #查找以d开头并且全长为5个字符的文件或文件夹
glob.glob("[abcd]*")             #查找以abcd中任一字符开头的文件或文件夹
glob.glob("[!abd]*")             #查找不以abd中任一字符开头的文件或文件夹
```

7.3.2 文件的操作

在Python程序中对文件进行操作，同样也需要os模块。

1. 获取路径和文件名

（1）os.path.dirname(path)：返回path参数中的路径名称字符串。

（2）os.path.basename(path)：返回path参数中的文件名。

（3）os.path.split(path)：返回参数的路径名称和文件名组成的字符串元组。

例如：

```
>>>import os
>>>filePath="e:\\python1\\file1.txt"
>>>os.path.dirname(filePath)
'e:\\python1'
>>>os.path.basename(filePath)
'file1.txt'
>>>os.path.split(filePath)
('e:\\python1', 'file1.txt')
>>>filePath.split(os.path.sep)
['e:', 'python1', 'file1.txt']
```

如果想要得到路径中每一个文件夹的名字，可以使用字符串方法split()，通过os.path.sep对路径进行正确的分隔。

2. 检查路径有效性

如果提供的路径不存在，许多Python函数就会崩溃报错。os.path模块提供了一些函数，帮助用户判断路径是否存在。

（1）os.path.exists(path)：如果参数path的文件或文件夹存在，返回True，否则返回False。

（2）os.path.isfile(path)：如果参数path存在且是一个文件，则返回True，否则返回False。

（3）os.path.isdir(path)：如果参数path存在且是一个文件夹，则返回True，否则返回False。

3. 查看文件大小

os.path模块中的getsize()函数可以查看文件大小。此函数与前面介绍的listdir()函数配合可以帮助用户统计文件夹大小。

【例7-11】统计e:\python1文件夹下所有文件的大小。

```
#ex7_11File.py
import os
totalSize=0
os.chdir("e:\\python1")
for fileName in os.listdir(os.getcwd()):
    totalSize+=os.path.getsize(fileName)
print(totalSize)
```

4. 重命名文件

os模块中的rename()函数可以重命名文件。例如：

```
os.rename("e:\\python1\\file1.txt","e:\\python1\\data1.txt")
```

将E盘"python1"文件夹下的文件"file1.txt"重命名为"data1.txt"。

5. 复制文件和文件夹

shutil模块中提供一些函数，可以用来复制、移动、改名和删除文件夹，实现文件的备份。

（1）shutil.copy(source,destination)：复制文件。

（2）shutil.copytree(source,destination)：复制整个文件夹，包括其中的文件及子文件夹。

例如，将"e:\python1"文件夹复制到"e:\\python1_backup"文件夹，代码如下：

```
import shutil
shutil.copytree("e:\\python1","e:\\python1_backup")
```

copytree()函数复制整个文件夹，copy()函数复制文件。copy()函数的第二个参数destination可以是文件夹，表示将文件复制到新文件夹中；也可以是包含新文件名的路径，表示复制的同时将文件重命名，例如：

```
shutil.copy("e:\\python1\\data1.txt","e:\\python_backup")
shutil.copy("e:\\python1\\data1.txt","e:\\python_backup\\data_backup.txt")
```

6. 文件和文件夹的移动和改名

shutil.move(source,destination)：shutil.move()函数与shutil.copy()函数用法相似，参数destination既可以是一个包含新文件名的路径，也可以仅包含文件夹。

```
shutil.move("e:\\python1\\data1.txt","e:\\python1\\files")
shutil.move("e:\\python1\\file2.txt","e:\\python1\\files\\data2.txt")
```

注意：不管是shutil.copy()函数还是shutil.move()函数，参数中的路径必须存在，否则报错。

如果参数destination中指定的新文件名与文件夹中已有文件重名，则文件夹中的已有文件会被覆盖。因此，使用shutil.move()函数应当小心。

7. 删除文件和文件夹

os模块和shutil模块都有函数可以删除文件或文件夹。

（1）os.remove(path)/os.unlink(path)：删除参数path指定的文件。例如：

```
os.remove("e:\\python_backup\\data_backup.txt")
os.path.exists("e:\\python_backup\\data_backup.txt")    #False
```

（2）os.rmdir(path)：如前所述，os.rmdir()函数只能删除空文件夹。

（3）shutil.rmtree(path)：shutil.rmtree()函数删除整个文件夹，包含所有文件及子文件夹。例如：

```
shutil.rmtree("e:\\python1")
os.path.exists("e:\\python1")  #False
```

这些函数都是从硬盘中彻底删除文件或文件夹，不可恢复，因此使用时应特别谨慎。

8. 遍历目录树

os模块的walk()函数可以实现遍历目录树，即遍历文件夹及子文件夹下所有文件并得到路径。os.walk()函数的返回值是一个生成器（generator）,我们需要用循环迭代来遍历它，获得所有的内容。每次迭代返回的是一个三元元组（root,dirs,files）：

- root所指的是当前正在遍历的这个文件夹本身的路径。
- dirs是一个列表，内容是该文件夹中所有的子文件夹的名字。
- files同样是一个列表，内容是该文件夹中所有的文件的名字。

【例7-12】显示“E:\python1_backup”文件夹下所有文件及子目录。

```
import os
#ex7_12File.py
import os
generator_dirs=os.walk("E:\python1_backup")      #返回一个生成器
list_dirs=list(generator_dirs)                  #将生成器转换成列表
print(list_dirs)
for folder,subFolders,fileNames in list_dirs:
    #输出子文件夹名
    for subFolder in subFolders:
        print(os.path.join(folder,subFolder))
    #输出文件名
    for fileName in fileNames:
        print(os.path.join(folder,fileName))
```

程序运行结果：

```
[('E:\\python1_backup', ['files'], ['data1.txt', 'data_backup.txt', 'file2.txt', 'file3.txt']), ('E:\\python1_backup\\files', [], [])]
E:\python1_backup\files
E:\python1_backup\data1.txt
E:\python1_backup\data_backup.txt
E:\python1_backup\file2.txt
E:\python1_backup\file3.txt
```

注意：为了输出os.walk()函数返回的生成器内容，我们先将其转换成列表。

7.4 常用格式文件操作

根据要保存的数据特征不同和数据处理的需求不同，会采用不同的数据存储格式来存放数据。目前主流的、轻量级的数据存储格式有CSV、Excel、XML和json等。本节将介绍这些常用格式文件的读写操作。

7.4.1 CSV 格式文件读写

CSV格式（Comma-Separated Values），即逗号分隔数值的存储方式。它是一种通用的、相对简单的文件格式，在商业和科学上广泛应用，尤其被应用在程序之间转移表格数据。该格式具体规则如下：

（1）纯文本格式，通过单一编码表示字符。

（2）以行为单位，开头不留空行，行之间没有空行。

（3）每行表示一个一维数据，多行表示二维数据。

（4）以英文半角逗号分隔每列数据，列数据即使为空也要保留逗号。

（5）对于表格数据，可以包含（或不包含）列名，若包含时列名放在文件第一行。

例如：表7-2中的表格数据采用CSV格式存储后的内容如下所示。

表 7-2　2017 年各地区研究与试验发展（R&D）经费情况

地区	排名	金额（亿元）	占全国比重（%）	占 GDP 比重（%）
广东	1	2343.6	13.3	2.61
江苏	2	2260.1	12.8	2.63
山东	3	1753	10	2.41
北京	4	1579.7	9	5.64
浙江	5	1266.3	7.2	2.45
上海	6	1205.2	6.8	3.93

```
地区 , 排名 , 金额（亿元）, 占全国比重（%）, 占 GDP 比重（%）
广东 ,1,2343.6,13.3,2.61
江苏 ,2,2260.1,12.8,2.63
山东 ,3,1753,10,2.41
北京 ,4,1579.7,9,5.64
浙江 ,5,1266.3,7.2,2.45
上海 ,6,1205.2,6.8,3.93
```

CSV格式存储的文件扩展名一般采用.csv，可以通过记事本等文本编辑器或Excel软件打开。Python提供了一个读写CSV格式文件的标准库csv。由于CSV格式十分简单，对于一般程序来说，可以直接借助文本文件的操作来自己实现CSV文件的操作。但需要运行在复杂环境或商业使用的程序，建议采用csv标准库。接下来，我们会分别介绍这两种读写CVS格式文件的方式。

1. 直接读 CSV 文件

CSV文件是一种特殊的文本文件，且格式简单，可以根据文本文件的操作方法，自行实现

CSV文件数据的读取。例如：

【例7-13】直接读取CSV格式数据到二维列表。

```
#ex7_13CSV.py
openfile=open("R&D2017.csv","rt")
ls=[]
for line in openfile:
    line=line.replace("\n","")
    ls.append(line.split(","))
print(ls)
openfile.close()
```

程序运行结果：

```
[['地区', '排名', '金额（亿元）', '占全国比重（%）', '占GDP比重（%）'], ['广东',
'1', '2343.6', '13.3', '2.61'], ['江苏', '2', '2260.1', '12.8', '2.63'], ['山
东', '3', '1753', '10', '2.41'], ['北京', '4', '1579.7', '9', '5.64'], ['浙江',
 '5', '1266.3', '7.2', '2.45'], ['上海', '6', '1205.2', '6.8', '3.93']]
```

CSV文件每行的结尾有一个换行符“\n”,对于数据的表达和使用来说，这个换行符是多余的，可以通过使用字符串的replace()方法将其去掉。可以采用字符串的split()方法将一行中以“,”分隔的多个数据元素，转换成数据元素的列表。一行数据转换成一个列表，多行数据就组成一个每个元素都是列表的列表，即二维列表。

2. 直接写 CSV 文件

同样，我们也可以自行实现将数据写入CSV格式文件。例如：

【例7-14】直接将二维数据写入CSV文件。

```
#ex7_14CSV.py
#读取CSV文件数据并转换成二维列表
openfile=open("R&D2017.csv","rt")
ls=[]
for line in openfile:
    line=line.replace("\n","")
    ls.append(line.split(","))
openfile.close()

ls.append(['湖北','7','700.6','4.0','1.97'])
openfile=open("R&D2017new.csv","wt")          #新建CSV文件并以写模式打开
for line in ls:
    #完成CSV文件一行的写操作
    openfile.write(",".join(line)+"\n")
openfile.close()
```

在例7-14中，首先从CSV文件读取数据并转换成二维列表ls，接着向列表尾部追加数据元素['湖北','7','700.6','4.0','1.97']（2017年湖北省的R&D经费数据），最后将ls中的数据写入新建的CSV

文件。在写入过程中，与例7-13中读取数据时的处理相反，需要借助字符串的join()方法，在同一行的数据元素之间要加上“,”间隔，在每行的结尾加上换行符“\n”。程序执行之后，新建的CSV文件“R&D2017new.csv”中的内容如下：

```
地区,排名,金额（亿元）,占全国比重（%）,占GDP比重（%）
广东,1,2343.6,13.3,2.61
江苏,2,2260.1,12.8,2.63
山东,3,1753,10,2.41
北京,4,1579.7,9,5.64
浙江,5,1266.3,7.2,2.45
上海,6,1205.2,6.8,3.93
湖北,7,700.6,4.0,1.97
```

3. 采用csv标准库读CSV文件

前面介绍了直接通过一般文本操作的方式读写CSV文件，接下来介绍通过csv标准库对CSV文件的读写操作。可以借助csv标准库的reader()函数实现CSV文件数据的读取。例如：

【例7-15】借助csv.reader()函数读取CSV格式数据到二维列表。

```
#ex7_15CSV.py
import csv
ls=[]
with open('R&D2017.csv')as f:
    f_csv=csv.reader(f)
    for row in f_csv:
        ls.append(row)
print(ls)
```

例7-15实现与例7-13相同的功能，读取csv文件时需要使用reader()函数，并传入一个文件对象，而且reader()返回的是一个可迭代的对象，需要使用for循环遍历。与直接通过一般文本操作的方式读写CSV文件相比，每行数据读取之后自动转换成列表，省去了转换的过程。注意：这里采用with语句，让文件的打开和关闭更简单。

上面row是一个列表，想要查看固定的某列，可通过列表的索引或切片来实现，如下所示：

【例7-16】借助csv.reader()函数读取CSV文件指定列的数据。

```
#ex7_16CSV.py
import csv
with open('R&D2017.csv')as f:
    f_csv=csv.reader(f)
    for row in f_csv:
        print(row[0:2])          #读取指定列
```

程序运行结果：

```
['地区', '排名']
['广东', '1']
['江苏', '2']
['山东', '3']
```

```
['北京', '4']
['浙江', '5']
['上海', '6']
```

4. 采用csv标准库写CSV文件

可以借助csv标准库的writer()函数实现CSV文件数据的写操作。与调用reader()类似，调用writer()也需传入一个文件对象。writer()函数返回一个负责数据写入的对象writer，通过writer对象的writerow()方法或writerows()方法来完成数据写入操作。

【例7-17】借助csv.writer()函数实现二维数据写入CSV文件。

```
#ex7_17CSV.py
import csv
headers=['地区', '排名', '金额(亿元)',
         '占全国比重(%)', '占GDP比重(%)']
rows=[
        ['广东', '1', '2343.6', '13.3', '2.61'],
        ['江苏', '2', '2260.1', '12.8', '2.63'],
        ['山东', '3', '1753', '10', '2.41'],
        ['北京', '4', '1579.7', '9', '5.64'],
        ['浙江', '5', '1266.3', '7.2', '2.45'],
        ['上海', '6', '1205.2', '6.8', '3.93']
      ]
with open('R&D2017new2.csv','w',newline="")as f:
    f_csv=csv.writer(f)
    f_csv.writerow(headers)
    f_csv.writerows(rows)
```

上面的例子中，首先，准备数据列表，将表头存在列表headers中，将多行的数据存在二维列表rows中；然后新建CSV文件“R&D2017new2.csv”，并打开获取到的文件对象f；接着，将文件对象传入csv.writer()函数，获得writer对象f_csv；最后，调用writer对象的writerow()方法写入表头数据，调用writer对象的writerows()方法写入多行数据。

当然，表头和多行数据可以一并存放在一个二维列表中，这里分开处理，是为了演示writerow()和writerows()两者的区别。注意：为了避免每写入一行添加一个空行，在打开文件时，需要传入了第三个参数newline=""。

7.4.2 Excel格式文件读写

Excel文件也是常用的存储数据的文件格式之一。Excel格式文件有很多不同的版本，一般将其大致分为Excel 1997—2003版本（以xls为扩展名）和Excel 2007以上的版本（以xlsx为扩展名）。操作不同版本的Excel文件，所需要的模块有所不同。xls文件，分别利用xlrd和xlwt对其进行“读”操作和“写”操作。对xlsx文件进行操作要使用openpyxl，该模块既可以进行“读”操作，也可以进行“写”操作。本小节主要介绍利用pandas模块对Excel 1997—2003版本文件的操作。

pandas 是建立在 NumPy 基础之上的一个数据分析包。尽管pandas模块是为了解决数据分析任务而创建，因为其操作的简单高效，也常被用于处理Excel格式文件。

1. 安装环境

pandas依赖处理Excel的xlrd模块，所以需要提前安装这个模块，安装命令是：pip3 install xlrd。

pandas依赖处理Excel的xlwt模块，所以需要提前安装这个模块，安装命令是：pip3 install xlwt。

安装pandas模块，安装命令是：pip3 install pandas。

2. pandas 操作 Excel 表单

首先，准备好读写的Excel文件“R&D2017.xls”。该工作簿包括两个工作表：“R&D2017”（见图7-1）和“InnovationAbility2018”（见图7-2），分别存放“2017年各地区研究与试验发展（R&D）经费情况（前六名）”和“2018各地区创新能力排名（前六名）”的相关数据，数据来源为国家统计局网站。

	A	B	C	D	E
1	地区	排名	金额（亿元）	占全国比重（%）	占GDP比重（%）
2	广东	1	2343.6	13.3	2.61
3	江苏	2	2260.1	12.8	2.63
4	山东	3	1753.0	10.0	2.41
5	北京	4	1579.7	9.0	5.64
6	浙江	5	1266.3	7.2	2.45
7	上海	6	1205.2	6.8	3.93

R&D2017　InnovationAbility2018

图 7-1　R&D2017.xls 的“R&D2017”工作表

	A	B	C
1	地区	排名	创新能力综合效用值
2	广东	1	59.55
3	北京	2	54.30
4	江苏	3	51.73
5	上海	4	46.00
6	浙江	5	38.88
7	山东	6	33.64

InnovationAbility2018

图 7-2　R&D2017.xls 的“InnovationAbility2018”工作表

下面，通过一系列实例，详细说明利用pandas模块操作Excel文件的具体细节。

【例7-18】读取指定工作簿的指定工作表前n行的数据。

```
#ex7_18Excel.py
import pandas as pd
#可以通过sheet_name来指定读取的表单
df=pd.read_excel('R&D2017.xls',sheet_name='InnovationAbility2018')
data=df.head()          #默认读取前5行的数据
print("获取前五行的值:\n{0}".format(data))       #格式化输出
```

程序运行结果：

```
获取前五行的值:
   地区  排名  创新能力综合效用值
0  广东  1     59.55
1  北京  2     54.30
2  江苏  3     51.73
3  上海  4     46.00
4  浙江  5     38.88
```

我们在这里使用了pd.read_excel()函数来读取Excel文件。该函数详细的API请参考pandas的帮助文档，这里只简单介绍需要用到的内容。该函数的第一个参数表示Excel文件路径和文件名的字符串。第二个参数表示要读取的工作表，如果不指定默认读取这个Excel的第一个表单；如果将sheet_name指定为None，则读取所有工作表；如果要读取指定单个工作表，可以设置sheet_name为该工作表的名字或索引值，例如sheet1或0；如果需要读取多个工作表，可以将sheet_name

指定为一个列表，例如['sheet1','sheet2']或[0,1]。

pd.read_excel()函数的返回值类型是pandas.core.frame.DataFrame对象。数据框（DataFrame）是pandas中处理二维数据的重要数据结构，详细信息参看pandas的帮助文档。DataFrame的head(n)方法，用来读取DataFrame对象的前n行数据，如果n省略时，默认读取前5行数据，其返回值类型依然是DataFrame。

【例7-19】读取指定单个工作表数据的全部数据。

```
#ex7_19Excel.py
import pandas as pd
#通过sheet_name来指定读取的工作表名
df=pd.read_excel('R&D2017.xls',sheet_name='InnovationAbility2018')
data=df.values         #获取所有的数据
print("获取到所有的值:\n{0}".format(data))       #格式化输出
```

程序运行结果：

```
获取到所有的值:
[['广东' 1 59.55]
 ['北京' 2 54.3]
 ['江苏' 3 51.73]
 ['上海' 4 46.0]
 ['浙江' 5 38.88]
 ['山东' 6 33.64]]
```

这里访问了DataFrame类的values属性，该属性返回DataFrame对象的numpy表示形式。上例中二维数据的NumPy表示形式为矩阵形式（numpy.ndarray类型），这从程序运行结果可以看出。

【例7-20】读取指定的多个工作表数据。

```
#ex7_20Excel.py
import pandas as pd
#通过sheet_name来指定读取的多个工作表
df=pd.read_excel('R&D2017.xls',sheet_name=[0,1])
for sheet in df:
    print("sheet{0}所有的值:\n{1}".format(sheet, df[sheet]))
```

程序运行结果：

```
sheet0所有的值:
    地区  排名  金额（亿元） 占全国比重（%） 占GDP比重（%）
0  广东   1     2343.6       13.3            2.61
1  江苏   2     2260.1       12.8            2.63
2  山东   3     1753.0       10.0            2.41
3  北京   4     1579.7        9.0            5.64
4  浙江   5     1266.3        7.2            2.45
5  上海   6     1205.2        6.8            3.93
sheet1所有的值:
    地区  排名  创新能力综合效用值
```

```
0  广东    1        59.55
1  北京    2        54.30
2  江苏    3        51.73
3  上海    4        46.00
4  浙江    5        38.88
5  山东    6        33.64
```

上例中，通过设置pd.read_excel()的sheet_name参数的值为列表[0,1]，实现一次读取多个工作表（在工作簿中的索引分别为0和1）。当一次读取多个工作表时，其返回值为有序字典类型（collections.OrderedDict）。通过遍历有序字典中的元素，可以依次访问每个工作表中的数据。

3. pandas 操作 Excel 的行和列

【例7-21】读取指定行的数据。

```
#ex7_21Excel.py
import pandas as pd
df=pd.read_excel('R&D2017.xls')
data=df.iloc[0].values          #读取第1行的数据
print("读取指定行的数据：\n{0}".format(data))
```

程序运行结果：

```
['广东' 1 2343.6 13.3 2.61]
```

通过iloc索引可以选取DataFrame对象的指定的行和列。用iloc进行索引时，与列表索引取值类似，中括号[ ]中的值必须是整数，例如df.iloc[0]就是取df第1行的数据（取数据时并不包含表头）。

【例7-22】读取指定的多行数据。

```
#ex7_22Excel.py
import pandas as pd
df=pd.read_excel('R&D2017.xls')
data=df.iloc[[0,1]].values          #读取第1,2行的数据
print("读取指定的多行数据：\n{0}".format(data))
```

程序运行结果：

```
读取指定的多行数据：
[['广东' 1 2343.6 13.3 2.61]
 ['江苏' 2 2260.1 12.8 2.63]]
```

这里用iloc进行索引时，中括号[ ]中嵌套列表指定多行，例如df.iloc[[0,1]]或df.iloc[0:2]就是取df第1行和第2行的数据。

【例7-23】读取行号、列名、指定列的数据。

```
#ex7_23Excel.py
import pandas as pd
df=pd.read_excel('R&D2017.xls')
print("输出行号列表：",df.index.values)          #获取行号并打印输出
print("输出列标题：",df.columns.values)          #获取列名并打印输出
#读取第1列的数据并打印输出
```

```
print("读取指定列的数据：",df.iloc[:,0].values)
```

程序运行结果：

```
输出行号列表：[0 1 2 3 4 5]
输出列标题 ['地区' '排名' '金额（亿元）' '占全国比重（%）' '占GDP比重（%）']
读取指定列的数据：['广东' '江苏' '山东' '北京' '浙江' '上海']
```

这里通过DataFrame对象的index属性获取DataFrame对象的行号数据，其为pandas.core.indexes.range.RangeIndex类型的对象，调用其values属性获得由其转换所得的numpy.ndarray类型数据。

类似可通过DataFrame对象的columns属性获取DataFrame对象的列名数据，其为pandas.core.indexes.base.Index类型的对象，调用其values属性获得由其转换所得的numpy.ndarray类型数据。

用iloc进行索引，df.iloc[:,0]表示读取df第1列的数据，即中括号[ ]中指定二维索引，第一维为行索引，":"表示所有行，第二维为列索引。

【例7-24】读取指定单元格的数据。

```
#ex7_24Excel.py
import pandas as pd
df=pd.read_excel('R&D2017.xls')
data=df.iloc[0,2]          #读取第1行第3列的值，这里不需要嵌套列表
print("读取指定单元格的数据：\n{0}".format(data))
```

程序运行结果：

```
读取指定单元格的数据：
2343.6
```

用iloc进行二维索引，df.iloc[0,2]表示取df（第1行，第3列）单元格的数据。

【例7-25】读取指定的多行多列数据。

```
#ex7_25Excel.py
import pandas as pd
df=pd.read_excel('R&D2017.xls')
data=df.iloc[[0,1],[0,1,2]]      #读取第1,2行第1,2,3列的值
print("读取指定的多行多列数据：\n{0}".format(data))
```

程序运行结果：

```
读取指定的多行多列数据：
   地区  排名  金额（亿元）
0  广东   1     2343.6
1  江苏   2     2260.1
```

用iloc进行二维索引，每一维都采用嵌套列表，就可以读取多行多列的数据。

4. pandas 修改 Excel 数据

前面，我们只实现了Excel数据的读取，接下来介绍Excel数据的修改。

【例7-26】修改Excel数据。

```
#ex7_26Excel.py
```

```
import pandas as pd
#将工作簿bookname中除列表sheetnames以外的工作表复制到writer工作簿中
def copy(writer, bookname, sheetnames):
    df=pd.read_excel(bookname,None)
    names=df.keys()
    for name in names-sheetnames:
        df[name].to_excel(writer, sheet_name=name,\
                                  index=False, header=True)

df=pd.read_excel('R&D2017.xls',sheet_name="R&D2017")
print("修改之前：")
print(df)
abbrs={"广东":'粤',"江苏":'苏',"北京":'京',\
       "山东":'鲁',"浙江":'浙',"上海":'沪'}
for i in df.index:
    key=df.iloc[i,0]
    if key in abbrs.keys():
        df.iloc[i,0]=abbrs[key]
print("修改之后：")
print(df)
#保存修改之后的数据
with pd.ExcelWriter('R&D2017backup01.xls') as writer:
    df.to_excel(writer, 'R&D2017', index=False, header=True)
    copy(writer,'R&D2017.xls',['R&D2017'])
```

程序运行结果：

```
修改之前：
   地区  排名  金额（亿元） 占全国比重（%）  占GDP比重（%）
0  广东   1    2343.6       13.3           2.61
1  江苏   2    2260.1       12.8           2.63
2  山东   3    1753.0       10.0           2.41
3  北京   4    1579.7        9.0           5.64
4  浙江   5    1266.3        7.2           2.45
5  上海   6    1205.2        6.8           3.93
修改之后：
  地区  排名  金额（亿元） 占全国比重（%）  占GDP比重（%）
0  粤   1     2343.6       13.3           2.61
1  苏   2     2260.1       12.8           2.63
2  鲁   3     1753.0       10.0           2.41
3  京   4     1579.7        9.0           5.64
4  浙   5     1266.3        7.2           2.45
5  沪   6     1205.2        6.8           3.93
```

在上例中，实现了工作簿“R&D2017.xls”中“R&D2017”工作表内数据的修改，即将各地区的名称修改为该地区的简称。修改数据分三步：首先，从文件读取数据，然后修改读取的数据，最后将修改之后的数据写入文件。

通过pandas的read_excel()函数实现从Excel文件读取数据，获得DataFrame对象。DataFrame对象中数据的修改，通过选取相应数据并赋予新的值来实现，例如：df.iloc[i,0]=abbrs[key]。

将写入数据的Excel文件名传入构造方法，构造ExcelWriter类的对象，再通过DataFrame对象的to_excel()方法实现将修改后的数据写入Excel文件。ExcelWriter对象作为to_excel()方法的第一个参数，to_excel()方法的第二个参数指明要写入数据的工作表名称，index参数指明是否写行名（索引），header指明是否写表头。

由于to_excel()方法在写工作表时，会覆盖其他工作表，因此自定义函数copy(writer, bookname, sheetnames)，用于复制未被修改的工作表。

【例7-27】删除行或列。

```
#ex7_27Excel.py
import pandas as pd
#将工作簿bookname中除列表sheetnames以外的工作表复制到writer工作簿中
def copy(writer, bookname, sheetnames):
    df=pd.read_excel(bookname,None)
    names=df.keys()
    for name in names-sheetnames:
        df[name].to_excel(writer, sheet_name=name,\
                          index=False, header=True)

df=pd.read_excel('R&D2017.xls',sheet_name="R&D2017")
print("修改之前：")
print(df)
df=df.drop('占GDP比重（%）',axis=1)
print("修改之后：")
print(df)
#保存修改之后的数据
with pd.ExcelWriter('R&D2017backup02.xls') as writer:
    df.to_excel(writer, 'R&D2017', index=False, header=True)
    copy(writer,'R&D2017.xls',['R&D2017'])
```

程序运行结果：

```
修改之前：
   地区  排名  金额（亿元）  占全国比重（%）  占GDP比重（%）
0  广东   1     2343.6        13.3           2.61
1  江苏   2     2260.1        12.8           2.63
2  山东   3     1753.0        10.0           2.41
3  北京   4     1579.7         9.0           5.64
4  浙江   5     1266.3         7.2           2.45
5  上海   6     1205.2         6.8           3.93
```

```
修改之后:
    地区  排名  金额(亿元)  占全国比重(%)
0   广东   1     2343.6       13.3
1   江苏   2     2260.1       12.8
2   山东   3     1753.0       10.0
3   北京   4     1579.7        9.0
4   浙江   5     1266.3        7.2
5   上海   6     1205.2        6.8
```

通过DataFrame对象的drop()方法实现行或列的删除。drop()方法的axis指明是删除行还是删除列（axis为1表示删除列，axis为0表示删除行），drop()方法的第一个参数指明被删除的列名或行索引。

【例7-28】增加行或列。

```
#ex7_28Excel.py
import pandas as pd
import numpy as np
#将工作簿bookname中除列表sheetnames以外的工作表复制到writer工作簿中
def copy(writer, bookname, sheetnames):
    df=pd.read_excel(bookname,None)
    names=df.keys()
    for name in names-sheetnames:
        df[name].to_excel(writer, sheet_name=name,\
                          index=False, header=True)

df=pd.read_excel('R&D2017.xls',sheet_name="R&D2017")
print("修改之前: ")
print(df)
df.loc[6]=['小计',None,np.sum(df.iloc[:,2].values),\
           np.sum(df.iloc[:,3].values),np.mean(df.iloc[:,4].values)]
print("修改之后: ")
print(df)
#保存修改之后的数据
with pd.ExcelWriter('R&D2017backup03.xls') as writer:
    df.to_excel(writer, 'R&D2017', index=False, header=True)
    copy(writer,'R&D2017.xls',['R&D2017'])
```

程序运行结果:

修改之前:

```
    地区  排名  金额(亿元)  占全国比重(%)  占GDP比重(%)
0   广东   1     2343.6       13.3          2.61
1   江苏   2     2260.1       12.8          2.63
2   山东   3     1753.0       10.0          2.41
3   北京   4     1579.7        9.0          5.64
```

```
4  浙江  5      1266.3        7.2          2.45
5  上海  6      1205.2        6.8          3.93
修改之后：
   地区     排名    金额（亿元） 占全国比重（%） 占GDP比重（%）
0  广东      1      2343.6       13.3         2.610000
1  江苏      2      2260.1       12.8         2.630000
2  山东      3      1753.0       10.0         2.410000
3  北京      4      1579.7        9.0         5.640000
4  浙江      5      1266.3        7.2         2.450000
5  上海      6      1205.2        6.8         3.930000
6  小计   None     10407.9       59.1         3.278333
```

上例中，在工作簿“R&D2017.xls”的“R&D2017”工作表中，添加了一行，用来对第1～6行数据进行汇总统计。对第1～6行数据中的第3列和第4列求和，对第5列求平均。添加行通过为DataFrame对象中不存在的一行赋值来实现。例如：通过df.loc[6]为df的第6行赋值，而原本df中只有5行数据。

5. pandas处理Excel数据成为字典

【例7-29】处理Excel数据成为字典。

```
#ex7_29Excel.py
import pandas as pd
df=pd.read_excel('R&D2017.xls')
data=[]
for i in df.index.values:         #获取行号的索引，并对其进行遍历
    #根据i来获取每一行指定的数据，并利用to_dict()转成字典
    row_data=df.iloc[i,:].to_dict()
    data.append(row_data)
print("最终获取到的数据是：\n{0}".format(data))
```

程序运行结果：

```
最终获取到的数据是：
[{'地区': '粤', '排名': 1, '金额（亿元）': 2343.6, '占全国比重（%）': 13.3, '占GDP比重（%）': 2.61}, {'地区': '苏', '排名': 2, '金额（亿元）': 2260.1, '占全国比重（%）': 12.8, '占GDP比重（%）': 2.63}, {'地区': '鲁', '排名': 3, '金额（亿元）': 1753.0, '占全国比重（%）': 10.0, '占GDP比重（%）': 2.41}, {'地区': '京', '排名': 4, '金额（亿元）': 1579.7, '占全国比重（%）': 9.0, '占GDP比重（%）': 5.64}, {'地区': '浙', '排名': 5, '金额（亿元）': 1266.3, '占全国比重（%）': 7.2, '占GDP比重（%）': 2.45}, {'地区': '沪', '排名': 6, '金额（亿元）': 1205.2, '占全国比重（%）': 6.8, '占GDP比重（%）': 3.93}]
```

从运行结果可见，很容易实现将Excel工作表的一行转换成字典类型的数据，这样整个工作表的数据就可转换成元素是字典的列表，即JSON格式。

7.4.3 XML格式文件读写

XML（Extensible Markup Language，可扩展标记语言）是W3C推荐的一种开放标准，它用来

为Internet上传送及携带数据信息提供标准格式。简单地说，XML格式需要成对的标签表示键值对，大致规则如下：

• 由标签对组成，例如：<aa></aa>。

• 标签可以有属性，例如：<aa id= '123></aa>。

• 标签对可以嵌入数据，例如：<aa>abc</aa>。

• 标签可以嵌入子标签（具有层级关系），例如：<aa><bb></bb></aa>。

XML格式存储的文件扩展名一般采用.xml，可以通过记事本或UltraEdit等高级文本编辑器打开和编辑。下面，我们打开一个XML格式文件books.xml，其内容如下：

```
<?xml version="1.0" encoding="utf-8"?>
<bookstore>
   <book category="children">
         <title lang="en">Harry Potter</title>
         <author>J K. Rowling</author>
         <year>2005</year>
         <price>29.99</price>
   </book>
   <book category="cooking">
         <title lang="en">Everyday Italian</title>
         <author>Giada De Laurentiis</author>
         <year>2005</year>
         <price>30.00</price>
   </book>
</bookstore>
```

通常可以将XML文件分为文件序言和文件主体两大部分。文件的第一行即是文件序言，该行是一个XML文件必须要声明的内容，而且必须位于XML文件的第一行，主要用于告诉XML解析器如何工作。其中，version是标明此XML文件所用的标准的版本号，必须要有；encoding指明了采用什么编码方式解析此XML文件中的字符，可以省略。

XML解析器解析文件时，首先，根据文件的BOM（字节顺序标记）来解析文件；如果没找到BOM，则采用文件序言中encoding属性指定的编码；如果encoding属性没指定的话，就默认用UTF-8来解析文档。

从上面显示的books.xml文档的内容可以看出，其包含了若干本书的信息，每本书的信息包括书名、作者、出版日期、单价等。

如何在Python程序中写XML文件或解析XML文件呢？Python的标准库中，提供了4种可以用于处理XML的模块。

1. xml.dom

xml.dom实现的是W3C制定的DOM API。DOM（Document Object Model，文档对象模型）以树状的层次结构存储XML文档中的所有数据，每一个节点都是一个相应的对象，其结构与XML文档的层次结构相对应。DOM解析器在任何处理任务开始之前，必须把基于XML文件生成的树状数据放在内存，所以DOM解析器的内存使用量完全根据XML文件的大小来决定。文件books.xml

被加载之后在内存中生成的对应的DOM节点树如图7-3所示。

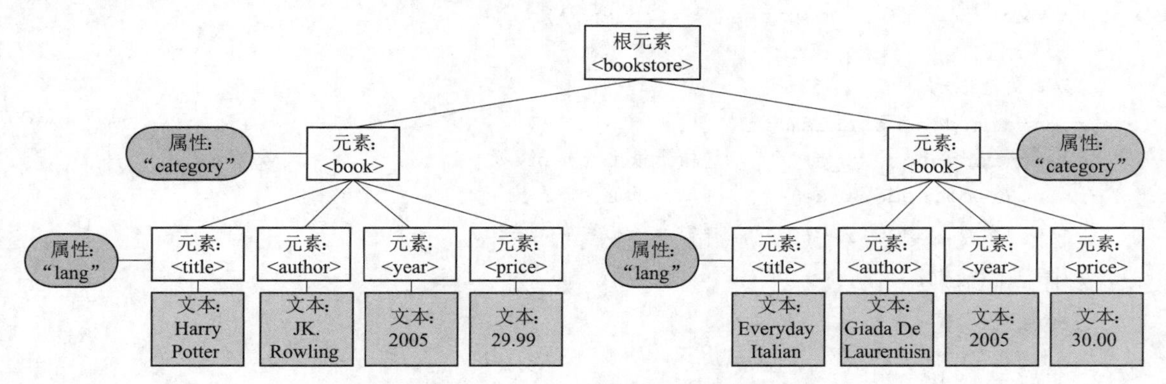

图 7-3 books.xml 文档的 DOM 节点树

从图7-3可以看出，在DOM中，主要有三类节点：元素节点，属性节点，文本节点。每个节点都拥有包含关于节点某些信息的属性。这些属性是：nodeName（节点名称），nodeValue（节点值），nodeType（节点类型）。

（1）使用DOM的优点。能保证XML文档正确的语法和格式。树在内存中是持久的，因此可以修改它以便应用程序能对数据和结构做出更改。通过DOM树，可实现对XML文档的随机访问和操作，使得开发应用程序简单、灵活。

（2）使用DOM的缺点。占用内存空间大。对于特别大的文档，解析和加载整个文档可能很慢且很耗资源，不如基于事件的模型（如SAX）。

2. xml.dom.minidom

xml.dom.minidom是DOM API的极简化实现版本，比完整版的DOM要简单得多，而且这个模块也小得多。

3. xml.sax

xml.sax模块实现的是SAX API，这个模块牺牲了便捷性来换取速度和内存占用。SAX是Simple API for XML的缩写，它并不是由W3C官方所提出的标准。它是事件驱动的，并不需要一次性读入整个文档，而文档的读入过程也就是SAX的解析过程。所谓事件驱动，是指一种基于回调机制的程序运行方法。

4. xml.etree.ElementTree

Python还提供了独特的XML解析方法，相比于SAX和DOM，更容易使用且更加快速，此方法为ElementTree。与DOM相比，ElementTree的速度更快，API使用更直接、方便。与SAX相比，ElementTree.iterparse()函数同样提供了按需解析的功能，不会一次性在内存中读入整个文档。ElementTree的性能与SAX模块大致相仿，但是它的API更加高层次，用户使用起来更加便捷。

下面，我们看几个读写XML文档的例子。

【例7-30】读取books.xml文档的根元素信息。

```
#ex7_30Xml.py
import  xml.dom.minidom
```

```
#获取XML文件的DOM对象
dom=xml.dom.minidom.parse('books.xml')

#得到文档根元素
root=dom.documentElement
print(root.nodeName)        #输出根元素节点名称
print(root.nodeValue)       #输出根元素节点值
print(root.nodeType)        #输出根元素节点类型
```

程序运行结果：

```
bookstore
None
1
```

在上例中，利用xml.dom.minidom模块的parse()函数接收XML文件名为参数，获取该文件的DOM对象。然后利用DOM对象的documentElement 属性返回XML文档的根元素，并打印输出根元素节点的节点名称、节点值和节点类型（1表示元素节点，2表示属性节点，3表示文本节点）。注意：元素节点没有文本值，故其节点值为None。

【例7-31】获取XML文档中指定标签名的元素节点。

```
#ex7_31Xml.py
import  xml.dom.minidom

#获取XML文件的DOM对象
dom=xml.dom.minidom.parse('books.xml')
#得到文档根元素
root=dom.documentElement
#通过根元素，根据标签名获取元素节点列表
itemlist=root.getElementsByTagName('book')
for item in itemlist:
    print(item.nodeName)
```

程序运行结果：

```
book
book
```

在上例中，获取XML文档的根元素后，可以通过根元素的getElementsByTagName()方法获取指定标签名的元素节点。由于存在多个元素节点标签名相同的情况，因此返回的是元素节点列表。

【例7-32】获取XML文档中指定标签之间的文本值。

```
#ex7_32Xml.py
import  xml.dom.minidom
```

```
#获取XML文件的DOM对象
dom=xml.dom.minidom.parse('books.xml')
#得到文档根元素
root=dom.documentElement
#通过根元素，根据标签名获取元素节点列表
itemlist=root.getElementsByTagName('title')
for item in itemlist:
    print(item.firstChild.data)#输出标签之间的文本值
```

程序运行结果：

```
Harry Potter
Everyday Italian
```

在上例中，通过根元素的getElementsByTagName()方法，获取标签名为title的元素节点列表。通过遍历列表，获取列表中每对<title></title>标记之间的文本值并输出，即所有书的书名。获取某个元素节点的文本内容，先通过firstChild属性返回获取其子文本节点，然后通过data属性获取文本内容。

【例7-33】获取XML文档中指定标签的属性值。

```
#ex7_33Xml.py
import  xml.dom.minidom

#获取XML文件的DOM对象
dom=xml.dom.minidom.parse('books.xml')
#得到文档根元素
root=dom.documentElement
#通过根元素，根据标签名获取元素节点列表
itemlist=root.getElementsByTagName('book')
for item in itemlist:
    print(item.getAttribute("category"))       #输出category属性的值
```

程序运行结果：

```
children
cooking
```

通过元素节点对象的getAttribute(属性名)方法可获取到节点的属性值。上例中，获取了所有<book>标签中的category属性值并输出。

前面的例子都是借助xml.dom.minidom模块来实现对XML文件的解析，下面介绍一个使用xml.etree.ElementTree模块的例子。

【例7-34】利用xml.etree.ElementTree模块解析XML文件。

```
#ex7_34Xml.py
from xml.etree import ElementTree as ET
tree=ET.parse('books.xml')        #先将文件读入，解析成元素树
```

```
root=tree.getroot()                    #获取元素树的根元素
print(root.tag)                        #获取根元素的标签名
print(root.attrib)                     #获取根元素的属性字典

elements=tree.findall('./book') #获取指定层次中指定标签名的元素列表
for element in elements:
    for child in element.findall('./'):
        print(child.tag,':',child.text)
```

程序运行结果：

```
bookstore
{}
title : Harry Potter
author : J K. Rowling
year : 2005
price : 29.99
title : Everyday Italian
author : Giada De Laurentiis
year : 2005
price : 30.00
```

ET.parse('books.xml')打开“books.xml”文件，返回解析之后的ElementTree（元素树）对象。

注意：在ElementTree中，只有元素节点，没有属性节点和文本节点。XML文件中的一对标签，对应着元素树中的一个元素，标签名、标签内的属性、标签之间的文本值，均是该元素的属性。通过元素的tag属性可以获取元素的标签名，通过元素的attrib属性可以获取元素的属性字典，通过元素的text属性可以获取元素的文本值（即标签之间的数据）。

通过元素树的getroot()方法，可以获取元素树的根元素。通过元素树或元素的findall()方法，可以获取指定层次中指定标签名的元素列表。层次通过从当前元素节点开始的相对路径来表示。比如上例中的tree.findall('./book')就表示在当前元素位置（此时为树的根元素）查找标签名为book的子节点元素并返回。上例中的element.findall('./')中只指定了层次，没有指定标签名，返回当前元素的所有子节点元素。

上面的例子只演示了XML文件的解析或读取，下面我们介绍一个写XML文件的例子。

【例7-35】写XML文件。

```
#ex7_35Xml.py
import  xml.dom.minidom as dm

#获取DomImplementation 对象
#DomImplementation 对象可执行与DOM的任何实例无关的任何操作
impl=dm.getDOMImplementation()
#创建一个xml dom
#三个参数分别对应为 : namespaceURI, qualifiedName, doctype
doc=impl.createDocument(None, None, None)
```

```
#创建根元素
rootElement=doc.createElement('Pythons')
#为根元素添加3个子元素
for pythonId in range(3):
    #创建子元素
    childElement=doc.createElement('python')
    #为子元素添加id属性
    childElement.setAttribute('id', str(pythonId))
    #为子元素添加文本子节点（即标签对之间的嵌入数据）
    nameT=doc.createTextNode("Python"+str(pythonId+1)+".x")
    childElement.appendChild(nameT)
    #将子元素追加到根元素中
    rootElement.appendChild(childElement)

#将拼接好的根元素追加到dom对象
doc.appendChild(rootElement)
#打开test.xml文件 准备写入
f=open('test.xml', 'a')
#写入文件
doc.writexml(f, addindent='  ', newl='\n',encoding='utf-8')
#关闭
f.close()
```

上述程序首先通过getDOMImplementation()函数获取DomImplementation 对象；接着通过DomImplementation 对象的createDocument()方法创建一个DOM对象；接着创建根元素；依次创建子元素、为子元素添加属性、为子元素添加文本子节点，再拼接到根元素；接着将拼接好的根元素追加到DOM对象；最后打开xml文件，调用DOM对象的writexml()方法完成xml格式数据的写入。DOM对象的createElement()方法用于创建元素节点，DOM对象的createTextNode()方法用于创建文本节点，元素节点的setAttribute()方法用于设置元素节点的属性，元素节点的appendChild()方法用于为元素节点添加子节点。

程序成功运行后，创建一个XML文件test.xml，并向该文件写入xml格式数据。文件中的内容如下所示：

```
<?xml version="1.0" encoding="utf-8"?>
<Pythons>
  <python id="0">Python1.x</python>
  <python id="1">Python2.x</python>
  <python id="2">Python3.x</python>
</Pythons>
```

视频：
案例——文件应用

习题

一、单选题

1. 打开一个已有文件，然后在文件末尾添加信息，正确的打开方式为（　　）。

A. r　　B. w　　C.a　　D. w+

2. 假设文件不存在，如果使用 open（　　）方法打开文件会报错，那么该文件的打开方式是（　　）模式。

A. r　　B. w　　C.a　　D. w+

3. 假设 file 是文本文件对象，下列选项中，（　　）用于读取一行内容。

A. file.read()　　B. file.read(200)　　C. file.readline()　　D. file.readlines()

4. 下列方法中，用于向文件中写出内容的是（　　）。

A. open　　B. write　　C. close　　D. read

5. 下列方法中，用于获取当前目录的是（　　）。

A. open　　B. write　　C. Getcwd　　D. read

二、判断题

1. 文件打开的默认方式是只读。（　　）
2. 打开一个可读写的文件，如果文件存在会被覆盖。（　　）
3. 使用 write() 方法写入文件时，数据会追加到文件的末尾。（　　）
4. 实际开发中，文件或者文件夹操作都要用到 os 模块。（　　）
5. read() 方法只能一次性读取文件中的所有数据。（　　）

三、填空题

1. 打开文件对文件进行读写，操作完成后应该调用______方法关闭文件，以释放资源。
2. seek() 方法用于移动指针到指定位置，该方法中______参数表示要偏移的字节数。
3. 使用 readlines() 方法把整个文件中的内容进行一次性读取，返回的是一个______。
4. os 模块中的 mkdir() 方法用于创建______。
5. 在读写文件的过程中，______方法可以获取当前的读写位置。

四、简答题

1. 请简述文本文件和二进制文件的区别。
2. 请简述读取文件的几种方法和区别。

五、程序题

1. 读取一个文件，显示除了以 # 号开头的行以外的所有行。
2. 编写程序，打开任意的文本文件，在指定的位置产生一个相同文件的副本，即实现文件的复制功能。
3. 编写程序，打开一个英文文本文件，统计文件中大、小写字母和数字出现的次数。
4. 编写程序，打开一个英文文本文件，读取其内容，并把其中的大写字母变成小写字母、小写字母变成大写字母。

提高篇

提高篇包括第 8 ~ 12 章，针对不同应用领域，拓展 Python 应用生态，提高利用 Python 解决实际问题的能力。

第 8 章多媒体数据处理，主要介绍利用 Python 自带 wave 模块及其他第三方模块完成多媒体数据的处理，包括常见格式音频文件播放、录音、视频播放及图像处理技术。

第 9 章网络编程，主要介绍利用 Python 网络编程库完成网络服务器端和客户端的应用程序开发，包括 socket、socketserver、ftplib、webbrowser 等模块，并提供了一个可扩展的多线程服务器端应用程序框架，读者可以根据该框架构建不同领域的服务器端应用。

第 10 章 Python 网络爬虫，主要介绍网络爬虫的基本原理及利用 urllib 和 beautifulsoup 库实现网络爬虫的基本方法，并实现对国家统计局统计数据的爬取。

第 11 章科学计算和可视化应用，讲解在科学计算与数据可视化领域广泛应用的主流库 Numpy 和 Matplotlib 等的使用

第 12 章 Python 机器学习，介绍机器学习基本流程及环境搭建，通过 sklearn 库深入学习机器学习中常用的聚类、分类、回归等应用，并以“波士顿房价预测”问题为例，演示了 Python 机器学习项目的具体实践过程。

第8章 多媒体数据处理

多媒体数据包括音频、图像、视频等二进制数据，均有相应的编码方式。Python 提供了一些标准库，主要集中在音频和图像方面，例如 audioop、aifc、wave、imghdr 等，但这些库只是针对底层数据管理，缺少高层应用。如果需要对多媒体数据进行应用开发，通常要借助第三方库。本章介绍音视频的播放及图像处理，重点介绍图像处理库 PIL 的应用。

8.1 音视频播放库

Python的音视频播放库有很多，如PyAudio、playsound、pyglet等。其中，PyAudio是一套音频播放及录制应用库，可把wav格式的音频数据输出到声卡播放，或从录音设备录制wav格式的音频数据。playsound如其名一样，只能播放音频文件，其特点是使用非常简单。pyglet则是一套集合音频、视频播放功能的多媒体库，该库在播放MP3、MP4等格式的文件时需使用AVBin或FFMpeg解码库。

8.1.1 playsound

playsound可播放wav和mp3格式的音频文件，该库只有音频播放功能。

1. 安装 playsound 库

```
pip install playsound
```

2. 播放音频

```
import playsound as pl
pl.playsound("c:\\Chapter8\\1.mp3")     #播放指定目录下的MP3
```

8.1.2 PyAudio

PyAudio是一套播音和录音库，目前在Python 3.7环境下直接用pip在线安装有点困难，本地需要安装编译工具。可从https://www.lfd.uci.edu/~gohlke/pythonlibs/#pyaudio网站上下载已编译好的whl安装包进行本地安装。

1. 安装 playsound 库

```
pip install c:\plib\PyAudio-0.2.11-cp37-cp37m-win_amd64.whl
```

2. 播放音频

PyAudio只能播放wav格式的音频数据，如果是其他格式，播放前需先转码成wav格式再播放。

【例 8-1】利用PyAudio播放C:\Chapter8\Unlock.wav音频文件。

```
#ex8_1.py
import pyaudio
import wave      #Python标准库，用于对wav格式的文件进行读写
chunk=1024       #每次读取的数据大小，1024 Kb
wf=wave.open(r"C:\Chapter8\Unlock.wav",'rb')     #要播放的wav文件
p=pyaudio.PyAudio()                              #创建PyAudio对象
#打开播放设备，如声卡等
#从wav文件中获取相应的格式，根据该格式打开PyAudio播放对象
stream=p.open(
             format=p.get_format_from_width(wf.getsampwidth()),
             channels=wf.getnchannels(),
             rate=wf.getframerate(),
             output=True)                #播放
data=wf.readframes(chunk)                #读取音频数据流
while data != '':                        #循环读取
      stream.write(data)                 #把音频数据输出到播放设备
      data = wf.readframes(chunk)        #读取音频数据流
stream.stop_stream()                     #停止播放
stream.close()                           #关闭播放设备
p.terminate()                            #结束PyAudio
```

3. 录音

PyAudio以wav格式录制音频数据，可借助其他编码器保存成其他格式。另外，在录音时要注意，因为要使用录音设备，可能因权限原因导致无法使用麦克风，必须允许对麦克风的访问，否则会导致异常。

【例 8-2】利用PyAudio录音，并把录音结果保存到C:\\Chapter8\\record.wav。

```
#ex8_2.py
import pyaudio
import wave                    #Python标准库，用于对wav格式的文件进行读写
CHUNK=1024                     #每次读取的数据大小，1024 KB
FORMAT=pyaudio.paInt16         #16位
CHANNELS=2                     #双声道
RATE=44100                     #4K编码率
RECORD_SECONDS=5               #录制5秒
WAVE_OUTPUT_FILENAME="C:\\Chapter8\\record.wav"     #输出文件
p=pyaudio.PyAudio()
#打开录音设备
stream=p.open(format=FORMAT,
              channels=CHANNELS,
```

```
                    rate=RATE,
                    input=True,    #录音
                    frames_per_buffer=CHUNK)
print("* recording.....")
frames=[]                          #录制到的数据
for i in range(0, int(RATE / CHUNK * RECORD_SECONDS)):
    data=stream.read(CHUNK)
    frames.append(data)
print("* record finish")
#关闭录音设备
stream.stop_stream()
stream.close()
p.terminate()
#把录制到的数据保存到输出文件（wav格式）
wf = wave.open(WAVE_OUTPUT_FILENAME, 'wb')
wf.setnchannels(CHANNELS)                       #通道
wf.setsampwidth(p.get_sample_size(FORMAT))      #格式
wf.setframerate(RATE)                           #编码率
wf.writeframes(b''.join(frames))                #保存二进制数据
wf.close()                                      #关闭文件
```

8.1.3 pyglet

pyglet是一套音视频播放库，借助第三方解码器，几乎可播放市面上大部分格式的音视频文件。pyglet目前支持两种解码器：1.3以前的版本支持AVBin解码器，1.4以后的版本支持FFmpeg解码器。如果没有安装第三方解码器，pyglet只能播放wav格式的音频文件。

1. 安装 pyglet 库

```
pip install pyglet
```

2. 安装解码器

登录网站https://ffmpeg.zeranoe.com/builds/下载相应操作系统的FFmpeg解码器，注意在Linking选项中选择Shared包，这样才会下载需要的库文件。把下载的解码器压缩包中bin目录内容解压到编写的Python应用程序文件所在目录的lib子目录下，也就是说，要在Python应用程序的lib目录下包含FFmpeg的解码器dll，包括avcodec-58.dll、avutil-56.dll、avformat-58.dll等类似的dll文件或设置相应的环境变量。

如果是1.3以前的版本，可以在http://avbin.github.io/AVbin/Home/Home.html网站下载AVBin解码器并安装。

3. 播放音频

pyglet播放音频比较简单，通过media.load加载并创建播放对象，再调用播放对象的play()方法即可。

【例 8-3】利用pyglet播放C:\\Chapter8\\1.mp3。

```
#ex8_3.py
import pyglet
mp3=pyglet.media.load("C:\\Chapter8\\1.mp3") #加载播放文件，创建播放对象
mp3.play()                #播放
pyglet.app.run()          #进入应用循环，必须有该语句才能真正启动播放
```

4. 播放视频

视频播放需先定义播放窗口并重载窗口的on_draw事件，创建播放对象，然后用media.load加载播放文件并传递给播放对象，之后调用播放对象的play方法。

【例 8-4】利用pyglet播放C:\\Chapter8\\1.mp4。

```
#ex8_4.py
import pyglet
window=pyglet.window.Window(resizable=True)          #创建播放窗口
player=pyglet.media.Player()                         #创建播放器对象
source=pyglet.media.load("c:\\Chapter8\\1.mp4")    #加载要播放的文件
player.queue(source)        #把加载的文件传递给播放器
player.play()               #播放
#重载window的on_draw事件
def on_draw():
    window.clear()
    player.get_texture().blit(0,0)
pyglet.app.run()
```

8.2 图像处理库（PIL）

PIL图像处理库（Python Imaging Library，PIL）是Python图像处理常用的第三方库，包含Image、ImageChops、ImageCrackCode、ImageDraw、ImageEnhance、ImageFile、ImageFileIO、ImageFilter、ImageFont、ImageGrab、ImageOps、ImagePath、ImageSequence、ImageStat、ImageTk、ImageWin、PSDraw等模块，可完成图像的存储、处理和显示等一系列操作，能读写大量格式的图像，并提供图像缩放、裁剪、旋转、像素处理、颜色转换等图像处理功能。在使用时要注意，PIL的坐标原点在屏幕左上角，而不是左下角，Y轴是由上往下递增的。PIL在使用前需先安装，安装命令如下：

```
pip install Pillow
```

8.2.1 Image 类

Image类代表一幅图像，提供了针对图像处理的属性和方法，其主要属性如表8-1所示，主要方法如表8-2所示。

表 8-1 Image 类的属性

属 性	说 明
format	图像格式，几乎包括市面所有格式，如 BMP、DIB、GIF、ICO、JPEG、PCX、PNG、TGA 等

续表

属 性	说 明
mode	图像模式，即像素组织格式（编码方式），取值包括： （1）1：1 位像素，为黑白图像，但是存储时每个像素用 8 个 bit 表示，0 表示黑，255 表示白 （2）L：8 位像素，为灰色图像，它的每个像素用 8 个 bit 表示，0 表示黑，255 表示白，其他数字表示不同的灰度 （3）P：8 位像素，与调色板对应 （4）RGB：3X8 位像素，为真彩色 （5）RGBA：4X8 位像素，有透明通道的真彩色 （6）CMYK：4X8 位像素，颜色分离 （7）YCbCr：3X8 位像素，彩色视频格式 （8）LAB：3X8 位像素，Lab 颜色空间 （9）HSV：3X8 位像素，HSV 颜色空间 （10）I：32 位带符号整数像素 （11）F：32 位浮点数像素
size	图像的尺寸，按照像素数计算。为宽度和高度的二元组（width, height）
info	图像额外信息，由不同的格式解释器处理

表 8-2　Image 类的方法

属 性	说 明
open（filename,mode）	加载图像，返回一个 Image 对象，此处的 mode 是打开文件的方式
show()	显示图像
save（filename）	保存图像，文件格式由文件扩展名确定
thumbnail(size)	创建缩略图，size 为二元组（width,height）
crop(box)	裁剪图像，box 为四元组（left，top，right，bottom）
paste(img,dest,mask)	把 img 图像粘贴到 dest 所在位置，粘贴时可使用蒙板 mask。Dest 可以是二元组（左、上），也可以是四元组（左、上、右、下）
resize(size)	调整图像大小，size 为二元组（width,height）
rotate(angle)	旋转图像
convert(mode)	图像模式转换，mode 取值如表 8-1，例如从 RGB 转为 LAB 等
getpixel(x,y)	读取像素
putpixel(x,y,color)	修改像素，把一种模式转换为另一种模式
alpha_composite(im, dest=(0, 0), source=(0, 0))	把两幅 RGBA 模式的图像按透明通道叠加，叠加时可指定目标及源位置，两幅图像不要求大小相同
filter(filter)	按 ImageFilter 类指定的方式对图像进行滤镜处理
histogram(mask=None, extrema=None)	生成图像的直方图

续表

属 性	说 明
putdata(data, scale=1.0, offset=0.0)	从位置 (0,0) 开始用 data 中的像素替换图像中的像素
transform(size, method, data=None, resample=0, fill=1, fillcolor=None)	图像变换，size 指定变换后的图像大小，method 的取值包括 PIL.Image.EXTENT（扩展）、PIL.Image.AFFINE（仿射）、PIL.Image.PERSPECTIVE（透视）、PIL.Image.QUAD（四边形）、PIL.Image.MESH（网状），data 为针对不同变换方式所提供的参数
transpose(method)	图像转置，method 的取值包括 PIL.Image.FLIP_LEFT_RIGHT（左右对换），PIL.Image.FLIP_TOP_BOTTOM（上下对换），PIL.Image.ROTATE_90（旋转 90°），PIL.Image.ROTATE_180, PIL.Image.ROTATE_270, PIL.Image.TRANSPOSE（转置）、PIL.Image.TRANSVERSE（横向）
split()	把图像分离成独立的通道
merge(mode, bands)	通道合并，mode 取值如表 8-1，bands 是对应要合并的通道元组
blend(img1,im2, alpha)	把两幅大小相同的图像按 alpha 通道取值叠加在一起，叠加计算公式为 img1 * (1.0 – alpha) + img2 * alpha
composite(img1,img2, mask)	把两幅大小相同的图像按 mask 指定的蒙板作 alpha 通道取值叠加在一起
eval(img, func)	对图像所有通道像素按 func 指定运算进行处理

图像由许多像素点组成，像素有不同的编码方式，PIL支持的编码方式在表8-1的mode属性中已列明。同时每个像素点可以由多个通道构成。如果一个像素点只有一个通道，通常称为单通道图像，如黑白图、灰度图等。黑白图是每个像素点只取0或255的值，而灰度图每个像素点可取0到255间的不同值。彩色图像通常每个像素点有多个通道组成，常见的是RGB通道，即每个像素点分别由R通道、G通道和B通道组成，每个通道分别可取0~255间的不同值。Alpha通道是一个特殊通道，用来存放图像透明信息，又称为透明通道。对每一个像素点，可对多通道同时运算，也可专门针对某一通道进行单独运算，从而产生各种效果的图像。

【例 8-5】把img\img1.jpg转换成灰度图像，并把该灰度图像保存成png格式，文件名称保持不变。

```
#ex8_5.py
from PIL.Image import Image          #导入Image类
img=Image.open('img\\img1.jpg')     #加载图像，并创建该图像的Image对象
img=img.convert('L')                #把图像转换成灰度模式
img.save('img\\img1.png')           #图像的扩展名为png，save会自动把jpg换成png格式
img.show()                          #显示转换后的灰度图像
```

【例 8-6】设计一个批量格式转换器，把img文件夹下所有jpg图像转换成png格式，并生成对应大小为（128,128）的缩略图。缩略图在原文件名后增加thum字符，转换后的png格式图像采用原文件名称。

```
#ex8_6.py
from PIL import Image
import os
```

```
imgpath="img\\"
filelist=os.listdir(imgpath)
for src in filelist:
    if src.find('.jpg')>0:
       dest=os.path.splitext(src)[0]+".png"          #保存后的扩展名为png
       if(src!=dest):
          try:
             img=Image.open(imgpath+src)
             img.save(imgpath+dest)                  #自动根据扩展名进行格式转换
             img.thumbnail((128,128)                 #生成(128,128)缩略图并保存
             img.save(imgpath+os.path.splitext(src)[0]+"thum.jpg")
          except IOError:
             print("转换失败：",src)
```

【例 8-7】图8-1为两张独立的图像，请根据这两张图像合成图8-2所示的效果图。

图 8-1　原图

图 8-2　效果图

分析：把两张图像叠加可以使用alpha_composite()、blend()或composite()方法，要求图像带alpha通道。其中alpha_composite()可把大小不同的两张图像叠加在一起，并可指定叠加位置；而blend()或composite()要求两张图像大小必须相同。blend()可指定alpha通道参数，而composite()可指定蒙板参数，以下为blend()叠加的程序代码：

```
#ex8_7.py
from PIL import Image
#打开图像并转换为带alpha通道的格式
img1=Image.open("img\\img1.jpg").convert("RGBA")
#打开图像，把图像大小调整为img1的大小,转换成带alpha通道
img2=Image.open("img\\img2.jpg").resize(img1.size).convert("RGBA")
dest=Image.blend(img1,img2,0.5)      #alpha取值0.5，把两图叠加
dest.show()
```

【例 8-8】把img文件夹下的img2.jpg、img3.jpg、img4.jpg调整为（128，128）大小，依次叠加到img1.jpg图像（228，228）开头的位置，叠加img4.jpg时利用img3.jpg作为蒙板，叠加完后把图像作左右对换转置，效果如图8-3所示。

图 8-3　图像叠加效果

分析：在指定位置叠加图像可以使用alpha_composite()或paste()方法，后者可指定叠加时使用的蒙板，程序代码如下：

```
#ex8_8.py
from PIL import Image
#转为RGBA模式
img1=Image.open("img\\img1.jpg").convert("RGBA")
#转为RGBA模式并调整大小为（128,128）
img2=Image.open("img\\img2.jpg").convert("RGBA").resize((128,128))
```

```
img3=Image.open("img\\img3.jpg").convert("RGBA").resize((128,128))
img4=Image.open("img\\img4.jpg").convert("RGBA").resize((128,128))
#加载蒙板图像，转为灰度模式
mask=Image.open("img\\img3.jpg").convert("L").resize((128,128))
img1.alpha_composite(img2,(228,228))          #从(228,228)位置开始叠加
img1.alpha_composite(img3,(428,228))
img1.paste(img4,(628,228),mask)               #叠加时加入蒙板
img1=img1.transpose(Image.FLIP_LEFT_RIGHT) #左右对换轩置
img1.show()
```

【例 8-9】对img\img3.jpg所有通道像素值放大1.3倍。

```
#ex8_9.py
from PIL import Image
img=Image.open("img\\img3.jpg")
d1=Image.eval(img,lambda x:x*1.3)    #用lambda表达式定义运算逻辑
d1.show()
```

程序运行结果如图8-4所示（左为原图，右为处理之后的图）。

图 8-4　图像 eval() 运算效果

8.2.2 ImageFilter 类

ImageFilter类提供了过滤方法定义，主要应用于Image类的filter()方法，如表8-3所示。

表 8-3　ImageFilter 过滤方法

属　性	说　明
BLUR	图像模糊。处理之后的图像会整体变得模糊
CONTOUR	图像轮廓。将图像中的轮廓信息全部提取出来
DETAIL	图像细节。会使图像中细节更加明显
EDGE_ENHANCE	图像边缘加强。突出、加强和改善图像中不同灰度区域之间的边界和轮廓，使边界和边缘在图像上表现为图像灰度的突变，提高人眼识别能力
EDGE_ENHANCE_MORE	图像阈值边缘加强。使图像边缘部分更加明显
EMBOSS	图像浮雕。使图像呈现出浮雕效果

续表

属 性	说 明
FIND_EDGES	图像边界。找出图像中的边缘信息
SMOOTH	图像平滑。突出图像的宽大区域、低频成分、主干部分，抑制图像噪声和干扰高频成分，使图像亮度平缓渐变，减小突变梯度，改善图像质量
SMOOTH_MORE	图像阈值平滑。使图像变得更加平滑
SHARPEN	图像锐化。用于补偿图像的轮廓、增强图像的边缘及灰度跳变部分，使图像变得清晰

【例 8-10】对图8-5进行过滤处理。

```
#ex8_10.py
from PIL import Image
from PIL import ImageFilter
img=Image.open("img\\img1.jpg")
blue=img.filter(ImageFilter.BLUR)             #模糊
cont=img.filter(ImageFilter.CONTOUR)          #轮廓
edge=img.filter(ImageFilter.FIND_EDGES)       #边界
emb=img.filter(ImageFilter.EMBOSS)            #浮雕
blue.show()
cont.show()
edge.show()
emb.show()
```

图 8-5 原图

程序运行效果如图8-6和图8-7所示。

图 8-6　BLUR 与 CONTOUR 效果

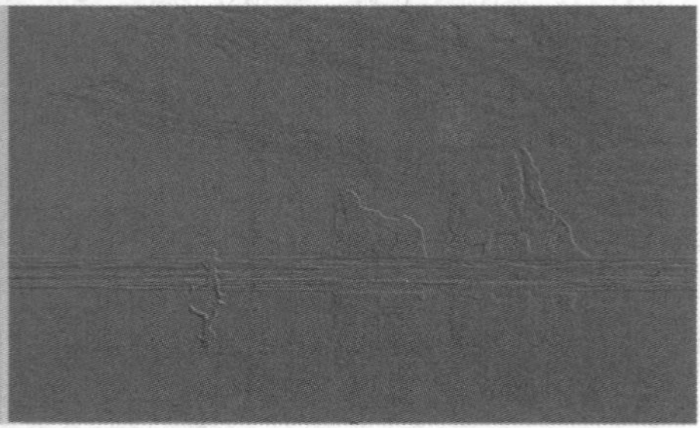

图 8-7　FIND_EDGES 与 EMBOSS 效果

8.2.3 ImageEnhance 类

ImageEnhance提供了图像增强功能，如调整色彩度、亮度、对比度、锐化等，如表8-4所示。

表 8-4 ImageEnhance 图像增强方法

方 法	说 明
enhance(factor)	对选择的操作进行增强 / 衰减的因子值，大于 1 增强、小于 1 衰减
Color(img)	调整图像的颜色平衡，调整值通过 enhance 方法指定
Coontrast(img)	调整图像的对比度，调整值通过 enhance 方法指定
Brightness(img)	调整图像的亮度，调整值通过 enhance 方法指定
Sharpness(img)	调整图像的锐度，调整值通过 enhance 方法指定

【例 8-11】对img\img1.jpg图像的颜色、对比度、亮度和锐度进行调整。

```
#ex8_11.py
from PIL import Image
from PIL import ImageEnhance
img=Image.open("img\\img1.jpg")
color_img=ImageEnhance.Color(img).enhance(2.0)              #颜色增强2倍
contrast_img=ImageEnhance.Contrast(img).enhance(0.2)        #对比度下降
bright_img=ImageEnhance.Brightness(img).enhance(2.0)        #亮度增强
sharp_img=ImageEnhance.Sharpness(img).enhance(2.0)          #锐度增强
```

```
color_img.save("img\\col.jpg")
contrast_img.save("img\\conn.jpg")
bright_img.save("img\\bri.jpg")
sharp_img.save("img\\sha.jpg")
```

程序执行效果如图8-8和图8-9所示。

图 8-8 颜色与对比度调整效果

图 8-9 亮度与锐度调整效果

8.2.4 ImageDraw 类

ImageDraw类提供了基本的绘图及文字输出功能，例如，可以在图像中添加几何图形、添加文字等，其方法如表8-5所示。

表 8-5 Image Draw 方法

方 法	说 明
draw(img, mode=None)	在 img 上创建一个可以绘图的对象，mode 取值如表 8-1 所示
arc(xy, start, end, fill=None, width=0)	在给定的区域 xy[(x0, y0), (x1, y1)] 内，在开始（start）和结束（end）角度之间绘制一条弧（圆的一部分）。fill 设置弧的颜色，width 为线的宽度
bitmap(xy, bitmap, fill=None)	在 x、y 给定的区域里绘制变量 bitmap 所对应的位图，变量 bitmap 位图应该是一个有效的透明模板（模式为“1”）或者蒙版（模式为“L”或“RGBA”）
chord(xy, start, end, fill=None, outline=None, width=0)	同方法 arc() 一样，但是使用直线连接弦弧起点和终点。outline 给定弦轮廓的颜色，fill 给定弦内部的颜色

续表

方 法	说 明
ellipse(xy, fill=None, outline=None, width=0)	在 x，y[(x0, y0), (x1, y1)] 给定的区域绘制一个椭圆形。outline 给定椭圆形轮廓的颜色；fill 给定椭圆形内部的颜色
line(xy, fill=None, width=0, joint=None)	在变量 x，y[(x, y), (x, y), ...] 列表所表示的坐标之间画线。坐标列表可以是任何包含二元组 [(x,y),…] 或者数字 [x,y,…] 的序列对象，它至少包括两个坐标。fill 给定线的颜色；width 给定线的宽度
pieslice(xy, start, end, fill=None, outline=None, width=0)	在给定的区域 x，y[(x0, y0), (x1, y1)] 内，在开始（start）和结束（end）角度之间绘制一饼图。fill 设置填充颜色，width 给定线的宽度，outline 给定轮廓的颜色
point(xy, fill=None)	在 x，y[(x, y), (x, y), ...] 位置画点，fill 为点颜色
polygon(xy, fill=None, outline=None)	在 x，y[(x, y), (x, y), ...] 区域绘制多边形
rectangle(xy, fill=None, outline=None, width=0)	在 x，y[(x0, y0), (x1, y1)] 区域绘制一矩形，x，y 是包含二元组 [(x,y),…] 或者数字 [x,y,…] 的任何序列对象
text(xy, text, fill=None, font=None, anchor=None, spacing=0, align="left", direction=None, features=None, language=None)	在 x，y(x,y) 给定的位置绘制字符串，可指定字体、填充、角度、间隔、对齐、文字方向等参数

【例 8-12】给图像添加文字水印。

分析：图像文字水印是一种相对较模糊的文字，不能用正常的方式直接绘制在图像上，可以先把文字绘制在一张独立的图像上，然后通过图像叠加的方式把文字叠加到目标图像上。在叠加时选择较小的alpha值来弱化文字，达到水印所要求的效果。另外，在绘制文字前要先定义好所用的字体，尤其是针对中文文字，字体选择不正确会导致乱码。

```
#ex8_12.py
from PIL import Image, ImageDraw,ImageFont
#创建输出文本用的字体
fnt=ImageFont.truetype("c:/Windows/fonts/simhei.ttf", 20)
text="Python 程序设计..."      #水印文本
img=Image.open("img\\img1.jpg").convert('RGBA')
#创建一个与原图大小的Image对象，用于画图，颜色取（0,0,0,0）黑色
dbmp=Image.new('RGBA', img.size, (0,0,0,0))
#根据画图Image创建画图对象
draw=ImageDraw.Draw(dbmp)
#在画图对象上输出文本
draw.text((dbmp.size[0]-len(text)*20,dbmp.size[1]-30), #输出位置
    text,                 #文字内容
    font=fnt,             #绘制文本所用的字体
    fill=(255,255,255,255) #文字颜色，4通道
)
#把原图与画图Image对象叠加，alpha值取小些，淡化水印文本
out=Image.blend(img, dbmp,0.09)
out.show()
```

程序运行结果如图8-10所示。

图 8-10 文字水印

【例 8-13】生成随机验证码。

视频：
生成验证码

分析：为了防止被程序自动理解，随机验证码通常以图像形式出现，同时增加一些干扰背景、线条或其他几何图形，或对图形作扭曲、转置等处理，尽量做到只有人类才能理解验证码内容，程序代码如下：

```
#ex8_13.py
import random,string
from PIL import Image,ImageDraw,ImageFont,ImageFilter
font_path='C:\\Windows\\Fonts\\simhei.ttf'          #字体的位置
number=8                                    #生成验证码位数
size=(120,30)                               #生成验证码图像的高度和宽度
bgcolor=(155,155,155)                       #背景颜色，灰色
fontcolor=(0,0,255)                         #字体颜色，蓝色
linecolor=(0,255,0)                         #干扰线颜色，绿色
draw_rect=True                              #是否要加入干扰矩形
'''
  随机生成一串字符串
'''
def get_code():
    source=list(string.ascii_letters) #生成由所有大小写英文字母组成的列表
    for index in range(0,10):           #添加0～9的数字
        source.append(str(index))
    return ''.join(random.sample(source,number))  #生成number位验证码
'''
  绘制干扰矩形
'''
```

```
def create_rect(draw,width,height):
    cort_x=(0,random.randint(0,height/2))                     #矩形区域起始位置
    cort_y=(random.randint(0, width), height-2)               #矩形区域结束位置
    draw.rectangle([cort_x,cort_y],outline=linecolor)
'''
  生成验证码
'''
def gene_code():
    #创建画图对象
    width,height = size                                        #图像宽和高
    image=Image.new('RGBA',(width,height),bgcolor)             #创建图像
    font=ImageFont.truetype(font_path,25)                      #验证码的字体
    draw=ImageDraw.Draw(image)
    #获取验证码字符串
    code=get_code()
    font_width, font_height=font.getsize(code)
    #输出字符串
    draw.text(((width-font_width)/number,
               (height-font_height)/number),
                code,                                          #绘制字符串
                font=font,fill=fontcolor)
    #绘制干扰矩形
    if draw_rect:
        create_rect(draw,width,height)
    #利用仿射变换扭曲图像
    image=image.transform((width+20,height+10),
                          Image.AFFINE,
                          (1,-0.4,0,-0.1,1,1),
                          Image.BILINEAR)
    #利用滤镜增强边界
    image=image.filter(ImageFilter.EDGE_ENHANCE_MORE)
    image.show()
if __name__ == "__main__":      #当被其他模块导入时不执行gene_code()函数
    gene_code()
```

程序运行结果如图8-11所示。

图 8-11　随机验证码

在程序中，首先创建一个绘图对象，以便输出验证码。验证码从所有英文字母、数字组成的列表中以随机方式产生，并用ImageDraw类的text()方法输出到绘图对象。文字输出完后再根据需要绘制干扰图形，例子中绘制了一个位置随机的矩形。然后利用图像变换对生成的图像作扭曲处理并增强文字边界。

8.2.5 ImageChops 类

ImageChops包含图像通道运算操作channel operations（"chops"），可对图像各通道像素点进行加、减、乘、除等运算，产生一些非常炫的效果，广泛应用于图像特效、图像组合、算法绘图等，主要方法如表8-6所示。

表 8-6 ImageChops 方法

方 法	说 明
add(image1, image2, scale=1.0, offset=0)	根据公式 ((image1 + image2) / scale + offset) 对两张图像的像素点作加运算，并返回运算结果产生的新图像
add_modulo(image1, image2)	根据公式 ((image1 + image2) % MAX) 对两张图像的像素点作加运算，并返回运算结果产生的新图像
constant(image, value)	设置图像为 value 指定的固定值
darker(image1, image2)	返回两张图各像素点最小值，公式为 min(image1, image2)
difference(image1, image2)	返回两张图各像素点差的绝对值，公式为 abs(image1 – image2)
invert(image)	像素值反转，求颜色的补色，公式为 MAX – image
lighter(image1, image2)	返回两张图各像素点最大值，公式为 max(image1, image2)
logical_and(image1, image2)	根据公式 ((image1 and image2) % MAX) 对两张图像的像素点运行运算
logical_or(image1, image2)	根据公式 ((image1 or image2) % MAX) 对两张图像的像素点运行运算
multiply(image1, image2)	叠加两张图片，公式为 image1 * image2 / MAX
offset(image, xoffset, yoffset=None)	图片以 xoffset、yoffset 切割，切割完后再对角对换
screen(image1, image2)	叠加两张反转后的图片，公式为 MAX – ((MAX – image1) * (MAX – image2) / MAX)
subtract(image1, image2, scale=1.0, offset=0)	根据公式 ((image1 – image2) / scale + offset) 对两张图像的像素点作减运算，并返回运算结果产生的新图像
subtract_modulo(image1, image2)	根据公式 ((image1 – image2) % MAX) 对两张图像的像素点作减运算，并返回运算结果产生的新图像

【例 8-14】对img下的img1.jpg和img2.jpg两张图片作lighter运算。

```
#ex8_14.py
from PIL import Image,ImageChops
img1=Image.open("img\\img1.jpg")
img2=Image.open("img\\img2.jpg")
dest=ImageChops.lighter(img1,img2)
```

```
dest.show()
```

原图如8-12所示，程序运行结果如图8-13所示。

图 8-12　原图

图 8-13　ImageChops 的 lighter 运算效果

【例 8-15】对img下的img1.jpg图片作offset运算，切割点在（900，500）。

```
#ex8_15.py
from PIL import Image,ImageChops
img=Image.open("img\\img1.jpg")
dest=ImageChops.offset(img,900,500)
dest.show()
```

程序运行结果如图8-14所示（左为原图、右为效果图）。

图 8-14 ImageChops 的 offset 运算效果

习题

1. 任选一个音视频播放库编写一个可播放 MP3 的小程序。

2. 编写一个只有数字的验证码生成程序，以两条直线作为干扰线。

3. 如何把一张彩色照片处理成黑白照片？

4. 选择两张图片，利用 ImageChops 作 darker 运算，并把运算结果保存到 darker.png 文件中。

5. 将一张图像分割成 4 行 4 列的小图像，并且将小图像依次按 001.jpg，002.jpg…009.jpg 存储。

6. 把一个 gif 文件各帧图像提取出来，并保存为 001.png、002.png……

7. 选择一张图像，尝试交换 RGB 通道。

8. 选择一张图像，把 R 通道值全部置 0。

9. 选择两张图像，先把一张利用 ImageChops 作 invert 运算，把运算结果与另一图像叠加，把叠加结果保存为 png 格式的文件。

10. 把一张图以中点为切割点作 offset 切割运算，并以该点为分割点依次把分割的小图像保存为 001.png ~ 004.png。

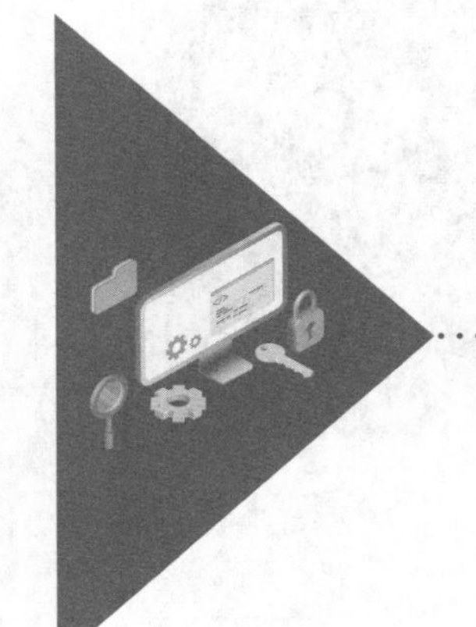

第9章 网络编程

在网络编程方面，Python 提供了非常丰富的模块，既有面向底层的 socket 模块，又有面向高层的应用协议模块，如 urllib、http、ftplib、poplib 等，可用非常简单的方式实现复杂的网络应用。Socket 是计算机之间进行网络通信的一套程序接口，实现发送端与接收端之间的数据通信，Python 对 Socket 进行了二次封装，简化了程序开发步骤，大大提高了开发效率。本章主要介绍 Socket 程序的开发，讲述 TCP、UDP 如何在端点之间发送和接收数据，并通过 socketserver 框架进一步简化服务器端的开发。

9.1 网络编程基础

9.1.1 TCP/IP 协议简介

协议是指参与双方必须遵守的行为规范，网络协议是指参与网络通信的各端点必须遵循的规范。TCP/IP协议是目前在互联网领域广泛应用的网络通信协议，该协议是对OSI七层协议的简化，由应用层、传输层、网络层和链路层组成。

（1）应用层负责处理特定领域的应用细节，如Telnet协议、SMPT协议、FTP协议、HTTP协议等，与特定的应用领域相关。

（2）传输层主要为两台主机上的应用程序提供端到端的通信，主要包括TCP协议和UDP协议。应用层是构建在传输层上的具体应用。

（3）网络层处理分组在网络中的活动，如路由选择等，主要包括IP协议、ICMP协议和IGMP协议等，为传输层提供数据路由等服务。

（4）链路层负责处理与传输媒体，如电缆、Wi-Fi等物理接口细节，主要包括ARP协议、RARP协议等，负责二进制数据的发送与接收。

9.1.2 IP 地址

IP层接收由更低层（网络接口层，例如以太网设备驱动程序）发来的数据包，并把该数据包发送到更高层——TCP或UDP层；相反，IP层也把从TCP或UDP层接收来的数据包传送到更低层。IP层数据包中含有发送它的主机的地址（源地址）和接收它的主机的地址（目的地址），这些地址通常称为IP地址，是网络环境下主机的标识（相当于我们的身份证号），通常与网络接口、如网卡等相互绑定。

目前IP，地址有两个版本：IPv4和Ipv6。IPv4地址是一个32位整数，在表示时每8位用一个“.”分隔，如192.168.0.1，便于阅读。IPv6地址是一个128位整数，是IPv4的升级版，以字符串表示，类似于9001:0ab8:83a3:0052:2000:9a2e:0360:3334，能表示更多的不同通信主机，就像人的身份证号码一样，位数越多，能标识的人就越多。

9.1.3 TCP 和 UDP 协议

TCP协议建立在IP协议之上，为两台通信主机提供可靠的数据传输。TCP在数据传输前会先发送握手请求建立连接，然后对传输的数据进行分包编号，在传输过程中对包编号进行检查，确保数据包可靠传送。如果发现丢包，将自动重发。

许多常用高级协议都建立在TCP协议基础上，例如，浏览器的HTTP协议、发送邮件的SMTP协议、传输文件的FTP协议等。

UDP协议也是建立在IP协议之上，但UDP协议通信前无须先建立连接，因而不保证数据包能顺利到达，是不可靠的传输模式，但它省去了连接的建立与维护，效率比TCP要高。

9.1.4 端口

在两台计算机通信时，只有IP地址是不够的。IP地址相当于我们教学楼的名称，有了该名称，知道了上课所在位置，但仅凭该名称无法找到具体的教室，必须要有具体教室的房间号。这些具体的“房间号”，在TCP/IP协议中称为端口号。在同一台计算机上可能同时运行多个程序（它们的IP地址都相同），例如浏览器、QQ、迅雷等，它们必须运行在不同的端口号上，例如浏览器常用80、FTP常用21和22等，这样数据包才能正确送达对应的应用程序。如果要用的端口号被别的程序使用了，此时会出现端口号占用的错误，必须更换为没被占用的端口号。

9.1.5 Socket

Socket（套接字）是网络编程的一个抽象概念，主要用于网络通信编程，应用程序利用它可以发送或接收数据，无须关注对方的物理位置，其操作方式与对普通文件操作类似，可执行打开、读写和关闭等操作。

在Python中，套接字以socket对象方式提供。socket对象提供了大量的方法，用于打开、关闭套接字，读写套接字等，另外，针对服务器端和客户端提供了专门的方法，具体如表9-1所示。

表 9-1 socket 对象函数

方 法（服务器端方法）	描 述
bind(host,port)	在（host,port）地址绑定套接字，套接字不能重复绑定，端口号也不能冲突
listen(backlog)	启动 TCP 监听，准备接收客户端连接请求。backlog 指定在拒绝连接之前最大的连接数量。该值至少为 1，大部分应用程序设为 5 即可
accept()	接收一个客户端连接，返回值为（conn，addr）元组对，其中 conn 是服务器与客户端之间的连接，可通过该连接发送数据或读取客户端数据；addr 是对端连接的地址。当没有客户请求时将进入阻塞状态

续表

方 法（客户端方法）	描 述
connect(address)	发起对 address 指定的 TCP 服务器连接请求。一般 address 的格式为元组（hostname,port），如果连接出错，返回 socket.error 错误
connect_ex()	connect() 函数的扩展版本，出错时返回出错码，而不是抛出异常
方 法（公共方法）	**描 述**
setsockopt(level,optname,value)	设置套接字选项值
getsockopt(level,optname)	返回套接字选项值
settimeout(timeout)	设置套接字操作超时时间。timeout 是浮点数，单位是秒。值为 None 表示没有超时时间。一般来说，超时时间应该在刚创建套接字时设置，因为它们可能用于连接的操作（如 connect()）
gettimeout()	返回当前超时时间的值，单位是秒，如果没有设置超时时间，则返回 None
recv(bufsize,[,flag])	从 socket 接收 TCP 数据，数据以字节串形式返回，bufsize 指定每次要接收的最大数据字节数（接收到的数据可能小于该值）。flag 提供有关消息的其他信息，通常可以忽略
send(data)	通过 socket 发送 TCP 数据。返回值是已发送的字节数，该数量可能小于 data 的字节数，应用程序须检查所有数据是否已成功发送
sendall(data)	通过 socket 发送所有 TCP 数据，该方法尝试发送所有数据，若成功返回 None，失败则抛出异常
recvform(bufsize,[,flag])	从 socket 接收 UDP 数据，与 recv() 类似，但返回值是（data,address），其中 data 是包含接收数据的字节串，address 是发送数据的发送方套接字地址
sendto(data,address)	发送 UDP 数据，将数据发送到套接字，address 是形式为（ip，port）的元组，指定接收方地址。返回值是发送的字节数
close()	关闭套接字
getpeername()	返回连接套接字对方端点地址。返回值通常是元组（ipaddr,port）
getsockname()	返回套接字地址。返回值通常是一个元组（ipaddr,port）
fileno()	返回套接字的文件描述符
setblocking(flag)	如果 flag 为 0，则将套接字设为非阻塞模式，否则将套接字设为阻塞模式（默认值）。非阻塞模式下，如果调用 recv() 没有发现任何数据，或 send() 调用无法立即发送数据，将引起 socket.error 异常
makefile()	创建一个与该套接字相关连的文件

在通信过程中，根据角色不同，通信双方通常分为服务器端和客户端。服务器端在某一端口绑定套接字后，即进入连接等待循环（称为连接侦听）；当接收到客户端的请求或发来的数据时，随即处理相应的请求或数据，并发送相应的应答。客户端通常不会进入循环等待，在需要时发起对服务器端的连接，连接成功后即发送指定的数据，当数据发送完后即关闭套接字结束通信。

Socket支持有连接和无连接两种不同的通信传输方式，具体流程如图9-1和图9-2所示。

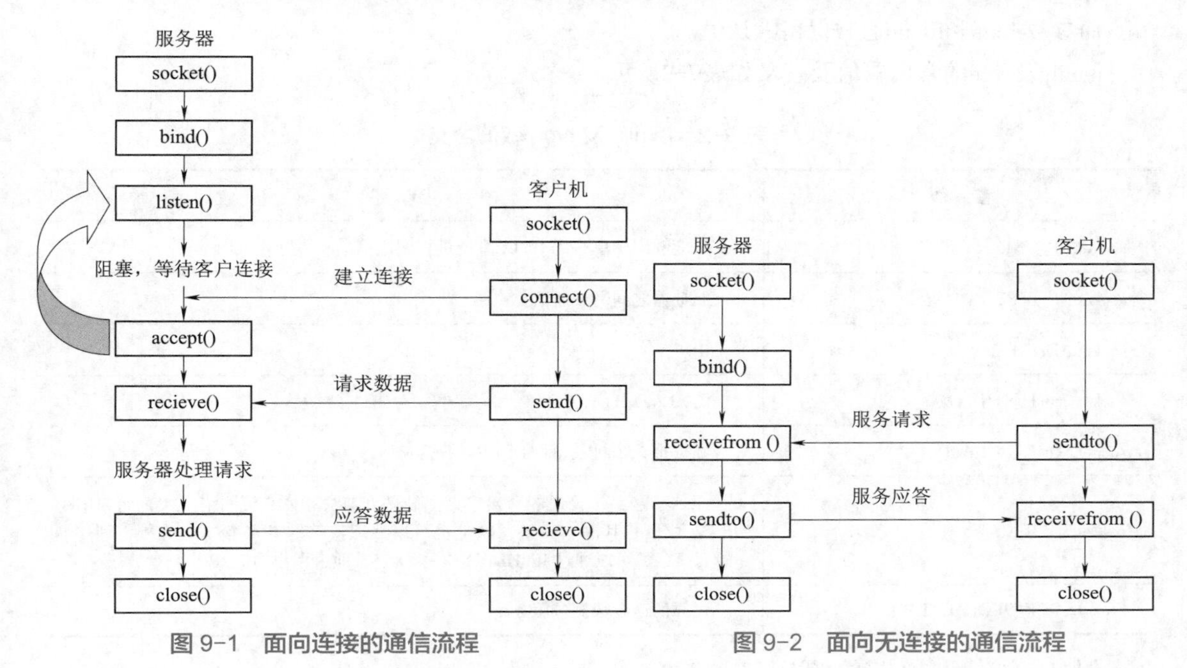

图 9-1 面向连接的通信流程　　图 9-2 面向无连接的通信流程

从图中可知，在有连接的通信模式中，客户端与服务器端的流程差别很大，但在面向无连接的通信模式下，客户端与服务器端的流程很相似，也较为简单。不管哪种方式，服务器端在创建套接字后都要调用bind ()绑定本地端口，以便接收连接请求或数据，就像我们要向外公布我们的办公地址甚至服务窗口号，以便接受民众服务请求。

对于面向连接的通信，服务器端启动后调用socket()建立套接字，然后调用bind()将套接字与一个本地端口绑定在一起，成功之后再调用listen ()启动连接请求侦听，并通过调用accept ()让服务器进入阻塞状态；一旦有连接请求到达，accept ()将返回请求的对象，请求处理程序可根据该对象开始与请求的客户端交换数据（利用send ()或recv ()方法），而此时服务器再次进入阻塞状态，等待下一个连接请求的到来。对于客户端，启动之后同样要先调用socket ()建立套接字，然后便可调用connect ()请求与服务器建立连接；连接建立成功后通过调用send ()把数据发送给服务器并通过调用recv ()读取服务器发送过来的数据；数据发送完毕后主动调用close ()关闭连接，释放资源。服务器在接收到客户端的close ()请求之后会释放与客户端的连接。

对于无连接通信，客户端与与服务器端无须建立连接，而仅仅调用函数sendto()把数据发送给服务器端。而服务器端反复调用函数receivefrom ()，等待从客户端发来的数据。依照receiverrom ()得到的协议地址以及数据报，服务器端可以给客户端送一个应答。

图中socket()为创建连接套接字，格式如下：

```
socket(family,type, proto=0, fileno=None)
```

参数family为套接字协议簇，取值包括socket.AF_UNIX、socket.AF_INET、socket.AF_INET6、socket.AF_BLUETOOTH、socket.AF_PACKET、socket.AF_VSOCK等，有些只能在Linux下使用。

参数type为套接字类型，取值包括socket.SOCK_STREAM（面向连接的数据流）或socket.

SOCK_DGRAM（面向无连接的数据报）、socket.SOCK_RAW（原始socket）等。

而参数proto和fileno通常保留默认值。

family及type的常用取值及含义如表9-2所示。

表 9-2　family 及 type 取值含义

参　数	描　述
socket.AF_UNIX	只能够用于单一的 UNIX 系统进程间通信
socket.AF_INET	服务器之间网络通信
socket.AF_INET6	IPv6
socket.SOCK_STREAM	流式 Socket，针对 TCP
socket.SOCK_DGRAM	数据报式 Socket，针对 UDP
socket.SOCK_RAW	原始套接字，普通的套接字无法处理 ICMP、IGMP 等网络报文，而 SOCK_RAW 可以；其次，SOCK_RAW 也可以处理特殊的 IPv4 报文；此外，利用原始套接字，可以通过 IP_HDRINCL 套接字选项由用户构造 IP 头
socket.SOCK_SEQPACKET	可靠的连续数据包服务

例如，创建面向连接的TCP Socket：

```
s=socket.socket(socket.AF_INET,socket.SOCK_STREAM)
```

创建无连接的UDP Socket：

```
s=socket.socket(socket.AF_INET,socket.SOCK_DGRAM)
```

9.2 TCP 编程

TCP是面向连接的，由服务器端和客户端组成，主动发起连接方称为客户端，被动响应连接方称为服务器端，可提供可靠的数据传输服务，在网络通信中应用广泛。

9.2.1 TCP 服务器端编程

服务器端的主要职责是在某一个端口监听客户端的连接请求，在收到请求后根据客户端的要求完成指定的操作，例如把客户端请求的文件发送给客户端、把客户端上传的文件保存到服务器、删除服务器上指定文件等。不同的应用具有不同的处理逻辑，例如Web服务器，它的处理逻辑是负责把请求的文件发送给客户端；而FTP服务器的处理逻辑较为复杂，既要发送和接收文件数据，又要处理客户端请求的其他操作，例如在服务器端创建文件夹、删除文件、改名文件等。这样的业务处理逻辑是整个服务器端应用程序的核心，有些处理逻辑较为简单，能在短时间内完成，但有些可能会比较复杂和耗时，例如大文件的传输。如果服务器端应用要花费大量时间来处理某一个客户端请求的操作，则其他客户端的请求将被拒绝，出现服务器繁忙的现象。但此时可能服务器的CPU利用率很低、而服务器端应用程序却因正在处理一个耗时的客户端请求而无法再响

视频：
TCP编程

应其他客户端的请求，所出现的服务器繁忙其实是“假繁忙”，是应用繁忙，并不是服务器真正的繁忙。

为了解决服务器应用程序的“假繁忙”问题，服务器应用程序应该在收到客户端请求之后即把后续处理工作交给其他“人”去做，而它自己只负责响应客户端的连接请求。一旦请求到来，即采用“派工”模式把处理工作派给“别人”，由别人来完成那些耗时的操作。这种模式称为多线程，此处的“别人”即线程，需要时随时启动，启动后独立运行，运行完后独自停止，要多少启动多少。Python支持强大的线程及并发处理，最简单的是使用threading模块的threading对象。threading对象封装了低层的多线程处理功能，要启动一个线程，可通过以下三个步骤完成：

（1）定义线程处理程序，在Python中通常是一个自定义函数（又称为线程体）。

（2）利用threading.Thread创建线程对象，指定线程要执行的线程处理程序。

（3）利用所创建线程对象的start()方法启动线程，启动后线程处理程序将独立运行。不管线程处理程序何时结束，启动线程的程序均不受它的影响（像是在另一个房间中，互不干扰），可继续做自己的工作。

【例9-1】定义一个线程处理函数，每隔2秒循环输出0～1 000 000之间的整数。启动2个线程，独自调用这个线程处理函数。

```
import threading
import time
def threadbody(threadid):                              #线程处理函数（线程体）
    for i in range(1000000):
        print(“threadbody:”,threadid,“",i)              #输出线程编号及整数i
        time.sleep(2)                                  #暂停2秒
print("启动threadbody线程.....")
s1=threading.Thread(target=threadbody,args=(1,))      #创建1号线程
s2=threading.Thread(target=threadbody,args=(2,))      #创建2号线程
s1.start()                                             #启动1号线程
s2.start()                                             #启动2号线程
#线程启动后主程序继续做自己的事
print("线程自己正在运行，我已结束了")
```

程序运行结果：

```
启动threadbody线程.....
threadbody: 1   0
线程自己正在运行，我已结束了
threadbody:
>>>  2   0
threadbody: 1   1
threadbody: 2   1
threadbody: 1   2
threadbody: 2   2
threadbody: 1   3
threadbody: 2   3
```

```
threadbody: 1    4
threadbody: 2    4
```

Thread()构造函数的格式如下：

```
Thread(group=None, target=None, name=None, args=(), kwargs={}, *, daemon
=None)
```

其中，group取值为None；target的取值为线程处理函数（又称线程体）名称，注意，只能写函数名称，不能带括号（），例中为threadbody，是线程启动后将执行的函数；name为线程名称，可省略；args为元组方式传递给线程处理函数的参数，例中传递了线程号1、2等，注意，元组只有一个值的写法，后面的逗号“，”不能少；kwargs则是以关键字参数方式传递参数；daemon为线程守护模式，默认值时将继承当前线程模式。

上例中，两个线程在独立的空间中运行，互不干扰，独自完成threadbody中指定的任务，直至处理任务结束。

【例9-2】编写一个TCP服务器端应用程序，能响应简单的GET、PUT和QUIT命令。

```
import socket                       #导入socket模块
import threading                    #导入threading线程模块
import time

buf_size=2048                       #接收缓冲区大小
ip='127.0.0.1'                      #服务器所在Ip
host=8058                           #服务器端口号

#服务应用处理，负责执行具体的处理逻辑，此处仅返回"220 ok"处理结果
def requesthandle(sock,command,param):
    if command=="GET":              #处理GET命令
       print(command)
       sock.send('220 OK.\r\n\r\n'.encode('utf-8'))
    elif command=="PUT":            #处理PUT命令
       print(command)
       sock.send('220 OK.\r\n\r\n'.encode('utf-8'))
    elif command=="QUIT":           #处理QUIT命令
       print(command)
    else:
        print("非法命令！")
#解释请求命令，并把解释出来的命令交给requesthandle处理
def parserequest(sock,request,addr):
    if request:
       try:
         command, param=request.split(b' ', 1)  #命令及操作对象以空格分隔
         command=command.decode('utf-8')         #按utf-8格式来解释收到的字符串
         param=param.decode('utf-8')
         requesthandle(sock,command,param)
```

```
            return command
        except ValueError:
            print('命令格式错误! ')
    return ''

#连接请求线程处理函数，负责对连接的响应处理
def accepthandle(sock, addr):
    print('接收一个来自{0}:{1}连接请求'.format(addr[0],addr[1]))
    response=bytes('200 Welcome!{0}'.format(addr[0]),encoding='utf-8')
    sock.send(response)                 #发给客户端"Welcome!"信息
    while True:
        data=sock.recv(buf_size)        #接收客户端发来的命令
        time.sleep(1)                   #延时1s
        if data:
            if(parserequest(sock,data,addr)=='QUIT'):
                break
    sock.close()                        #关闭连接
    print('来自 %s:%s 连接关闭了.' % addr)
#创建流式socket对象
s=socket.socket(socket.AF_INET, socket.SOCK_STREAM)
s.bind((ip, host))                      #绑定到本地Ip和端口号
s.listen(5)                             #开始连接请求侦听，连接的最大数量为5
print('等待客户端连接...')
while True:                             #在循环中不断接收客户端的请求
    sock, addr=s.accept()               #接收一个新连接
    #把连接请求交给一个独立的线程函数accepthandle来处理
    t=threading.Thread(target=accepthandle, args=(sock, addr))
    t.start()                           #启动线程
```

以上代码由3个自定义函数组成：accepthandle()、parserequest()和requesthandle()。其中，accepthandle()是线程处理函数，在socket收到新的连接时利用threading.Thread创建新的线程，并把accepthandle()函数作为线程处理函数传递给新创建的线程，以便在新线程启动之后执行。在创建新的线程时，同时把accept ()函数返回的与客户端通信的套接字及地址作为参数传递给accepthandle()函数。accepthandle()函数启动之后先把客户端地址打印出来，接着通过socket的send方法发送一条200 welcome的应答信息，随后进入通信循环，不断接收客户端发送过来的命令，并把命令交给parserequest()函数解释处理，直至收到QUIT命令为止。当通信结束后调用socket的close方法关闭与客户端之间的连接。parserequest()函数的功能比较简单，通过split()函数把客户端发送来的命令及其操作对象拆解出来，命令的格式是“命令 操作对象”，以空格为分隔符。把命令拆解出来后即交给真正的业务逻辑处理函数requesthandle()对相应的命令进行处理。requesthandle()会根据定义好的规范对每个命令进行处理，程序中只是简单地把处理的命令打印出来，并向客户端发送220 ok的处理结果，真正的服务器端应用程序，如Web服务器、FTP服务器或邮件服务器等，其区别就在于此requesthandle()处理逻辑不同。

程序中除了定义3个针对业务进行处理的函数外，还创建TCP连接并启动连接请求侦听，当有连接请求到来时创建新的线程来处理该请求。其中s = socket.socket(socket.AF_INET, socket.SOCK_STREAM)创建一个流式连接，即TCP连接，连接创建完后调用bind()绑定到本地的地址和服务端口上，注意其地址和端口是以元组形式给出。绑定成功后调用listen()启动连接请求侦听，并通过一个循环不断调用accept()接收客户端的连接请求。一旦连接请求到达，即创建一个新的线程负责对该请求进行处理。

如果收到客户端的连接，则此程序运行结果如下：

```
等待客户端连接...
接收一个来自127.0.0.1:49192连接请求
GET
PUT
QUIT
来自 127.0.0.1:49192 连接关闭了.
接收一个来自127.0.0.1:49201连接请求
GET
PUT
QUIT
来自 127.0.0.1:49201 连接关闭了.
```

9.2.2 TCP客户端编程

TCP客户端相对服务器端来讲较为简单，在创建套接字之后通过connect()方法连接到指定的服务器，一旦连接成功，便可利用send()向服务器发送指定的命令或利用recv()接收服务器返回的信息，但其命令规范需符合服务器端的要求。

【例9-3】编写一个客户端程序，实现与例9-2服务器端的通信。

```
import socket                                           #导入socket模块
server_ip='127.0.0.1'
server_port=8058
buf_size=2048
s=socket.socket(socket.AF_INET, socket.SOCK_STREAM)
s.connect((server_ip, server_port))                     #连接到指定的服务器
# 打印接收到欢迎消息
print(s.recv(buf_size).decode('utf-8'))
request=[b'GET index.html',b'PUT image.jpg']
for data in request:
    s.send(data)                                        #把要处理的命令发给服务器端
    print(s.recv(buf_size).decode('utf-8'))             #打印服务器端处理结果
s.send(b'QUIT Good By!!')                               #退出客户端
s.close()                                               #关闭socket
```

在客户端代码中，通过s = socket.socket(socket.AF_INET, socket.SOCK_STREAM)创建流式TCP连接，并通过connect((server_ip, server_port))连接到指定的服务器。注意，此处的服务器IP和端口

号须与例9-2中服务器侦听的IP和端口号保持一致，否则找不到服务器。一旦连接成功，根据例9-2的代码，服务器端会反馈一个200 welcome的应答信息，因此，客户端通过recv()方法接收该信息。接收时可指定最多接收多少字节的数据。随后，通过一个循环，利用socket的send()方法把要处理的命令发送给服务器，并通过recv()接收服务器返回的对该命令的处理结果。最后向服务器端发送QUIT命令并关闭创建的套接字，程序运行结果如下：

```
200 Welcome!127.0.0.1
220 OK.

220 OK.
```

【例9-4】编写一个TCP客户端程序访问百度主页（www.baidu.com），并把主页内容保存到index.html文件中。

分析：Web服务器实质上是一个TCP服务器，其主要功能是根据HTTP协议规范把请求的文件发送给客户端。根据HTTP协议规范，客户端在连接上服务器后，可向其发送GET命令获取指定的文件，GET命令的格式如下：

```
GET /文件url 协议版本 其他选项
```

如GET / HTTP/1.1表示使用HTTP 1.1规范从服务器获取默认主页，也可指定要获取的具体文件，如GET /sample.html，则获取sample.html文件。

另外，服务器端返回给客户端的数据通常有两部分组成：一部分是响应头，另一部分是获取到的文件内容，两者之间用\r\n\r\n分隔。要想取到文件的真正内容，必须把响应头去掉。

```
import socket                             #导入socket模块
url='www.baidu.com'                       #百度网址
s=socket.socket(socket.AF_INET, socket.SOCK_STREAM)      #创建一个socket
s.connect((url, 80))                      #连接到baidu网站，端口号是80
#发送GET请求命令，取默认主页
request='GET/HTTP/1.1\r\nHost: '+url+'\r\nConnection: close\r\n\r\n'
s.send(request.encode('utf-8'))
# 接收数据
buffer=[]
buf_size=2048
while True:
    dat=s.recv(buf_size)                  #每次最多接收服务器端buf_size数据
    if dat:                               #是否为空数据
        buffer.append(dat)                #字节串增加到列表中
    else:
        break                             #返回空数据，表示接收完毕，退出循环
data=b''.join(buffer)
header, html=data.split(b'\r\n\r\n', 1)       #把响应头与文件内容分析出来
print(header.decode('utf-8'))                  #把响应头显示出来
# 把接收到的文件内容写入index.html文件：
with open('index.html', 'wb') as f:
    f.write(html)
```

该程序可抓取大部份Web网站的页面，相对专业的网络爬虫来说，该程序的功能过于简单，无法深入网站的其他链接，但却能理解网络爬虫的基本原理及实现技术。

9.3 UDP 编程

视频：UDP编程

相对TCP，UDP协议在数据传输前无须建立连接，socket创建后便可直接发送数据，只需知道对方的IP地址和端口号即可。但UDP是不可靠的协议，无法确保数据能正确到达对方。其优点是速度快，对于不要求可靠到达的数据，可以使用UDP协议。与TCP类似，UDP在通信时也分客户端和服务器端。

9.3.1 UDP 服务器端编程

【例9-5】编写一个UDP服务器端应用程序，能响应简单的GET、PUT和QUIT命令。

```
import socket                         # 导入socket模块
import threading                      # 导入threading线程模块
import time

buf_size=2048
ip='127.0.0.1'
host=8058

def requesthandle(sock,command,param,addr):
    if command=="GET":
       print(command)
       sock.sendto('220 OK.\r\n\r\n'.encode('utf-8'),addr)
    elif command=="PUT":
       print(command)
       sock.sendto('220 OK.\r\n\r\n'.encode('utf-8'),addr)
    elif command=="QUIT":
       print(command)
    else:
        print("非法命令! ")
def parserequest(sock,request,addr):
    if request:
       try:
          command, param = request.split(b' ', 1)
          command=command.decode('utf-8')
          param=param.decode('utf-8')
          requesthandle(sock,command,param,addr)
          return command
       except ValueError:
          print('命令格式错误! ')
```

```
    return ''
def accepthandle(sock,data, addr):
    print('接收到来自{0}:{1}数据'.format(addr[0],addr[1]))
    response=bytes('200 Welcome!{0}'.format(addr[0]),encoding='utf-8')
    sock.sendto(response,addr)                #发给客户端"Welcome!"信息
    if(parserequest(sock,data,addr)=='QUIT'):
        print('客户端 %s:%s 已退出.' % addr)

s=socket.socket(socket.AF_INET, socket.SOCK_DGRAM)
s.bind((ip, host))
print('等待客户端数据...')
while True:
    try:
        data, addr=s.recvfrom(buf_size)       #接收数据，同时返回客户端地址
        #创建新线程来处理数据
        t=threading.Thread(target=accepthandle, args=(s,data, addr))
        t.start()
    except ConnectionResetError:
         pass
    except OSError:
         pass
s.close()
```

尽管底层支持协议不同，但应用服务的核心处理逻辑是可以相同的，即同一个问题可以采用不同的协议来实现。当然，不同的协议有其各自优缺点。利用UDP创建服务器时，其流程与TCP类似。创建socket时，SOCK_DGRAM指定了这个socket的类型是UDP。bind()方法与TCP一样，但无须再调用listen()方法，而是直接调用recvfrom()接收来自任何客户端的数据。recvfrom()方法返回接收到的数据以及客户端的地址和端口，服务器可以通过该地址和端口调用sendto()把数据发给客户端。在接收到客户端的数据时，服务器端通常也启动新的线程来处理客户端的数据，以提高服务端的吞吐量。

在用UDP的sendto()方法发送数据时要注意，因为通信双方没有连接存在，因而必须明确指定对方的IP地址和端口号，sendto()才能把数据发给对方。

如果收到客户端的数据，则此程序运行结果如下：

```
等待客户端数据...
接收到来自127.0.0.1:60099数据
GET
接收到来自127.0.0.1:60099数据
PUT
接收到来自127.0.0.1:60099数据
QUIT
客户端 127.0.0.1:60099 已退出
```

9.3.2 UDP 客户端编程

UPD客户端与TCP客户端相似，但在创建socket时采用socket.SOCK_DGRAM参数，同时无须再调用connect()方法，直接调用sendto或recvfrom方法即可。

【例9-6】编写一个客户端程序，实现与例9-5服务器端的通信

```
import socket               # 导入socket模块
server_ip='127.0.0.1'
server_port=8058
buf_size=2048
s = socket.socket(socket.AF_INET, socket.SOCK_DGRAM)
request=[b'GET index.html',b'PUT image.jpg']
for data in request:
    s.sendto(data,(server_ip, server_port))          #把要处理的命令发给服务器端
    dt,addr=s.recvfrom(buf_size)                         #接收数据
    print(dt.decode('utf-8'))
s.sendto(b'QUIT Good By!!',(server_ip, server_port))     #退出客户端
s.close()                                                #关闭socket
```

其运行结果与TCP客户端相同。

9.4 socketserver 框架

从上面的内容可以看出，针对服务器端应用开发，不管开发的是什么类型的应用服务器，如Web服务器、FTP服务器或根据自身应用需要开发的服务器等，在使用socket的流程上基本上是相同的，如都要创建socket对象、绑定本地地址、启动侦听等，区别只在于提供服务的线程服务函数的实现逻辑不同，而这些逻辑与具体的应用相关。为了简化服务器端应用开发，Python提供了socketserver框架类。该框架封装了创建socket对象、绑定本地地址、启动侦听等共同的流程操作，同时允许自定义线程服务函数，既简单又灵活。

9.4.1 TCPServer

socketserver主要包括TCPServer和UDPServer，分别对应TCP和UDP服务器端应用开发。socketserver使用时要求应用程序自定义服务线程处理函数，但不是以普通函数形式，而是以面向对象类的形式提供，称为服务处理类。所有服务处理类均可派生于BaseRequestHandler或更高级别的StreamRequestHandler等，同时必须实现handle(self)方法，该方法即为服务线程处理函数，在有新的连接请求或数据到来时，socketserver框架会调用该服务处理类的handle()方法，由该方法负责对请求作进一步的处理。在BaseRequestHandler中有一个非常重要的属性request，该属性即是我们在socket编程中常用的socket对象，利用该属性可以向客户端发送数据或接收客户端的数据。另外，还有一属性client_address，保存了客户端地址元组。

【例9-7】利用socketserver类实现例9-2的TCP服务器端。

```
import socketserver                                  # 导入socketserver模块


buf_size=2048
```

```
ip='127.0.0.1'
host=8058
#自定义服务处理类，派生于socketserver.BaseRequestHandler
class ServerHandler(socketserver.BaseRequestHandler):
    #利用该类的request对象属性发送和接收数据
    def requesthandle(self,command,param):
        if command=="GET":
            print(command)
            self.request.send('220 OK.\r\n\r\n'.encode('utf-8'))
        elif command=="PUT":
            print(command)
            self.request.send('220 OK.\r\n\r\n'.encode('utf-8'))
        elif command=="QUIT":
            print(command)
        else:
            print("非法命令！")
    def parserequest(self,request):
        if request:
            try:
                command, param=request.split(b' ', 1)
                command=command.decode('utf-8')
                param=param.decode('utf-8')
                self.requesthandle(command,param)
                return command
            except ValueError:
                print('命令格式错误！')
        return ''

    def handle(self):           #重载handle方法，该方法在新连接到达时自动调用
        print('接收一个来自{0}:{1}连接请求'
          .format(self.client_address[0],
          self.client_address[1]))
        response=bytes('200 Welcome!{0}'
          .format(self.client_address[0]),
          encoding='utf-8')
        self.request.send(response)    #利用request发送和接收数据
        while True:
            data=self.request.recv(buf_size)
            if data:
                if(self.parserequest(data)=='QUIT'):
                    break
        print('来自 {0}:{1} 连接关闭了.'
          .format(self.client_address[0],
```

```
        self.client_address[1]))

if __name__=="__main__":
    #创建TCPServer对象并启动服务器，创建时指定服务器地址、端口及服务处理类
    server= socketserver.TCPServer((ip,host),ServerHandler)
    server.serve_forever()                    #启动服务器
```

程序运行结果与例9-2相同。

9.4.2 UDPServer

与TCPServer类相似，UDPServer也要实现服务处理类并重载其handle(self)方法。同时要注意，TCPServer中的request属性封装了底层的socket对象，而UDPServer中的request属性是一个二元组，第一个元素是收到的数据，第二个元素是底层通信的socket对象，因而可以利用request属性的第二个元素向客户端发送数据。

【例9-8】利用socketserver类实现例9-5的UDP服务器端。

```
import socketserver                        # 导入socketserver模块

ip='127.0.0.1'
host=8058
class ServerHandler(socketserver.BaseRequestHandler):
  def requesthandle(self,sock,command,param,addr):
    if command=="GET":
       print(command)
       sock.sendto('220 OK.\r\n\r\n'.encode('utf-8'),addr)
    elif command=="PUT":
       print(command)
       sock.sendto('220 OK.\r\n\r\n'.encode('utf-8'),addr)
    elif command=="QUIT":
       print(command)
    else:
        print("非法命令！")
  def parserequest(self,sock,request,addr):
    if request:
       try:
          command, param=request.split(b' ', 1)
          command=command.decode('utf-8')
          param=param.decode('utf-8')
          self.requesthandle(sock,command,param,addr)
          return command
       except ValueError:
          print('命令格式错误！')
    return ''
  def handle(self):     #重载handle方法，有数据到来时被调用
```

```
        print('接收到来自{0}:{1}数据'
            .format(self.client_address[0],
            self.client_address[1]))
        response=bytes('200 Welcome!{0}'
            .format(self.client_address[0]),
            encoding='utf-8')
        data,sock=self.request     #拆解request元组(收到的数据,底层通信的socket)
        sock.sendto(response,self.client_address)  #发给客户端“Welcome!”信息
        if(self.parserequest(sock,data,self.client_address)=='QUIT'):
            print('客户端 {0}:{1} 已退出.'
              .format(self.client_address[0],
              self.client_address[1]))
#创建UDPServer对象并启动，创建时指定服务器地址、端口及服务处理类
if __name__=="__main__":
    server= socketserver.UDPServer((ip,host),ServerHandler)
    server.serve_forever()  #启动服务器
```

程序运行结果与例9-5相同。

9.5 其他应用协议库

为了简化网络应用开发，Python除提供底层的socket模块外，还针对特定协议及应用提供了大量的模块，例如针对FTP应用的ftplib、针对邮件应用的poplib及smtplib、针对Telnet服务的telnetlib、针对HTTP协议的http.client及urllib等。这些模块的应用，能大幅度提高Python网络应用的开发效率。相同的任务，别的编程语言可能要用几十行甚至上百行的代码，而Python可能只需几行代码便可实现。

9.5.1 ftplib

ftplib是强大的ftp客户端功能库，封装了ftp对象，可连接、登录、执行指定ftp命令，是实现ftp协议客户端程序的简易方法。但要注意，该库只是实现了ftp客户端功能，并没有实现ftp服务器端功能，只适合于客户端应用。ftp对象的主要方法如表9-3所示。

表 9-3 FTP 主要方法

方 法	描 述
FTP(host='', user='', passwd='', acct='', timeout=None, source_address=None)	FTP 构造函数，host：FTP 服务器地址，user: 登录用户名，passwd：密码
connect(host='', port=0, timeout=None, source_address=None)	连接到 ftp 服务器，host：ftp 服务器地址，如果构造函数指定了 host 值，此处可省略，port: 服务器端口
login(user='anonymous', passwd='', acct='')	登录，如果 ftp 构造函数指定的使用用户名和密码，login 可省略 user、passwd，否则使用匿名登录
sendcmd(cmd)	向 ftp 服务器发送 ftp 命令，具体的命令及功能需参考 FTP 协议规范

续表

方　法	描　述
retrbinary(cmd, callback, blocksize=8192, rest=None)	以二进制方式下载文件，cmd通过“RETR 文件名”的方式指定要下载的文件
retrlines(cmd, callback=None)	以文本方式下载文件，cmd通过“RETR 文件名”的方式指定要下载的文件
storbinary(cmd, fp, blocksize=8192, callback=None, rest=None)	以二进制方式上传文件，cmd通过“STOR 文件名”的方式指定要上传的文件，fp为本地已打开的文件对象
storlines(cmd, fp, callback=None)	以文本方式上传文件，cmd通过“STOR 文件名”的方式指定要上传的文件，fp为本地已打开的文件对象
dir(argument[, ...])	显示指定目录的信息
rename(fromname, toname)	重命名ftp服务器上的文件名称
delete(filename)	删除ftp服务器上的文件
mkd(pathname)	创建ftp目录，注意所创建的目录不能已存在，同时其上级目录必须先存在，否则都会引发异常
size(filename)	获取ftp文件大小
quit()	退出并关闭ftp连接
close()	直接关闭ftp连接

【例9-9】编写ftp客户端应用程序，可上传或下载ftp服务器文件。

分析：文件的上传和下载是ftp协议的主要功能，不管是上传还是下载，都涉及两方面的操作：一是对ftp远程文件；二是对本地文件。ftp远程文件上传时要注意文件路径，必须确保远程文件所在的路径已经存在，否则无法上传。文件下载时也相似，必须确保本地路径存在，否则无法保存到本地。根据ftp协议规范，必须先登录到ftp服务器，才能做其他操作。登录时可指定登录用户名和密码，也可采用匿名登录，不同的用户信息会对应不同的操作权限。

```
from ftplib import FTP
import os
ip='192.168.2.111'        #ftp服务器地址,需在该服务器开通ftp服务功能
port=21                   #ftp服务器端口
uid=''                    #登录用户名
pwd=''                    #登录密码
#连接到指定的ftp服务器，并返回已连接的ftp对象
def connect(ip,port,uid,pwd):
  ftp=ftp(user=uid,passwd=pwd)          #创建ftp对象
  ftp.connect(host=ip,port=port)        #连接
  ftp.login()                           #登录
  return ftp                            #返回所创建的ftp对象
#逐级创建ftp目录，上传文件时如果指定的目录不存在会引发异常，要先创建
def mkrdir(ftp,rfile):
```

```
    s_dir=os.path.dirname(rfile).split('/') #根据指定的目录创建
    rdir='/'
    for ss in s_dir:
       if ss!='':
          rdir+=ss+'/'
          try:
             ftp.mkd(rdir)              #创建FTP服务器上的目录，可能会引发异常
          except:                       #捕获所有异常
             pass                       #忽略所有异常
#下载ftp服务器上的文件
def downloadfile(rfile,lfile):
  bufsize=20480
  ftp=connect(ip,port,uid,pwd)          #连接服务器
  s_dir=os.path.dirname(lfile)
  if not os.path.exists(s_dir):
    os.makedirs(s_dir)                  #创建本地目录
  with open(lfile,'wb') as fp:
    ftp.retrbinary('RETR '+rfile,fp.write,bufsize)          #下载文件
  ftp.quit()                            #关闭ftp连接
#上传本地文件到ftp服务器
def uploadfile(rfile,lfile):
  bufsize=20480
  ftp=connect(ip,port,uid,pwd)          #连接服务器
  mkrdir(ftp,rfile)                     #创建ftp目录
  with open(lfile,'rb') as fp:
    ftp.storbinary('STOR '+rfile,fp,bufsize)                #上传文件
  ftp.quit()                            #关闭ftp连接
if __name__=="__main__":
  downloadfile('/9-5.py','c:\\Chapter 9\\dlf.py')           #下载文件
  uploadfile('/abc/b/de/9-6.py','c:\\Chapter 9\\9-6.py')  #上传文件
```

例子中定义了4个函数，分别是connect()、mkrdir()、downloadfile()和uploadfile()。其中connect()函数负责创建FTP对象、连接并登录到ftp服务器，成功之后返回所创建的ftp对象供后面的操作使用。mkrdir()用于创建ftp远程文件夹。由于ftp对象自身的mkd要求待创建的文件夹其上级文件夹必须已存在，因此该函数根据上传文件时指定的远程文件夹从上至下逐级创建。注意远程文件夹的分隔符是‘/’，而不是‘\\’。downloadfile在下载文件前先判断本地文件路径是否已存在，如果不存在，则调用mkedirs()逐级创建。然后利用open()函数打开本地文件，返回文件对象，并把该对象的wirte()方法传递给retrbinary()的callback参数，在接收到指定大小的数据时ftp对象会调用该callback指定的方法，从而把接收到的数据保存到本地文件中。uploadfile先利用mkrdir()逐级创建ftp远程文件夹，然后利用open()打开本地文件，返回文件对象，并利用storbinary上传本地文件到ftp服务器。注意storbinary()方法第2个参数传递的是文件对象的名称，而不像retrbinary()方法那样传递对象的write()方法。该程序把远程文件/9-5.py下载到c:\Chapter

9\\dlf.py，也把本地的c:\\Chapter 9\\9-6.py上传到ftp的/abc/b/de/9-6.py。当然，在下载时要确保远程文件存在，上传时要确保本地文件存在。

9.5.2 webbrowser

webbrowser库提供了Python应用程序控制浏览器打开指定页面的简易方法，有三个常用方法：open()、open_new()、open_new_tab()。open()尽可能在同一窗口打开新的页面，open_new()在新窗口打开新的页面、open_new_tab()在新标签中打开新的页面。三个方法均直接指定打开页面的url即可，例如以下代码将在浏览器中打开baidu主页。

```
import webbrowser as wb
wb.open('www.baidu.com')
```

程序运行结果如图9-3所示。

图9-3 webbrowser打开网站页面

习题

1. 简述TCP/IP协议的主要内容。
2. TCP协议和UDP协议的各有何优缺点。
3. Socket网络应用开发流程是怎样的？
4. 简单描述开发TCP服务器端程序的流程。
5. 简单描述开发TCP客户端程序的流程。
6. 简单描述开发UDP服务器端程序的流程。
7. 简单描述开发UDP客户端程序的流程。
8. 编写简单的Web服务器程序，实现GET文件下载功能。
9. 利用socketserver框架开发一个简单的命令行点到点聊天程序，可发送和接收简单的字符信息。
10. 编写一个FTP客户端程序，可实现上传文件、下载文件、创建文件夹、删除文件夹、删除文件操作。

第10章 Python网络爬虫

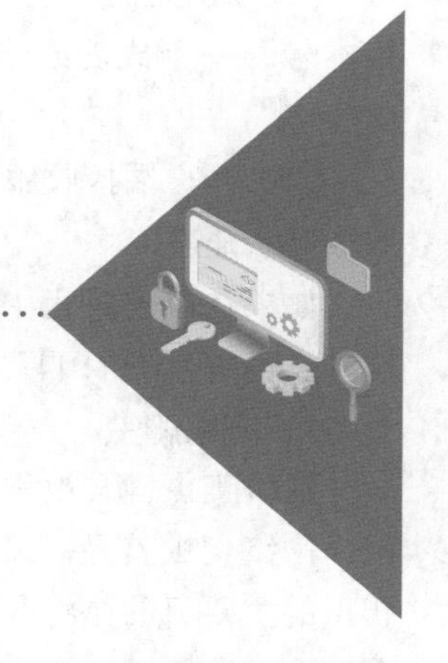

随着互联网的迅速发展，万维网（WWW）成为大量信息的载体，如何有效地提取并利用这些信息成为一个巨大的挑战。网络爬虫是一种按照一定的规则，自动地抓取万维网信息的程序或脚本。网络爬虫已成为高效地获取网络信息资源的重要手段。Python语言提供了丰富的函数库来支持网络爬虫的实现。本章重点介绍网页爬取的标准库urllib、第三方库requests，以及处理分析网页内容的第三方库BeautifulSoup4。

10.1 相关HTTP协议知识

HTTP协议（HyperText Transfer Protocol，超文本传输协议）是用于从WWW服务器传输超文本到本地浏览器的协议。在网络传输中，HTTP协议非常重要，该协议规定了客户端和服务器端请求和应答的标准。它不仅保证计算机正确快速地传输超文本文档，还确定传输文档中的哪一部分，以及哪部分内容首先显示（如文本先于图形）等。

1. HTTP的请求响应模型

HTTP通信过程如图10-1所示，HTTP协议永远都是客户端发起请求，服务器回送响应。这样就限制了使用HTTP协议，无法实现在客户端没有发起请求的时候，服务器将消息推送给客户端。

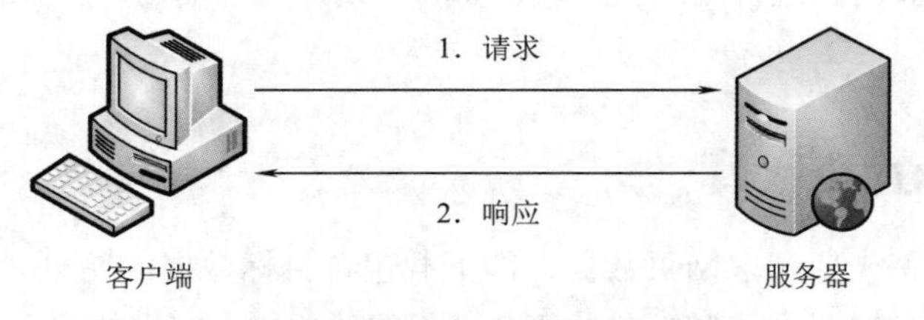

图10-1 HTTP请求响应模型

2. 工作流程

一次HTTP操作称为一个事务，其工作过程可分为4步：

（1）客户机与服务器需要建立连接。只要单击某个超链接，HTTP的工作就开始。

（2）建立连接后，客户机发送一个请求给服务器，请求方式的格式为：统一资源定位符（URL）、协议版本号，后面是MIME信息（包括请求修饰符、客户机信息和可能的内容）。

（3）服务器接到请求后，给予相应的响应信息，其格式为一个状态行（包括信息的协议版本号、一个成功或错误的代码），后面是MIME信息（包括服务器信息、实体信息和可能的内容）。

（4）客户端接收服务器所返回的信息，通过浏览器显示在用户的显示屏上，然后客户机与服务器断开连接。

如果在以上过程中的某一步出现错误，产生错误的信息将返回到客户端。对于用户来说，这些过程是由HTTP自己完成的，用户只要用鼠标点击，等待信息显示即可。

3. 网络爬虫

网络爬虫，又被称为网页蜘蛛、网络机器人、网页追逐者。如果把互联网比喻成一个蜘蛛网，网络爬虫就是一只在网上爬来爬去的蜘蛛，它是搜索引擎抓取系统的重要组成部分。网络爬虫的主要目的是将互联网的网页下载到本地形成一个互联网内容的镜像备份。网络爬虫是根据网页的地址（Uniform Resource Locator，URL）来寻找网页的。URL的一般格式如下（带方括号[]的为可选项）：

```
protocol :// hostname[:port] / path / [;parameters][?query]
```

URL的主要组成部分：

（1）protocol（协议）：指定使用的传输协议。最常用的是 HTTP协议，它也是目前WWW中应用最广的协议。对安全性要求较高时，常采用HTTPS协议。

（2）hostname（主机名）：指定存放资源的服务器的域名或 IP 地址。

（3）port（端口）：可选，省略时使用方案的默认端口，各种传输协议都有默认的端口号，如HTTP的默认端口为80。

（4）path（路径）：一般用来指定主机上的具体地址，如目录和文件名等。

（5）parameters（参数）：可选，用于指定特殊参数的可选项。

（6）query（查询）：可选，用于给动态网页传递参数，可有多个参数，用“&”符号隔开，每个参数的名和值用“=”符号隔开。

网络爬虫根据URL来获取网页信息。网络爬虫应用一般分为两个步骤：通过网络连接获取网页内容；对获得的网页内容进行处理。这两个步骤分别使用不同的库：urllib（或者requests）和BeautifulSoup4。

10.2 urllib 库

实现网络爬虫，首先要爬取网页数据，即下载包含目标数据的网页。爬取网页需要通过爬虫向服务器发送一个HTTP请求，然后接收服务器返回的响应内容中的整个网页源代码。

利用Python完成这个过程，既可以使用内置的urllib库，也可以使用第三方库requests。使用这两个库，在爬取网页数据时，只需要关心请求的URL格式、要传递什么参数、要设置什么样的请求头，而不需要关心它们的底层是怎样实现的。下面，我们重点介绍urllib库。

10.2.1 urllib 库简介

urllib库是Python内置的HTTP请求库，它可以看作处理URL的组件集合。urllib库包含四大模块：

（1）urllib.request模块：请求模块，用来打开和读取URL。

（2）urllib.error模块：异常处理模块，包含一些由urllib.request产生的异常，可以使用try进行捕捉处理。

（3）urllib.parse模块：URL解析模块，包含一些解析URL的方法。

（4）urllib.robotparser模块：robots.txt解析模块，用来解析robots.txt文本文件。它提供了一个单独的RobotFileParser类，通过该类提供的can_fetch()方法测试爬虫是否可以下载一个页面。

10.2.2 urllib 库的基本使用

下面将结合具体的实例来说明urllib库的使用方法。

1. 获取网页信息

使用urllib.request.urlopen()函数可以很轻松地打开一个网站，读取网页信息。urlopen()函数的语法如下：

```
urllib.urlopen(url[, data=None[, proxies]])
```

urlopen()返回一个HTTPResponse对象，然后可以像本地文件一样操作这个对象来获取远程数据。其中，参数url表示目标资源在网站中的位置，可以是一个表示URL地址的字符串，也可以是一个Request对象；参数data用来指明向服务器发送的额外信息（默认为None，此时以get方式提交数据，当用户设置data参数时，需要将数据提交方式改为post)；参数proxies用于设置代理。urlopen()函数还有一些可选参数，具体信息可以查阅Python帮助文档。

urlopen返回的HTTPResponse对象提供了如下方法：

（1）read()、readline()、readlines()、fileno()、close()：这些方法的使用方式与文件对象完全一样。

（2）info()：返回一个httplib.HTTPMessage对象，表示远程服务器返回的头信息。

（3）getcode()：返回HTTP状态码。如果是HTTP请求，200表示请求成功完成；404表示网址未找到。

（4）geturl()：返回请求的url。

下面，通过一些简单的例子，进一步了解urllib库的基本使用。

【例10-1】查看urlopen()函数返回值类型。

```
#ex10_1urllib.py
import urllib.request
response=urllib.request.urlopen("https://www.baidu.com/")
print(type(response))
```

程序运行结果：

```
<class 'http.client.HTTPResponse'>
```

上例通过代码爬取百度首页的信息，从输出结果可以看出，urlopen()函数的返回值类型是http.client模块的HTTPResponse类。

【例10-2】使用HTTPResponse对象读取被请求的网页内容。

```
#ex10_2urllib.py
import urllib.request
response=urllib.request.urlopen("https://www.baidu.com/")
html=response.read().decode('UTF_8')          #读取网页内容并解码
print(html)
```

程序运行结果：

```
<html>
<head>
   <script>
         location.replace(location.href.replace("https://","http://"));
   </script>
</head>
<body>
   <noscript><meta http-equiv="refresh" content="0;
url=http://www.baidu.com/">
</noscript>
</body>
</html>
```

从运行结果可见，可以通过调用HTTPResponse对象的read()读取网页内容，再通过print()将读到的信息打印出来。read()获取被请求页面内容的二进制形式，可用decode()方法将网页的信息进行解码。

【例10-3】使用HTTPResponse对象获取URL、状态码、响应的头信息。

```
#ex10_3urllib.py
import urllib.request
response=urllib.request.urlopen("https://www.baidu.com/")
print(response.geturl())          #获取响应信息对应的URL
print(response.getcode())         #获取响应状态码
print(response.info())            #获取响应的头信息
```

程序运行结果：

```
https://www.baidu.com/
200
Accept-Ranges: bytes
Cache-Control: no-cache
Content-Length: 227
Content-Type: text/html
Date: Sun, 18 Aug 2019 06:24:37 GMT
Etag: "5d54da0d-e3"
Last-Modified: Thu, 15 Aug 2019 04:05:33 GMT
P3p: CP=" OTI DSP COR IVA OUR IND COM "
```

```
Pragma: no-cache
Server: BWS/1.1
Set-Cookie: BD_NOT_HTTPS=1; path=/; Max-Age=300
Set-Cookie: BIDUPSID=F2A1AAB07BFC593115F4FCB8DAA9E21F; expires=Thu, 31-Dec-37 23:55:55 GMT; max-age=2147483647; path=/; domain=.baidu.com
Set-Cookie: PSTM=1566109477; expires=Thu, 31-Dec-37 23:55:55 GMT; max-age=2147483647; path=/; domain=.baidu.com
Strict-Transport-Security: max-age=0
X-Ua-Compatible: IE=Edge,chrome=1
Connection: close
```

HTTP状态码为200，即服务器已成功处理了请求，表示服务器提供了请求的网页。响应的头信息与在浏览器中打开百度首页（https://www.baidu.com/）之后，按【F12】键，在“网络”选项卡中看到的响应标头信息一致。

2. 构造 Request 对象

urlopen()函数中url参数不仅可以是一个表示URL地址的字符串，也可以是一个Request对象。当使用urlopen()函数发送一个请求时，如果希望执行更为复杂的操作（如增加HTTP报头），则必须创建一个Request对象来作为urlopen()函数的参数。下面同样以访问百度首页为例，演示如何使用Request对象作为urlopen()函数的参数。

【例10-4】构造Request对象作为urlopen()函数的参数。

```
#ex10_4urllib.py
import urllib.request
request=urllib.request.Request("https://www.baidu.com/")
response=urllib.request.urlopen(request)
html=response.read().decode('UTF_8')        #读取网页内容并解码
print(html)
```

当使用urlopen()函数发送HTTP请求时，如果不能正常返回响应内容，就会产生异常或错误。下面将介绍两类常见异常的捕获与处理。

3. 异常和捕获

当使用urlopen()函数发送HTTP请求时，比较常见的一类异常是URLError异常，它产生的原因主要有以下几种：

（1）没有连接网络。

（2）服务器连接失败。

（3）找不到指定的服务器。

可以使用try...except语句捕获相应的异常。例如：

【例10-5】捕获URLError异常。

```
#ex10_5urllib.py
import urllib.request
import urllib.error
request=urllib.request.Request("https://www.baidux.com/")
```

```
try:
    urllib.request.urlopen(request)
except urllib.error.URLError as err:
    print(err)
```

程序运行结果：

```
<urlopen error [WinError 10060] 由于连接方在一段时间后没有正确答复或连接的主机没有反应，连接尝试失败。>
```

上例中，我们故意将百度的网址输错，这样就无法连接服务器，发生[WinError 10060]异常。

如果能够连接服务器，但服务器无法处理请求内容，urlopen()函数会抛出HTTPError异常，HTTPError是URLError的一个子类，它的对象拥有一个整型的code属性，表示服务器返回的错误代码。例如：

【例10-6】捕获HTTPError异常。

```
#ex10_6urllib.py
import urllib.request
import urllib.error
request=urllib.request.Request("https://www.sina.com.cn/net")
try:
    urllib.request.urlopen(request)
except urllib.error.HTTPError as e:
    print(e.code)
```

程序运行结果：

```
404
```

上述输出结果为404的错误码，表示无法找到网页。即虽然可以连接“新浪”的服务器，但找不到目录net下的网页。服务器的响应码在100 ~ 200范围表示成功，在400 ~ 599表示错误代码。

如果在urllib.request产生异常时，用HTTPError和URLError一起捕获异常，那么需要将HTTPError放在URLError的前面，因为HTTPError是URLError的一个子类。如果URLError放在前面，出现HTTP异常会先响应URLError，这样HTTPError就捕获不到错误信息了。

至此，已经学会了使用简单的语句对网页进行抓取。有些时候在抓取网页之前，需要先向服务器发送数据，例如：通过百度搜索引擎抓取数据，要提供搜索的关键字。下面学习如何向服务器发送数据。

4. 向服务器发送数据

在爬取网页时，可以通过HTTP请求传递数据给服务器，传递数据的方式主要分为GET和POST两种。两者的区别如下：

（1）GET方式可以通过URL提交数据，待提交数据是URL的一部分；采用POST方式，待提交数据放置在HTML HEADER内。

（2）由于各种浏览器和服务器对URL长度有限制，因此GET方式提交的数据内容长度也受限。POST没有对提交内容的长度限制。

利用urllib.request.urlopen()函数请求网页时，如果没有设置data参数，HTTP请求采用GET方式；如果设置了data参数，HTTP请求采用POST方式。data参数必须是一个bytes对象，必须符合the standard application/x-www-form-urlencoded的格式，使用urllib.parse.urlencode()函数将字符串自动转换成上面所说的格式。

当传递的URL包含中文或者其他特殊字符（例如：空格或“/”等）是，同样也需要urllib.parse库中的urlencode()方法将URL进行编码，它可以将“键：值”这样的键值对转换成“键=值”这样的字符串，并在不同键值对之间用“&”加以连接。

下面将分别采用GET和POST方式，向百度贴吧发送搜索关键字，将返回结果的第一页中的内容抓取出来，并保存在本地文件中。

【例10-7】GET方式向服务器发送数据。

```
#ex10_7urllib.py
import urllib.request
import urllib.error
import urllib.parse

url="https://tieba.baidu.com/f"
fromdata={"kw":"python3","pn":"0"}                    #kw表示搜索关键字,pn表示页码
data=urllib.parse.urlencode(fromdata)                 #对数据进行编码
urlwithdata=url+"?"+data                              #将编码后数据加入URL
request=urllib.request.Request(urlwithdata)
try:
    response=urllib.request.urlopen(request)
    html=response.read().decode('utf-8')              #读取网页内容并解码
    with open("10.1.txt",'w',encoding='utf-8') as file:
        file.write(html)
except urllib.error.HTTPError as e:
    print(e.code)
```

通过在浏览器中查看百度贴吧的搜索结果网页的URL，发现搜索关键字通过参数名kw发送，页码通过参数名pn发送，并按照(n-1)×50的规律进行赋值。先以字典的形式存放要发送的多个数据，然后通过urllib.parse库中的urlencode()方法进行编码，并通过“？”连接到原有URL的后面，形成新的带有传送数据的URL，这样即可实现GET方式向服务器发送数据。程序运行之后，将抓取到的网页数据保存到本地的10.1.txt文件中，可以打开文件查看结果。

【例10-8】POST方式向服务器发送数据。

```
#ex10_8urllib.py
import urllib.request
import urllib.error
import urllib.parse

url="https://tieba.baidu.com/f"
fromdata={"kw":"python3","pn":"0"}
data=bytes(urllib.parse.urlencode(fromdata).encode('utf-8'))
```

```
request=urllib.request.Request(url,data)      #将编码后数据加入Request对象
try:
    response=urllib.request.urlopen(request)
    html=response.read().decode('utf-8')       #读取网页内容并解码
    with open("10.2.txt",'w',encoding='utf-8') as file:
        file.write(html)
except urllib.error.HTTPError as e:
    print(e.code)
```

同样是抓取百度贴吧搜索结果页面中的数据，但这里采用的是POST方式发送数据。先将待发送数据以字典形式存放，然后通过urllib.parse库中的urlencode()方法进行编码，由于data参数必须是一个bytes对象，所以调用bytes()函数将其转换为bytes类型，最后将其作为构造Request对象的参数（或直接作为urlopen()的参数传入）。程序成功运行之后，抓取到的网页数据保存到本地的10.2.txt文件中，可以打开文件查看结果。显然，10.2.txt文件中的内容与10.1.txt中的内容是一样的。上面两个例子的区别在于向服务器发送数据的方式不用，但两者发送的数据是一样的，所以获取到的响应内容是相同的。

5. 使用 User Agent 隐藏身份

User Agent（用户代理，简称UA）是一种向访问网站提供所使用的浏览器类型及版本、操作系统及版本、浏览器内核等信息的标识。通过这个标识，用户所访问的网站可以显示不同的排版，从而为用户提供更好的体验或者进行信息统计；例如用手机访问百度和用计算机访问是不一样的，这些是百度根据访问者的UA来判断的。

User Agent存放在请求的Headers中，服务器就是通过查看Headers中的UA来判断是谁在访问。在Python中，如果不设置User Agent，程序将使用默认的参数，那么这个User Agent就会有Python的字样。如果服务器检查User Agent，没有设置User Agent的Python程序将无法正常访问网站。UA可以进行伪装，Python允许用户修改User Agent来模拟浏览器访问，即伪装成浏览器，从而隐藏自己爬虫程序的身份。

（1）常见的User Agent如下：

① Android：

• Mozilla/5.0 (Linux; Android 4.1.1; Nexus 7 Build/JRO03D) AppleWebKit/535.19 (KHTML, like Gecko) Chrome/18.0.1025.166 Safari/535.19。

• Mozilla/5.0 (Linux; U; Android 4.0.4; en-gb; GT-I9300 Build/IMM76D) AppleWebKit/ 534.30 (KHTML, like Gecko) Version/4.0 Mobile Safari/534.30。

• Mozilla/5.0 (Linux; U; Android 2.2; en-gb; GT-P1000 Build/FROYO) AppleWebKit/533.1 (KHTML, like Gecko) Version/4.0 Mobile Safari/533.1。

② Firefox：

• Mozilla/5.0 (Windows NT 6.2; WOW64; rv:21.0) Gecko/20100101 Firefox/21.0。

• Mozilla/5.0 (Android; Mobile; rv:14.0) Gecko/14.0 Firefox/14.0

③ Google Chrome：

• Mozilla/5.0 (Windows NT 6.2; WOW64) AppleWebKit/537.36 (KHTML, like Gecko)

Chrome/27.0.1453.94 Safari/537.36

• Mozilla/5.0 (Linux; Android 4.0.4; Galaxy Nexus Build/IMM76B) AppleWebKit/535.19 (KHTML, like Gecko) Chrome/18.0.1025.133 Mobile Safari/535.19。

④ iOS：

• Mozilla/5.0 (iPad; CPU OS 5_0 like Mac OS X) AppleWebKit/534.46 (KHTML, like Gecko) Version/5.1 Mobile/9A334 Safari/7534.48.3。

• Mozilla/5.0 (iPod; U; CPU like Mac OS X; en) AppleWebKit/420.1 (KHTML, like Gecko) Version/3.0 Mobile/3A101a Safari/419.3。

上面列举了Andriod、Firefox、Google Chrome、iOS的一些User Agent。

（2）设置User Agent的方法：

• 在创建Request对象时，填入headers参数（包含User Agent信息），这个headers参数要求为字典。

• 在创建Request对象时不添加headers参数，在创建完成之后，使用add_header()的方法添加headers。

下面，通过一些简单的例子来进一步说明User Agent的设置和使用。

【例10-9】不设置User Agent请求不允许被爬取的网页。

```
#ex10_9urllib.py
import urllib.request
import urllib.error
url="http://www.xicidaili.com"
request=urllib.request.Request(url)
try:
    response=urllib.request.urlopen(request)
    html = response.read().decode('utf-8')          #读取响应信息并解码
    print(html)                                      #打印信息
except urllib.error.HTTPError as e:
    print(e.code)
```

程序运行结果：

```
503
```

上例中，西刺免费代理网站（http://www.xicidaili.com）不允许爬虫程序访问。在创建Request对象时没有传入headers参数，因此，无法完成网页的爬取，从而进入异常处理。运行输出异常代码503是一种HTTP状态码，表示网页状态出错。下面的例子中，我们将演示通过设置User Agent，将爬虫程序伪装成浏览器来请求网页。

【例10-10】创建Request对象时，填入headers参数(包含User Agent信息)。

```
#ex10_10urllib.py
import urllib.request
import urllib.error
url="http://www.xicidaili.com/"
```

```
    header = {'User-Agent': 'Mozilla/5.0 (Windows NT 10.0) AppleWebKit/537.36 
(KHTML, like Gecko) Chrome/69.0.3497.100 Safari/537.36'}
    request=urllib.request.Request(url,headers=header)
    try:
        response=urllib.request.urlopen(request)
        html = response.read().decode('utf-8')            #读取响应信息并解码
        print(html)                                       #打印信息
    except urllib.error.HTTPError as e:
        print(e.code)
```

在上例中，在创建Request对象时，填入headers参数（包含User Agent信息），将爬虫程序伪装成Chrome浏览器，从而可以得到西刺免费代理网站的正常响应。程序运行之后，会显示Squeezed text(1373 lines)。之所以会这样，是因为响应信息较多（共1 373行），直接打印输出会降低IDLE的性能，所以进行了压缩。只需右击，在快捷菜单中选择view，就可在Squeezed Output Viewer窗体中查看详细结果。

上面在创建Request对象时，就填入了User Agent信息，也可以在创建Request对象时不传入headers参数，创建之后使用add_header()方法，添加headers，如下列所示。

【例10-11】使用add_header()方法添加headers。

```
    #ex10_11urllib.py
    import urllib.request
    import urllib.error
    url="http://www.xicidaili.com/"
    headers = {'User-Agent': 'Mozilla/5.0 (Windows NT 10.0) AppleWebKit/537.36 
(KHTML, like Gecko) Chrome/69.0.3497.100 Safari/537.36'}
    request=urllib.request.Request(url)
    #使用add_header()方法，添加headers
    request.add_header(*(headers.popitem()))
    try:
        response=urllib.request.urlopen(request)
        html = response.read().decode('utf-8')            #读取响应信息并解码
        print(html)                                       #打印信息
    except urllib.error.HTTPError as e:
        print(e.code)
```

上例中，使用add_header()方法向Request对象添加headers，可以与例10-10实现同样的效果。

注意：add_header()方法的参数是add_header(key,val)形式，因此将存放字典中的User Agent信息，先调用popitem()方法取出；popitem()以元组(key,val)的形式返回，因此在调用add_header()方式时，进行了逆向参数收集。

如果我们利用一个爬虫程序在网站爬取东西，一个固定IP的访问频率就会很高，这不符合人为操作的标准，因为人操作不可能在几毫秒内进行如此频繁的访问。所以一些网站会设置一个IP访问频率的阈值，如果一个IP访问频率超过这个阈值，说明这个不是人在访问，而是一个爬虫程序，从而封IP。可以通过设置请求延时或设置IP代理（Proxy）的方式来避免被封IP，具体方法请查看相关帮助文档。

使用urllib库时不难发现，虽然这个库提供了很多关于HTTP请求的函数，但是这些函数的使用方式并不简洁，仅仅实现一个小功能就要用到很多代码。因此，Python提供了一个便于开发者使用的第三方库——requests。requests是基于Python开发的HTTP库，与urllib标准库相比，它不仅使用方便，而且能节约大量的工作。实际上，requests是在urllib的基础上进行了高度的封装，它不仅继承了urllib的所有特定，而且还支持一些特殊的特性，例如，使用Cookie保存会话，自动确定响应内容的编码等，可以轻而易举地完成浏览器的任何操作。具体内容请查看相关帮助文档。

10.3 BeautifulSoup 库

通过前一节的学习，可以将整个网页的内容全部爬取下来。不过，这些数据的信息量往往非常庞大，不仅整体给人非常混乱的感觉，而且大部分数据并不是人们所关心的。针对这种情况，需要对爬取的数据进行过滤筛选，去掉没用的数据，留下有价值的数据。为此，Python支持一些解析网页的技术，分别为正则表达式、XPath、BeautifulSoup和JSONPath。下面介绍安装和使用均很简单的BeautifulSoup库。

10.3.1 BeautifulSoup 库概述

BeautifulSoup是一个Python 处理HTML/XML 的函数库，是Python内置的网页分析工具，用来快速转换被抓取的网页。它产生一个转换后的DOM树，尽可能和原文档内容含义一致，这种措施通常能够满足搜集数据的需求。

截至目前，BeautifulSoup（3.2.1版本）已经停止开发，官网推荐使用BeautifulSoup4（BeautifulSoup 4版本，简称bs4）。因此，本书中未特殊说明的情况下，BeautifulSoup均特指bs4。

bs4是一个HTML/XML的解析器，其主要功能是解析和提取HTML/XML数据。它不仅支持CSS选择器，而且支持Python标准库中的HTML解析器，以及lxml的XML解析器。通过使用这些转化器，实现了惯用的文档导航和查找方式，节省了大量的工作时间，提供了项目开发的效率。

1. BeautifulSoup 安装

使用pip3直接安装beautifulsoup4：

```
pip3 install beautifulsoup4
```

安装成功后，就可通过导入bs4库使用了。

2. bs4 库的使用流程

使用bs4库的一般流程如下：

（1）创建一个BeautifulSoup类型的对象。

（2）通过BeautifulSoup对象的操作方法进行解读搜索。

（3）利用DOM树结构标签的特性，进行更为详细的信息节点提取。

根据DOM树进行各种节点的搜索（例如，find_all()方法可以搜索出所有满足要求的节点，find()方法只会搜索出第一个满足要求的节点）。在搜索节点时，可以按照节点名称、节点属性值或者节点的文本进行搜索。

利用DOM树结构标签的特性，进行更为详细的节点信息提取。只要获得了一个节点，就可以访问节点的名称、属性和文本。上述流程如图10-2所示。

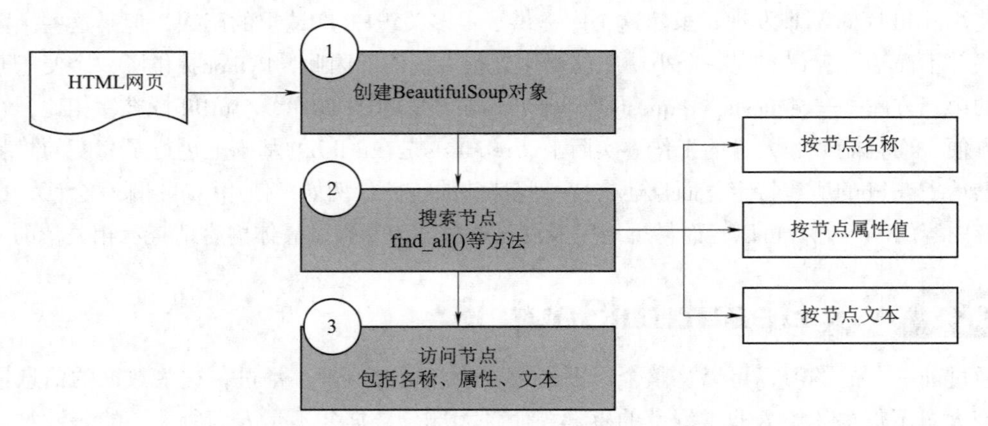

图 10-2　bs4 库的使用流程

3. 构建 BeautifulSoup 对象

通过一个字符串或类文件对象（存储在本地的文件句柄或Web网页句柄）可以创建BeautifulSoup类的对象。

首先，可以通过存放HTML内容的字符串来创建BeautifulSoup对象。例如：

```
soup=BeautifulSoup("<html>data</html>")
```

另外，还可以用本地HTML文件来创建BeautifulSoup对象。例如：

```
soup=BeautifulSoup(open('index.html'), "html.parser")#提供本地HTML文件
```

也可以使用网址URL获取HTML文件，进而创建BeautifulSoup对象。例如：

```
from urllib import request
from bs4 import BeautifulSoup
response=request.urlopen("http://www.baidu.com")
html=response.read().decode("utf-8")  #读取远程HTML文件信息并解码
soup=BeautifulSoup(html, "html.parser")
```

其中，html.parser表明采用Python标准库中的HTML解析器。BeautifulSoup除了支持Python标准库中的HTML解析器，还支持一些第三方的解析器，比如lxml和html5lib等，第三方的解析器需要安装之后才可使用。这几种解析器各有优缺点，用户可根据需求自行选择合适的解析器。在创建BeautifulSoup对象时，如果没有明确指定解释器，那么BeautifulSoup对象会根据当前系统安装的库自动选择解析器。解析器的选择顺序为：lxml、html5lib、Python标准库。如果明确指定的解析器没有安装，那么BeautifulSoup对象会自动选择其他方案。

下面通过一个例子来演示BeautifulSoup对象的创建和基本使用。

【例10-12】BeautifulSoup对象的创建和基本使用。

```
#ex10_12bs4.py
from bs4 import BeautifulSoup

html_doc='''<html><head><title> The story of Monkey </title></head>\
```

```
<body><p id="firstpara" align="center">Paragraph I</p>\
<p id="secondpara" align="center">Paragraph II</p>\
<p id="thirdpara" align="center"><!--Paragraph III--></p>'''
#构建BeautifulSoup对象
soup=BeautifulSoup(html_doc, "html.parser")
print(soup)                    #直接打印输出soup对象
print('-'*40)
print(soup.prettify())         #调用prettify()方法后打印输出soup对象
```

程序运行结果：

```
<html><head><title> The story of Monkey </title></head>
<body><p align="center" id="firstpara">Paragraph I</p>
<p align="center" id="secondpara">Paragraph II</p>
<p align="center" id="thirdpara"><!--Paragraph III--></p></body></html>
----------------------------------------
<html>
 <head>
  <title>
   The story of Monkey
  </title>
 </head>
 <body>
  <p align="center" id="firstpara">
   Paragraph I
  </p>
  <p align="center" id="secondpara">
   Paragraph II
  </p>
  <p align="center" id="thirdpara">
   <!--Paragraph III-->
  </p>
 </body>
</html>
```

在上例中，先通过存放HTML内容的字符串html_doc创建BeautifulSoup对象，接着打印输出BeautifulSoup对象（DOM树）的内容。在打印输出时，先是直接打印输出，然后是格式化打印输出，两者的内容相同，但格式不同，这点从运行结果显而易见。BeautifulSoup对象的prettify()方法实现了对象soup的格式化，它既可以为HTML标签和内容增加换行符，又可以对标签做相关的处理，以便于更加友好地显示HTML内容。

注意：BeautifulSoup还能将没有配对的Tag标签自动补全，例如，上例中</html>和</body>标签就是自动补全的。

10.3.2 BeautifulSoup 库的四大对象

BeautifulSoup将复杂HTML文档转换成一个复杂的树形结构，每个节点都是Python对象，所有对象可以归纳为4种：Tag、NavigableString、BeautifulSoup（前面例子中已经使用过）、Comment。

1. Tag 对象

Tag就是HTML中的一个个标签。例如：例10-12中的<title>等HTML标签加上其中包括的内容就是Tag，下面用Beautiful Soup来获取Tags。

```
print (soup.title)
print (soup.head)
```

输出结果：

```
<title> The story of Monkey </title>
<head><title> The story of Monkey </title></head>
```

用户可以利用BeautifulSoup对象 soup加标签名轻松地获取这些标签的内容，但要注意，它查找的是所有内容中的第一个符合要求的标签。如果要查询所有的标签，可参考10.3.3节中的find_all()方法。

下面验证一下这些对象的类型。

```
print (type(soup.title))          #输出：<class 'bs4.element.Tag'>
```

对于Tag，它有两个重要的属性：name和attrs，下面分别进行介绍。

每个Tag都有自己的名字，通过name属性来获取，例如：

```
print(soup.name)                  #输出：[document]
print(soup.head.name)             #输出：head
```

soup对象本身比较特殊，它的name即为[document]，对于其他内部标签，输出的值是标签本身的名称。

一个Tag可能有很多个属性，通过attrs属性来获取。属性的操作方法与字典相同，例如：

```
print(soup.p.attrs)               #输出：{'id': 'firstpara', 'align': 'center'}
```

这里，把p标签的所有属性都打印出来，得到的类型是一个字典。

如果想要单独获取某个属性，可以按以下方式操作。例如，获取id：

```
print(soup.p['id'] )              #输出：firstpara
```

还可以利用get()方法传入属性的名称，二者是等价的。

```
print(soup.p.get('id') )          #输出：firstpara
```

用户还可以对这些属性和内容等进行修改。例如：

```
soup.p['class']="newClass"
```

也可以对这个属性进行删除。例如：

```
del soup.p['class']
```

2. NavigableString 对象

NavigableString对象表示HTML中标签的文本（非属性字符串），获取标签（Tag）对象后，可以通过string属性获取标签内部的文字。

```
soup.title.string
```

这样就轻松获取到了<title>标签中的内容，如果用正则表达式则麻烦得多。

3. BeautifulSoup 对象

BeautifulSoup对象表示的是一个文档的全部内容。大部分时候可以把它当作 Tag 对象，它是一个特殊的Tag。下面的代码可以分别获取它的类型、名称及属性。

```
print(type(soup))                    #输出：<class 'bs4.BeautifulSoup'>
print(soup.name)                     #输出：[document]
print(soup.attrs)                    #输出空字典：{}
```

4. Comment 对象

Comment对象是一个特殊类型的NavigableString对象，表示标签内字符串的注释部分，其内容不包括注释符号。如果不好好处理它，可能会对文本处理造成意想不到的麻烦。例如：

```
tag=soup.find('p',attrs={'id':"thirdpara"}) #获取第三个<p>标签
print(tag.string)                           #输出Paragraph III
```

10.3.3 BeautifulSoup 库操作解析文档树

1. 遍历文档树

（1）直接子节点。利用Tag的contents属性或children属性可获取当前节点的直接子节点。

Tag的contents属性可以将Tag的子节点以列表的方式输出。例如：

```
print(soup.body.contents)
```

输出结果：

```
[<p align="center" id="firstpara">Paragraph I</p>, <p align="center" id=
"secondpara">Paragraph II</p>, <p align="center" id="thirdpara"><!--Paragraph
III--></p>]
```

输出为列表，可以用列表索引来获取它的某一个元素。

```
print(soup.body.contents[0])  #获取第一个<p>
```

输出结果：

```
<p align="center" id="firstpara">Paragraph I</p>
```

而children属性返回的不是一个列表，它是一个列表生成器对象，但是可以通过遍历获取所有子节点。例如：

```
for child in soup.body.children:
    print(child)
```

输出结果：

```
<p align="center" id="firstpara">Paragraph I</p>
<p align="center" id="secondpara">Paragraph II</p>
<p align="center" id="thirdpara"><!--Paragraph III--></p>
```

（2）所有子孙节点。利用descendants属性可以获取当前节点的所有子孙节点（包括直接子节点和其他后代节点）。

contents和children属性仅包含Tag的直接子节点，descendants属性可以对所有Tag的子节点进行递归循环，和children类似，也需要遍历获取其中的内容。例如：

```
for child in soup.descendants:
    print(child)
```

输出结果：

```
<html><head><title> The story of Monkey </title></head><body><p align=
"center" id="firstpara">Paragraph I</p><p align="center" id="secondpara">
Paragraph II</p><p align="center" id="thirdpara"><!--Paragraph III--></p>
</body></html>
<head><title> The story of Monkey </title></head>
<title> The story of Monkey </title>
 The story of Monkey
<body><p align="center" id="firstpara">Paragraph I</p><p align="center" id=
"secondpara">Paragraph II</p><p align="center" id="thirdpara"><!--Paragraph
III--></p></body>
<p align="center" id="firstpara">Paragraph I</p>
Paragraph I
<p align="center" id="secondpara">Paragraph II</p>
Paragraph II
<p align="center" id="thirdpara"><!--Paragraph III--></p>
Paragraph III
```

从运行结果可以发现，所有的节点都被打印出来，先最外层的HTML标签，其次从head标签一个个剥离，依此类推。

（3）节点内容。利用string属性可以获取当前节点的内容。

如果一个标签里没有子标签，那么string属性就会返回标签里的文本内容或注释内容。如果标签里只有唯一的一个子标签，那么string属性也会返回最里面标签的内容。如果Tag包含了多个子标签节点，Tag就无法确定string属性应该调用哪个子标签节点的内容，string属性的输出结果是None。例如：

```
print(soup.title.string)          #输出<title>标签里的内容
print(soup.head.string)           #输出<head>标签的唯一子标签<title>标签里的内容
print(soup.body.string)           #<body>标签包含多个子节点，所以输出None
```

输出结果：

```
The story of Monkey
The story of Monkey
None
```

（4）节点多个内容。利用strings属性可以获取当前节点的多个内容，需要遍历获取。例如：

```
for string in soup.body.strings:
    print(repr(string))
```

输出结果：

```
'Paragraph I'
'Paragraph II'
```

注意：不包括注释部分。内容输出的字符串中可能包含了很多空格或空行，使用stripped_strings可以去除多余空白内容。

（5）父节点。通过parent属性可以获取当前节点的父节点。例如：

```
p=soup.title
print(p.parent.name)           #输出父节点名head
```

输出结果：

```
head
```

（6）兄弟节点。兄弟节点可以理解为和本节点处在同一级的节点，next_sibling属性获取了该节点的下一个兄弟节点，previous_sibling则与之相反，如果节点不存在，则返回None。例如：

```
p=soup.find('p',attrs={'id':"secondpara"})              #获取第二个<p>标签
print(p.previous_sibling)      #输出p的上一个兄弟节点，即第一个<p>标签
print(p.next_sibling)          #输出p的下一个兄弟节点，即第三个<p>标签
```

输出结果：

```
<p align="center" id="firstpara">Paragraph I</p>
<p align="center" id="thirdpara"><!--Paragraph III--></p>
```

注意：实际文档中Tag的next_sibling和previous_sibling 属性通常是字符串或空白，因为空白或者换行也可以被视作一个节点，所以得到的结果可能是空白或者换行。

（7）全部兄弟节点。通过next_siblings和previous_siblings属性可以对当前节点的兄弟节点迭代输出。例如：

```
for sibling in soup.p.next_siblings:
    print(repr(sibling))
```

输出结果：

```
<p align="center" id="secondpara">Paragraph II</p>
<p align="center" id="thirdpara"><!--Paragraph III--></p>
```

以上是遍历文档树的基本用法。

2. 搜索文档树

（1）find_all(name, attrs, recursive, text, **kwargs)。find_all()方法搜索当前Tag的所有Tag子节点，并判断是否符合过滤器的条件。参数如下：

• name参数：可以查找所有名字为name的标签。例如：

```
print(soup.find_all('p'))                         #输出所有<p>标签
```

输出结果：

```
[<p align="center" id="firstpara">Paragraph I</p>, <p align="center" id=
"secondpara">Paragraph II</p>, <p align="center" id="thirdpara"><!--Paragraph
III--></p>
```

如果name参数传入正则表达式作为参数，BeautifulSoup会通过正则表达式的match() 来匹配内容。下面例子中找出所有以h开头的标签。

```
import re
for tag in soup.find_all(re.compile("^h")):
    print(tag.name , end=" ")                    #html  head
```

输出结果：

```
html  head
```

这表示<html>和<head>标签都被找到。

• attrs参数：按照Tag标签属性值检索，需要列出属性名和值，采用字典形式。例如：

```
soup.find_all('p',attrs={'id':"firstpara"})
```

或者：

```
soup.find_all('p', {'id':"firstpara"})
```

都是查找属性值id是"firstpara"的<p>标签。

也可以采用关键字形式：

```
soup.find_all('p', id="firstpara"))
```

• recursive参数。调用Tag的find_all()方法时，BeautifulSoup会检索当前Tag的所有子孙节点，如果只想搜索tag的直接子节点，可以使用参数recursive=False。

• text参数。通过text参数可以搜文档中的字符串内容。例如：

```
import re
print(soup.find_all(text=re.compile("Paragraph")))
```

输出结果：

```
['Paragraph I', 'Paragraph II', 'Paragraph III']
```

re.compile("paragraph")正则表达式，表示所有含有Paragraph的字符串都匹配。

• limit参数。find_all()方法返回全部的搜索结构，如果文档树很大，那么搜索会很慢；如果不需要全部结果，可以使用limit参数限制返回结果的数量。当搜索到的结果数量达到limit的限制时，就停止搜索返回结果。

例如：

```
soup.find_all("p", limit=1)
```

输出结果：

```
[<p align="center" id="firstpara">Paragraph I</p>]
```

上述例子的文档树中有3个<p>标签满足搜索条件,但结果只返回了1个，因为限制了返回数量。

（2）find(name, attrs, recursive, text)。它与find_all()方法唯一的区别是find_all()方法返回全部结果的列表，而后者find()方法返回找到的第一个结果。

3. 用 CSS 选择器筛选元素

在写CSS时，标签名不加任何修饰，类名前加点，id名前加#，这里也可以利用类似的方法来筛选元素，通过BeautifulSoup对象的select()方法实现，返回类型是列表list。

（1）通过标签名查找：

```
soup.select('title')                    #选取<title>元素
```

（2）通过类名查找：

```
soup.select('.firstpara')               #选取class是firstpara的元素
soup.select_one(".firstpara")           #选取class是firstpara的第一个元素
```

（3）通过id名查找：

```
soup.select('#firstpara')               #选取id是firstpara的元素
```

以上的select()方法返回的结果都是列表形式，可以遍历形式输出，然后用get_text()方法或text属性来获取它的内容。例如：

```
soup=BeautifulSoup(html, 'html.parser')
print type(soup.select('div'))
print(soup.select('div')[0].get_text())     #输出首个<div>元素的内容
for title in soup.select('div'):
  print(title.text)                         #输出所有<div>元素的内容
```

处理网页需要对HTML有一定的理解，BeautifulSoup库是一个非常完备的HTML解析函数库，有了BeautifulSoup库的知识，就可以进行网络爬取实战。

10.4 网络爬取实战——Python 爬取统计数据

国家统计局网站（http://www.stats.gov.cn/）会定期发布包含我国经济民生等多个方面的权威数据，这些数据不论是对社会科学的研究，还是对我们的日常生活都有非常重要的价值。例如：每月公布的“70个大中城市商品住宅销售价格变动情况”，对于打算买房的人来说就很有指导意义。因此，我们尝试用Python爬取国家统计局网站上的有关数据。

视频：
网络爬虫实战

下面将演示爬取国家统计局网站上“2017年全国科技经费投入统计公报”网页（http://www.stats.gov.cn/tjsj/tjgb/rdpcgb/qgkjjftrtjgb/201810/t20181012_1627451.html）中“2017年各地区研究与试验发展（R&D）经费情况”的全部数据。

首先用浏览器访问国家统计局网站，找到所需数据所在的网页。右击，选择“查看源”菜单项，即可查看页面的源代码。通过分析源代码，找到所需数据所在标签的特征和规律。然后，用爬虫程序爬取网页并解析数据，进而获取所需数据。最后，将爬取的数据整理之后存入本地Excel文件。该实战项目的实现代码如下所示：

```
#ex10_13.py
import pandas as pd
import urllib.request
from  bs4 import BeautifulSoup

url="http://www.stats.gov.cn/tjsj/tjgb/rdpcgb/qgkjjftrtjgb/201810/
t20181012_1627451.html"
header={'User-Agent': 'Mozilla/5.0 (Windows NT 10.0) AppleWebKit/537.36
(KHTML, like Gecko) Chrome/69.0.3497.100 Safari/537.36'}
request=urllib.request.Request(url,headers=header)
response=urllib.request.urlopen(request)
html_doc=response.read().decode('utf-8')                    #读取网页信息并解码

#构建BeautifulSoup对象
soup = BeautifulSoup(html_doc, "html.parser")
#找到所需数据所在的表格
table=soup.find_all('table')[3]
data=[]
keys=['地区','R&D经费(亿元)','R&D经费投入强度(%)']
#将表格中的数据读取出来存入data
for tr in table.find_all("tr")[1:-1]:
    values=[];
    for td in tr.find_all("td"):
        values.append(td.find("span").string)
    #将列表keys和values合并为字典并赋值给_dict
    _dict=dict(zip(keys,values))
    #将_dict追加入列表data
    data.append(_dict)
#利用元素为字典的列表data构造DataFrame对象
df=pd.DataFrame(data)

#将DataFrame对象写入Excel工作表
with pd.ExcelWriter('ex10_13.xls') as writer:
    df.to_excel(writer, 'R&D2017', index=False, header=True)
```

通过查看并分析网页源代码，我们发现所需数据在网页中第四个<table>标签标记的表格中，因此，用soup.find_all('table')[3]来定位到此表格标签。同时，我们发现在此表格中，有效的数据存放在从第2行至倒数第2行之间，因此我们用table.find_all("tr")[1:-1]对该表中的所有行列表进行切片。此外，我们还发现所有数据存放在<td>标签的<span>子标签中，因此，我们用td.find("span").string来获取每个单元格中的数据。

整个过程综合利用了urllib、BeautifulSoup4和pandas模块。运行上述代码后，在代码相同路径下找到Excel文件ex10_13.xls，打开该文件，发现爬取的数据都存储在里面。

随着网络爬虫的应用越来越多，一些爬虫框架逐渐涌现。这些框架将爬虫的一些常用功能和业务逻辑进行了更高层次的封装。在这些框架的基础上，用户根据自己的需求添加少量代码，就可以实现一个自己想要的爬虫。Scrapy是最常用、最流行的爬虫框架之一，大家可以自行安装并查看相关帮助文档来进一步熟悉该框架。

习题

1. Python 有哪些网络爬虫相关的标准库或第三方库？它们的主要功能是什么？
2. 爬取网页时，为什么要设置 User Agent ？如何设置 User Agent ？
3. 简述使用 bs4 库的一般流程。
4. BeautifulSoup 库主要有哪四大对象？如何获取这些对象？
5. bs4 库支持的解析器有哪些？相比较而言，它们自己的优缺点是什么？
6. BeautifulSoup 对象是如何选择解释器的？
7. Python 实战开发爬取新浪国外新闻。
8. Python 实战开发“中国大学排名”爬虫。
9. 分析百度图片搜索返回结果的 HTML 代码，编写爬虫抓取图片并下载形成专题图片库。
10. 安装网络爬虫框架 Scrapy，熟悉其基本操作。

第 11 章 科学计算和可视化应用

NumPy 是 Python 开源数值计算扩展库，可存储和处理大型矩阵，其处理效率远高于 Python 自身的列表结构。同时，NumPy 提供了大量运算函数，可完成如矩阵乘积、转置、解方程组、向量乘积和归一化等运算，为图像变形、图像分类、图像聚类等提供了基础。SciPy 是一个更为高级的科学计算应用库，与 NumPy 库无缝对接，提供众多领域的专用处理算法，为科学计算提供强大支持。Matplotlib 是 Python 的 2D&3D 绘图库，可完成各类常用图表绘制，具有强大的绘图功能，是数据分析与可视化的必备类库。

11.1 NumPy 库

视频：NumPy库

在科学计算中，经常使用矩阵来描述数据，并对矩阵作各种运算。Python 提供了一些数据类型可用于描述矩阵数据，例如array，可用于描述一维矩阵；list（列表）可用于描述多维矩阵。但这些数据类型在处理大批量数据时均存在效率低、缺少必要的运算支持等问题，例如在工程应用中常用的方程求解、矩阵求逆等运算，Python均无提供，需要开发人员自行开发。NumPy（Numerical Python）是一个高性能科学计算和数据分析库，除了提供用于描述矩阵等多维格式数据的ndarray对象外，还提供了大量针对矩阵运算的方法，可极大简化工程应用中的矩阵运算。

11.1.1 安装 NumPy 库

```
pip install numpy
```

11.1.2 NumPy 数组简介

1. 基本概念

NumPy的核心是多维数组ndarray对象，该对象是由同种元素构成，即所有元素类型是相同的，这点与list不同。另外，与list一样，元素可以通过索引号或切片方式访问。在ndarray数组对象中，数组的维度（dimensions）称为轴（axes）、轴的个数称为秩（rank），而轴的长度则代表该维度数组元素的个数。轴的概念与平时的数值轴或平面中的x、y轴的概念相似。例如，对于一维数组，它有一个轴，其秩为1，轴的长度为该一维数组元素的个数，每个元素对应轴上的某一个点；对于二维数组，有两个轴，其秩为2，每个轴可有不同的长度，代表两个轴上各自元素的个数，两个轴上的数值对代表平面上的某一点。这种对应关系在NumPy中通常用数组的形状（shape）来描述，例如shape(3,)，表示该数组只有一个轴（一维数组），这个轴的长度为3（即数组只有3个元素）；而shape（3,4）则表示该数组有两个轴，第一个轴（通常表示行，轴的序号为0）的长度为3（有3行数据），第二个轴（通常表示列，轴的序号为1，以此类推）的长度为4（每行均有4列）。在使用shape来描述一维数组时要注要，尽管只有一个轴，但其后的逗号“,”不能省略，因此shape(3)的写法是错误的。

在NumPy数组运算中，可指定运算的轴，例如对以下二维数组：

```
[[1,2,3],
[4,5,6]]
```

其形状为shape(2,3)，表示0轴上有2个元素、1轴上有3个元素。如果对0轴求和，则把0轴上对应的2个元素值相加，即[1+4，2+5，3+6]，结果为[5,7,9]（即按列求和）；如果对1轴求和，则把1轴上对应的3个元素值相加，即[1+2+3,4+5+6]，结果为[6,15]（即按行求和）。

2. 创建数组

在NumPy库中，可用多种方法创建不同的数组，具体创建方法如表11-1所示。在创建数组时可指定数组元素的数据类型，具体数据类型如表11-2所示。

表 11-1 数组创建方法

方 法	说 明
array（[x,y,z],dtype）	根据Python列表或元组创建NumPy数组。dtype为数组元素值的类型，具体取值如表11-2所示
arange（start, stop, step, dtype）	创建一个以step为步长，其值在start到stop之间的数组（不包括stop）。start的默认值为0、step的默认值为1
linspace（start, stop, num=50, endpoint=True, retstep=False, dtype=None）	创建一个从start到stop、等分成num份的等差数列数组
logspace(start, stop, num=50, endpoint=True, base=10.0, dtype=None)	创建一个以base为底数、指数等分成num份并指数值从start到stop的等比数列
random.rand（(m,n)）	创建一个元素值在0到1之间的m行n列随机数组
random.randn（(m,n)）	创建一个元素值符合正态分布的m行n列随机数组
ones((m,n), dtype = None, order = 'C')	创建一个m行n列的全1数组
empty((m,n), dtype = float, order = 'C')	创建一个m行n列未初始化的数组
zeros ((m,n), dtype = float, order = 'C')	创建一个m行n列全0的数组
frombuffer(buffer, dtype = float, count = −1, offset = 0)	根据buffer输入流的内容创建数组
fromiter(iterable, dtype, count=−1)	根据可迭代对象iterable内容创建数组。可迭代对象包括列表、元组等
asarray(a, dtype = None, order = None)	根据对象a创建数组，a可以是列表、元组等，功能类似于fromiter

表 11-2　NumPy 元素值类型

类 型	说 明
bool_	布尔型数据类型（True 或者 False）
int_	默认的整数类型（类似于 C 语言中的 long，int32 或 int64）
intc	与 C 语言 的 int 类型一样，一般是 int32 或 int 64
intp	用于索引的整数类型（类似于 C 的 ssize_t，一般情况下仍然是 int32 或 int64）
int8	字节（-128 ~ 127）
int16	整数（-32 768 ~ 32 767）
int32	整数（-2 147 483 648 ~ 2 147 483 647）
int64	整数（-9 223 372 036 854 775 808~9 223 372 036 854 775 807）
uint8	无符号整数（0 ~ 255）
uint16	无符号整数（0 ~ 65 535）
uint32	无符号整数（0 ~ 4 294 967 295）
uint64	无符号整数（0 ~ 18 446 744 073 709 551 615）
float_	float64 类型的简写
float16	半精度浮点数，包括：1 个符号位，5 个指数位，10 个尾数位
float32	单精度浮点数，包括：1 个符号位，8 个指数位，23 个尾数位
float64	双精度浮点数，包括：1 个符号位，11 个指数位，52 个尾数位
complex_	complex128 类型的简写，即 128 位复数
complex64	复数，表示双 32 位浮点数（实数部分和虚数部分）
complex128	复数，表示双 64 位浮点数（实数部分和虚数部分）

创建NumPy数组的示例如下：

```
import numpy as np
a=np.array([[1,2,3],[4,5,6]]) #创建一个二维数组
b=np.arange(1,10,1)           #以1为步长，创建一个从1到9的元素值组成的数组
c=np.linspace(1,10,20)        #创建一个元素值从1到10，包含20个元素的等差数列数组
d=np.random.rand(2,3)         #创建一个2行3列的随机值组成的二维数组
e=np.ones((2,3))              #创建一个2行3列值全为1的二维数组
li=[1,2,3]
f=np.fromiter(li,dtype='int8')            #根据列表li内容创建数组
g=f.tolist()                              #把numpy数组转换为Python列表

sdtype=[('name','U10'),('C++',float)]     #自定义数组元素类型，U表示Unicode
                                          #U10表示10个Unicode字符
```

```
sc=np.array([("谭青",89.5),
("张思明",68)],
dtype=sdtype)                        #根据自定义元素类型创建结构化数组

print(a)                             #输出数组a的内容
[[1 2 3]
  [4 5 6]]

print(b)                             #输出数组b的内容
[1 2 3 4 5 6 7 8 9]

print(c)                             #输出数组c的内容
[ 1. 1.47368421  1.94736842  2.42105263  2.89473684  3.36842105
  3.84210526  4.31578947  4.78947368  5.26315789  5.73684211  6.21052632
  6.68421053  7.15789474  7.63157895  8.10526316  8.57894737  9.05263158
  9.52631579 10.]
print(d)                             #输出数组d的内容
[[0.90466025 0.27467726 0.26560965]
 [0.39375447 0.15006199 0.10059771]]

print(e)                             #输出数组e的内容
[[1. 1. 1.]
   [1. 1. 1.]]

print(f)                             #输出数组f的内容
[1,2,3]

print(sc)
   [('谭青', 89.5) ('张思明', 68. )]
```

3. 访问数组

访问NumPy数组，既可使用索引方式，也可使用切片方式，与list等序列相同，具体如表11-3所示。

表 11-3 NumPy 数组的索引和切片方法

访 问	描 述
a[i]	访问数组 a 第 i 个元素
a[-i]	从后往前访问数组 a 第 i 个元素
a[n:m]	对数组 a 从 n 到 m 切片，步长默认为 1，从前往后索引，不包含 m
a[-m:-n]	对数组 a 从 m 到 n 切片，步长默认为 1，从后往前索引，不包含 n
a[n:m:i]	对数组 a 从 n 到 m 切片，步长为 i，不包含 m

切片样例可参考第3章相应内容。采用索引方式访问多维数组时，既可使用多维列表的访问方式，也可使用NumPy自身的访问方式，如：

```
import numpy as np
a=np.array([[1,2],[3,4]]) #创建二维数组
print(a[0][0])            #多维列表访问方式，用两个[]表示行、列，取第0行第0列的元素
print(a[0,0])             #numpy数组访问方式，用一个[]指定行、列，取第0行第0列的元素
```

除了与list相同的索引或切片方式外，NumPy还提供了数组型与布尔型索引访问方式（常称为高级切片）。

数组型索引是指其索引不是单个整数值，而是一个数组或列表，用于指定被访问元素的位置。该数组索引可以是一唯的，也可以是多维的，根据被索引数组而定，如：

```
import numpy as np
a=np.arange(10,30,2) #创建一维数组[10, 12, 14, 16, 18, 20, 22, 24, 26, 28]
b=a[[1,3,5]]         #索引[1,3,5]是个列表，取数组a的第1、第3、第5个元素（从0开始）
                     #b的值为[12, 16, 20]
c=np.array([[1,2,3],[4,5,6],[7,8,9]])           #创建3行3列二维数组
d=c[[0,1],[1,2]]     #索引由两个列表组成，第1个是[0,1]，第2个是[1,2]
                     #[0,1]表示行位置，取第0和第1行
                     #[1,2]表示列位置，分别表示第0行的第1列、第1行的第2列
                     #d的值为[2, 6]
f=c[[0,1]]           #只指定一个列表（行），表示取第0行和第1行所有元素
                     #f的值为[[1,2,3],[4,5,6]]
```

在上面的例子中，f=c[[0,1]]不要写成f=c[0,1]，前者的索引是一个数组，后者的索引是元素行和列的下标值，因此c[0,1]表示取第0行第1列的元素，其值为2。

布尔型索引获取相应位置为True的元素值，因此用于布尔型索引的数组必须与被索引数组具有相同的形状，如下所示：

```
import numpy as np
a=np.arange(10,30,2) #创建一维数组[10, 12, 14, 16, 18, 20, 22, 24, 26, 28]
b=a[[True,False,True,False,False,True,False,False,True,False]]
#只取True值对应元素的值，b的值为[10, 14, 20, 26]
f=a>20            #判断a中各元素值是否大于20，根据判断结果生成数组f,其值如下：
#[False, False, False, False, False, False,  True,  True,  True,True]
c=a[f]            #以数组f为索引，取a中大于20的元素值，#c的值为[22, 24, 26, 28]
```

在访问数组时、尤其是对数组元素值进行修改时，要注意数组的视图与副本的区别。视图是原数组的一个子集，与原数组共享相同的数据，因而对视图元素的修改将直接影响原数组元素。副本则是原数组的一个“拷贝”，副本创建完后与原数组相互独立，对副本的修改不会影响到原数组。在切片操作中，普通带冒号“：”的切片操作返回的是数组视图，而数组型与布尔型切片返回的是数组副本。

11.1.3 NumPy数组运算

NumPy除了提供ndarray对象类型外，还提供了大量的运算功能，如算术运算、统计、排序、筛选、比较及线性代数等。在使用时要注意，这些运算都是针对数组每个元素处理的。

1. 算术函数

NumPy算术运算函数主要包括加、减、乘、除等，如表11-4所示。

表 11-4 算术运算函数

函 数	说 明
add（x1,x2）	把数组 x1 的元素与 x2 中对应元素逐个相加，可用“+”代替
subtract（x1,x2）	把数组 x1 的元素与 x2 中对应元素逐个相减，可用“-”代替
multiply（x1,x2）	把数组 x1 的元素与 x2 中对应元素逐个相乘，可用“*”代替
divide（x1,x2）	把数组 x1 的元素与 x2 中对应元素逐个相除，可用“/”代替
floor_divide（x1,x2）	把数组 x1 的元素与 x2 中对应元素逐个相除并取整，可用“//”代替
negative（x1）	把数组 x1 的元素逐个取反，正变负、负变正，可用“-”代替
pwoer（x1,x2）	把数组 x1 的元素与 x2 中对应元素逐个求幂，可用“**”代替
remainder（x1,x2）	把数组 x1 的元素与 x2 中对应元素逐个求余，可用“%”代替

```
import numpy as np
a=np.array([1,2,3])
b=np.array([4,5,6])
c=a+b                    #把a中元素与b中对应元素相加，c的值为[5,7,9]
d=a*2                    #把a中所有元素逐个乘2，d的值为[2, 4, 6]
```

如果在运算时参与运算的两个数组形状（shape）不同，将触发NumPy数组广播机制，类似于表达式中类型的自动转换。数组广播机制基本原则与数据类型自动转换机制相似，形状小的数组向形状大的数组看齐，不足部分在前面加1补齐，输出数组的形状为各参与运算数组形状维度的最大值。

2. 数学函数

NumPy数学函数与math库的数学函数功能相似，区别在于math库的数学函数是针对单个值（常称为标量）运算的，而NumPy中的数学函数是针对向量或矩阵中的每个元素运算的，如表11-5所示。

表 11-5 数学函数

函 数	说 明
abs（x[, decimals, out]）	取数组 x 中每个元素的绝对值
around(x[, decimals, out])	取数组 x 中每个元素的近似值，decimals 为保留小数位数，默认为 0
floor(x, /[, out, where, casting, order, ...])	取数组 x 中每个元素的“地板值”（小于等于该值的最大值）
ceil(x, /[, out, where, casting, order, ...])	取数组 x 中每个元素的“天花板值”（大于等于该值的最小值）
sin(x, /[, out, where, casting, order, ...])	计算数组 x 中每个元素的正弦值
cos(x, /[, out, where, casting, order, ...])	计算数组 x 中每个元素的余弦值
sqrt(x, /[, out, where, casting, order, ...])	计算数组 x 中每个元素的平方根

3. 统计函数

NumPy提供了很多统计函数，主要包括求最小值、最大值、均值、方差、标准差等，如表11-6所示。

表 11-6 统计函数

函 数	说 明
amin(a[, axis, out, keepdims])	计算数组 a 的元素最小值，axis 指定计算的轴，否则为全部元素
amax(a[, axis, out, keepdims])	计算数组 a 的元素最大值，axis 指定计算的轴，否则为全部元素
mean(a[, axis, dtype, out, keepdims])	计算数组 a 的算术平均值，axis 指定计算的轴，否则为全部元素
average(a[, axis, weights, returned])	计算数组 a 的加权平均值，axis 指定计算的轴，否则为全部元素
std(a[, axis, dtype, out, ddof, keepdims])	计算数组 a 的标准差，axis 指定计算的轴，否则为全部元素
var(a[, axis, dtype, out, ddof, keepdims])	计算数组 a 的方差，axis 指定计算的轴，否则为全部元素
sum(a[, axis, dtype, out, keepdims])	计算数组 a 的元素总和，axis 指定计算的轴，否则为全部元素
histogram(a[, bins, range, normed, weights, ...])	计算数组 a 的直方图，axis 指定计算的轴，否则为全部元素

【例 11-1】已知学生3门课程成绩score如下所示，请计算各科目的平均分及各学生的平均分。

```
score=[[89.5,90,93],
       [68,87,89],
       [92,94,70],
       [78,89,87],
       [56,68,89],
       [92,89,69]]
```

分析：学生成绩存放在一个二维列表中，共有6行，每行有3列，代表6个学生3门课程的成绩。如果既要计算各学生的平均分，又要计算各科目的平均分，显然要使用双重循环累加每一学生每一门课程的成绩。如果把该课程成绩列表转换为NumPy数组，则该数组的形状为shape(6,3)，0轴有6个元素，代表6个学生各门课程的成绩，因此对0轴求平均值即为各课程的平均分；同理，1轴有3个元素，代表某一学生3门课程的成绩，因此对1轴求平均值即为该生的平均分，代码如下：

```
#ex11_1.py
import numpy as np
score=[[89.5,90,93],
       [68,87,89],
       [92,94,70],
       [78,89,87],
       [56,68,89],
       [92,89,69]]
a_sc=np.asarray(score)                #把Python列表转为NumPy数组
course_avg=np.mean(a_sc,axis=0)       #对0轴求平均值
```

```
student_avg=np.mean(a_sc,axis=1)     #对1轴求平均值
print("科目平均分为：",course_avg)
print("各学生平均分为：",student_avg)
```

运行结果如下：

```
科目平均分为：[79.25 86.16 82.83]
各学生平均分为：[90.83 81.33 85.33 84.66 71.00 83.33]
```

显然，使用NumPy数组的统计函数能有效简化程序开发，这是 Python列表所不具有的。

4. 排序函数

NumPy排序函数分为两大类：一类直接返回排序后的元素值，另一类则返回排序后的元素在数组中的索引号，具体如表11-7所示。

表 11-7 排序函数

函 数	说 明
sort(a, axis, kind, order)	对数组 a 按元素值从小到大排序并返回排序后的元素值，axis 指定排序的轴，否则为全部元素。kind 为排序方法，取值包括 quicksort（快速排序）、mergesort（归并排序）、heapsort（堆排序）。order 指定排序的关键字
argsort(a[, axis, kind, order])	返回数组 a 元素值从小到大排序后对应的索引号值
lexsort(keys[, axis])	对 keys 序列进行排序，并返回排序后元素从大到小对应的索引号值

【例 11-2】已知学生C++、Python、C#课程成绩score如下所示，请利用NumPy的sort()函数对学生成绩排序，排序时先按C#成绩排、C#成绩相同时再按C++成绩排。

```
score=[(“谭青”,89.5,90,93),
      (“张思明”,68,87,89),
      (“谢文”,92,94,70),
      (“邓国”,78,89,87),
      (“罗艳”,56,68,89),
      (“李晓”,93,89,69)]
```

分析：每个学生的成绩包含姓名和各科目成绩，排序时需指定相关的列，可以根据该列表数据创建NumPy结构化数组，然后利用sort()函数按指定关键字对该数组排序，代码如下：

```
#ex11_2.py
import numpy as np
#定义数组元素类型
dtype=[('name','U10'),('C++',float),('Python',float),('C#',float)]
score=[("谭青",89.5,90,93),
      ("张思明",68,87,89),
      ("谢文",92,94,70),
      ("邓国",78,89,87),
      ("罗艳",56,68,89),
      ("李晓",93,89,69)]
a_sc=np.array(score,dtype=dtype)     #根据自定义的元素类型创建结构化数组
```

```
print(np.sort(a_sc,order=['C#','C++']))    #指定排序关键字排序
```

程序运行结果如下：

```
[('李晓', 93. , 89., 69.) ('谢文', 92. , 94., 70.) ('邓国', 78. , 89., 87.)
 ('罗艳', 56. , 68., 89.) ('张思明', 68. , 87., 89.) ('谭青', 89.5, 90., 93.)]
```

【例 11-3】利用lexsort()函数对例11-2所示的学生成绩排序，排序时先按C#成绩排、C#成绩相同时再按C++成绩排。

分析：排序时lexsort要求指定具体参与排序的序列，例中为C#和C++两列数据，因此需要从score列表中把参与排序的序列抽取出来。另外，lexsoft要求把优先排序的列放在后面，即关键字从右往左排列，同时，lexsoft返回的不是排序后的元素值，而是该元素值在原序列中对应的索引号，因而需要通过该索引号从原序列中取出对应的元素值，代码如下：

```
#ex11_3.py
import numpy as np
score=[("谭青",89.5,90,93),
       ("张思明",68,87,89),
       ("谢文",92,94,70),
       ("邓国",78,89,87),
       ("罗艳",56,68,89),
       ("李晓",93,89,69)]
a_name=np.asarray([i[0] for i in score])         # 取"姓名"列
a_sc=np.asarray([[i[1],i[3]] for i in score])    #取C++、C#课程成绩
ind=np.lexsort((a_sc[:,0],a_sc[:,1]))            #对C++、C#课程成绩进行排序，注意
                                                 # 关键字顺序是从右往左排列的
                                                 #C#为主要关键字、C++为次要关键字
print(a_name[ind])                               # 根据排序索引值取出对应的姓名
```

程序运行结果如下：

```
['李晓' '谢文' '邓国' '罗艳' '张思明' '谭青']
```

5. 线性代数函数

NumPy线性代数函数提供了线性代数运算所需的功能，包括点积、向量积、内积、矩阵积、求解线性方程组等运算，如表11-8所示。

表 11-8 线性代数函数

函 数	说 明
dot (a, b, out=None)	两个数组的点积，即元素对应相乘
vdot (a, b, out=None)	两个向量的点积
inner (a, b, out=None)	两个数组的内积
matmul (a, b, out=None)	两个数组的矩阵积
linalg.det(a)	求数组的行列式
linalg.solve(a, b)	求解线性矩阵方程
linalg.inv(a)	计算矩阵的乘法逆矩阵

【例 11-4】求以下方程组的解：

$$\begin{cases} 3x-4y=9 \\ x+2y=8 \end{cases}$$

分析：该方程组可写成AX=B的矩阵相乘形式，其中系数矩阵A的值为[[3,-4],[1,2]]，常数矩阵B的值为[9,8]，X为要求的解，利用solve()函数求解代码如下：

```
#ex11_4.py
import numpy as np
a=np.array([[3,-4],[1,2]])   #A系数矩阵
b=np.array([9,8])            #B常数矩阵
x=np.linalg.solve(a,b)       #求解方程的解
print(x)
print(np.allclose(np.dot(a, x), b)) #验证ax=b是否成立
```

程序运行结果如下：

```
[5.  1.5]
```

即求得该方程组的解为x=5，y=1.5。

11.1.4 NumPy 数组形状操作

形状操作函数主要实现数组形状的变换，以满足实际问题求解需要，如表11-9所示（假设数组对象名称为a）。

表 11-9 形状操作函数

函 数	说 明
a.reshape（n,m）	原数组形状不变，返回一个维度为（n,m）的数组。但要注意，返回的数组是原数组的视图。也可直接修改 a.shape 属性值改变其形状
a.resize(n,m)	直接把数组形状修改为（n,m）
a.swapaxes(ax1,ax2)	调换数组中的两个维度
a.transpose (*axes)	返回转置后的数组，原数组不变，可用 a.T 代替，返回的数组是原数组的视图
a.flatten()	返回数组折叠降维后的一维数组，原数组保持不变，返回的是数组副本
a.ravel()	返回数组折叠降维后的一维数组，原数组保持不变，返回的是数组视图

```
import numpy as np
a=np.array([[1,2],[3,4]])  #定义数组，形状为shape(2,2)
b=a.T                      #b为a的转置矩阵，值为[[1, 3],[2, 4]]
b[0,0]=9                   #修改b的第0行第0列,b值为[[9, 3],[2, 4]]
print(a)                   #a的第0行第0列也被修改了，a的值变为[[9, 2],[3, 4]]
c=b.reshape((1,4))         #c为b调整后的形状，值为[[9, 3, 2, 4]]
d=b.flatten()              #d为b折叠成一维的数组，值为[[9, 3, 2, 4]]
d.shape=(2,2)              #变换d的形状，d的值为 [[9, 3],[2, 4]]
```

11.1.5 NumPy 数组保存与加载

NumPy数组的内容可以保存到磁盘文件，也可从磁盘文件加载并还原已保存的数组内容，其函数如表11-10所示。

表 11-10 数组保存与加载函数

函 数	说 明
save(file,a, allow_pickle=True, fix_imports=True)	以二进制格式把数组 a 的内容保存到 file 文件中，默认扩展名为 npy
load(file[, mmap_mode, allow_pickle, ...])	从 file 文件中加载并还原数组
savez(file, *args, **kwds)	把 args 列举的多个数组内容保存到 file 文件中。各数组自动以 arr_0, arr_1…格式的名称区分，除非指定具体的名称
savez_compressed(file, *args, **kwds)	功能与 savez 相同，区别在于采用了压缩方式保存数组
savetxt(file, a[, fmt, delimiter, newline, ...])	以简单的文本文件格式保存数组 a
loadtxt(file [, dtype, comments, delimiter, ...])	加载由 savettext 保存的数组

```
import numpy as np
a=np.array([[1,2],[3,4]])
np.save("outfile.npy",a)  #把数组a保存到outfile.npy文件中
b=np.load("outfile.npy")  #加载已保存的数组，b的值为[[1,2],[3,4]]
```

11.1.6 NumPy 图像数组

除了工程应用，NumPy数组也常用于图像处理。因为图像本身是由二维数据组成的，而这些图像数据可转换成数组对象，利用相应的数组运算可对图像数据进行各种处理。

1. 加载图像到数组

```
import numpy as np
from PIL import Image
img=np.array(Image.open("img\\img1.jpg"))    #加载图像并转换为NumPy数组
rows,cols,channel=img.shape #获取图像的行数（高）、列数（宽）及颜色通道数
print(img.shape)            #显示(1200, 1920, 3),高：1200、宽：1920、通道数：3
```

图像加载进数组之后，即可对像素各通道进行处理，例如img[i,j,0]可取到第i行第j列像素的R通道值，img[i,j,1]可取到该像素的G通道值，img[i,j,2]可取到该像素的B通道值。也可用img[i,j]取到该像素点3个通道的值。

2. 图像数组运算

可利用索引、切片、算术函数、数学函数等对图像数组进行运算，以实现图像的数字化处理，生成不同效果的图像。

【例 11-5】加载img\img1.jpg图像，先把图像所有像素值扩大1.2倍，再把R通道值缩减20%，代码如下：

```
#ex11_5.py
import numpy as np
```

```
from PIL import Image
img=np.array(Image.open( “img\\img1.jpg” ))     #加载图像到数组
rows,cols,channel=img.shape    #获取图像的行数（高）、列数（宽）及颜色通道数
print(img[0,0])            #显示调整前[0,0]像素的RGB值，结果为[59 130 208]
img=img*1.2                #所有像素值扩大1.2倍
print(img[0,0])            #显示调整后[0,0]像素的RGB值，结果为[70.8 156.0  249.6]
dimg=Image.fromarray(img.astype("uint8"))      #NumPy数组转为Image对象
dimg.show()                #显示像素值扩大1.2倍后的结果
for i in range(0,rows):
    for j in range(0,cols):
        img[i,j,0]=img[i,j,0]*0.8     #调整R通道值
dimg=Image.fromarray(img.astype("uint8"))
dimg.show()
print(img[0,0])          #显示调整后[0,0]像素的RGB值，结果为[56.64 156.0 249.6]
```

程序运行结果如图11-1所示。

图 11-1 原图及运算效果图

【例 11-6】加载img\img1.jpg图像，转换为灰度图，并对灰度图作反相处理。

```
#ex11_6.py
from PIL import Image
from numpy import *
img=array(Image.open('img\\img1.jpg').convert('L'))
img=255 - img                         # 对图像进行反相处理
dimg=Image.fromarray(img.astype("uint8"))
dimg.show()
```

程序运行结果如图11-2所示。

图 11-2 原图及运算效果图

11.2 SciPy 库

SciPy是一个广泛用于数学、科学、工程领域的第三方库，可完成插值、积分、优化、求根、图像处理、常微分方程求解、信号处理等问题，并可与NumPy数组协调工作。

11.2.1 安装 SciPy 库

```
pip install scipy
```

11.2.2 SciPy 库应用

SciPy由众多应用领域的模块组成，每个模块均提供了该领域大量常用运算，具体如表11-11所示（详细应用可参考SciPy官方文档）。

表 11-11　模块及应用领域

模　块	说　明
scipy.cluster	聚类算法，如支持向量、k-means 等
scipy.constants	物理和数学常量，如 pi 值等
scipy.fftpack	傅立叶变换算法
scipy.integrate	积分运算
scipy.interpolate	插值运算
scipy.linalg	线性代数
scipy.ndimage	n 维图像处理
scipy.odr	正交距离回归
scipy.signal	信号处理
scipy.sparse	稀疏矩阵运算
scipy.spatial	空间数据结构和算法
scipy.special	一些特殊的数学函数
scipy.stats	统计
scipy.optimize	优化与求根
scipy.io	数据输入输出

1. 方程求根

scipy.optimize模块提供了大量函数优化与求根的方法，例如求$x^2+10x-20=0$的根，其实现代码如下：

```
from scipy.optimize import fsolve
import numpy as np
func=lambda x:x*x+10*x-20
root=fsolve(func,-1)            #-1为迭代初始值
```

```
print(root) #程序结果为1.70820393
```

2. 求函数交点

两个函数f(x)、g(x)的交点可表示为f(x)-g(x)=0，可用求根方法求解。例如，求$x^2+10x-20=0$与cos(x/3)sin(x/4)=0的交点，其实现代码如下：

```
from scipy.optimize import fsolve
import numpy as np
f1=lambda x:x*x+10*x-20
f2=lambda x:np.cos(x/3)*np.sin(x/4)
root=fsolve(lambda x:f1(x)-f2(x),-1)
print(root)     #程序结果为1.7343
```

11.3 Matplotlib 库

Matplotlib是Python的绘图库，可与NumPy数组一起使用，提供了一种有效的 Matlab开源替代方案，既可显示图片，也可根据提供的数据绘制折线图、直方图、散点图、饼图等各类图表，还可在一个大区域中绘制不同的子图，实现数据的可视化。

图表通常有不同的部分组成，如图11-3所示，主要包括以下部分：

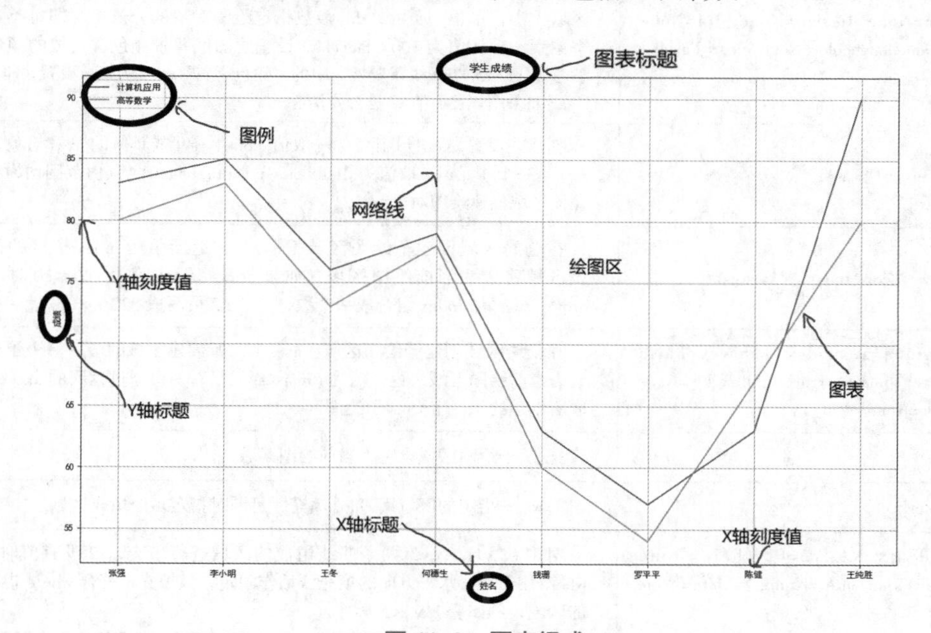

图 11-3 图表组成

（1）图表类型：包括折线图、直方图、散点图、饼图等。

（2）绘图区：绘制图表的区域，在一个大区域中可划分多个子区域，不同的子区域可绘制不同的图，也可对绘图区填充不同的样式。

（3）图表标题：相当于图表的名称。

（4）图例：描述图表所属的数据分类。

视频：Matplotlib库

（5）轴标题（标签）：描述某一轴的数据名称。

（6）轴刻度值：描述某一轴的数据集合。

（7）网络线：绘图区内纵横交叉线，方便确定某些数据点的位置。

11.3.1 安装 Matplotlib 库

```
pip install matplotlib
```

11.3.2 pyplot 模块应用

Matplotlib的绘图功能主要由pyplot模块提供，包括绘图区域函数、图像读写函数、绘图函数、坐标轴设置函数及其他函数等。

1. 绘图区函数

绘图区函数主要用于创建或设置当前绘图区（画布），为具体绘图函数提供绘图环境，具体如表11-12所示。

表 11-12 绘图区函数

函 数	说 明
figure(num=None, figsize=None, dpi=None, facecolor=None, edgecolor=None, clear=False)	创建一个全局绘图区域（画布）。num 指定绘图区序号，如果该序号已存在，则把该绘图区设为当前绘图区，否则创建新的绘图区；figsize 指定区域大小，单位为英寸；dpi 参数指定绘图对象的分辨率，即每英寸多少个像素，默认值为 100；facecolor 设置绘图区背景颜色，具体的颜色值可参考表 11-15"fmt 线条属性"中的"颜色字符"；edgecolor 设置边框颜色；clear 如果图表已存在，是否要清除
axes(arg=None, **kwargs)	创建或设置 axes 绘图区。arg 取值 None、rect 或具体的 axes 对象。其中 rect 是一个 4 元组，取值为 [left, bottom, width, height]，其值范围均为 [0,1]，在该区域创建绘图对象
subplot(nrows, ncols, index, **kwargs)	在全局区域创建子绘图区域（axes），返回值为 index 指定的区域，该区域将成为当前绘图区域。如果 nrows、ncols 值均小于 10 时，可把 nrows、ncols、index 组合成一个数，如 3,2,2 可写成 322
subplots(nrows=1, ncols=1, sharex=False, sharey=False, squeeze=True, subplot_kw=None, gridspec_kw=None, **fig_kw)	在全局区域创建子绘图区域（axes），所创建区域的最后一个子区域将成为当前绘图区域，返回值为 (fig,axes) 元组对，可通过返回的 axes 对象获取所创建的每一个 axes 子绘图区
sca(ax)	把 ax 子绘图区域设置为当前绘图区域
fill(x, y, [color])	对 x、y 指定的区域用 color 填充，可同时指定多个填充区域
fill_between(x, y1, y2=0, where=None, interpolate=False, step=None, *, data=None, **kwargs)	对由 (x ,y1)、(x,y2) 两条曲线组成的区域进行填充，y2 没有值时取 0；where 用于对 x 水平方向的填充区域作限定，只填充 x 符合 where 指定条件的区域，例如 x>1 & x<5 等
fill_betweenx(y, x1, x2=0, where=None, step=None, interpolate=False, *, data=None, **kwargs)	对由 (x1 ,y)、(x2,y) 组成的竖曲线区域进行填充，x2 没有值时取 0；where 用于对 x 水平方向的填充区域作限定，只填充 x 符合 where 指定条件的区域，例如 x>1 & x<5 等

绘图区figure（画布）是所有绘图函数的工作场所，一个绘图区可划分成多个子区域，每个子区域都有各自独立的坐标轴（axis）及轴区域（axes）对象，每个axes对象均具有绘图功能，因此，既可利用全局绘图区figure对象绘图，也可利用各自独立的axes对象绘图。在利用全局figure对象绘图时要注意，如果该绘图对象有多个子区域（axes），则绘图函数只工作在最后创建

的子区域，除非使用sca()函数改变当前绘图子区域。

【例 11-7】创建一个600×500像素的绘图区域，并根据以下数据绘制学生成绩折线图。

```
['张强','李小明','王冬','何穗生','钱珊','罗平平','陈健','王纯胜']
[83,85,76,79,63,57,63,90]
```

分析：创建绘图区域可使用figure()函数，区域大小可通过figsize参数设置，该参数的数据单位为英寸，而默认的dpi参数为1英寸等于100像素，因此，600×500区域的fgsize值为（6,5）。

```
#ex11_7.py
import numpy as np
import matplotlib.pyplot as plt          #引入绘图库
import matplotlib
matplotlib.rcParams['font.sans-serif'] = ['SimHei']     #解决中文乱码问题
#x轴数据
x=np.array(['张强','李小明','王冬','何穗生','钱珊','罗平平','陈健','王纯胜'])
y=np.array([83,85,76,79,63,57,63,90]) #y轴数据
plt.figure(figsize=(6,5))                  #创建600×500绘图区
plt.plot(x,y,label='计算机应用')            #在全局figure根据x轴、y轴数据画线
plt.show()                                 #显示图表
```

程序运行结果如图11-4所示。

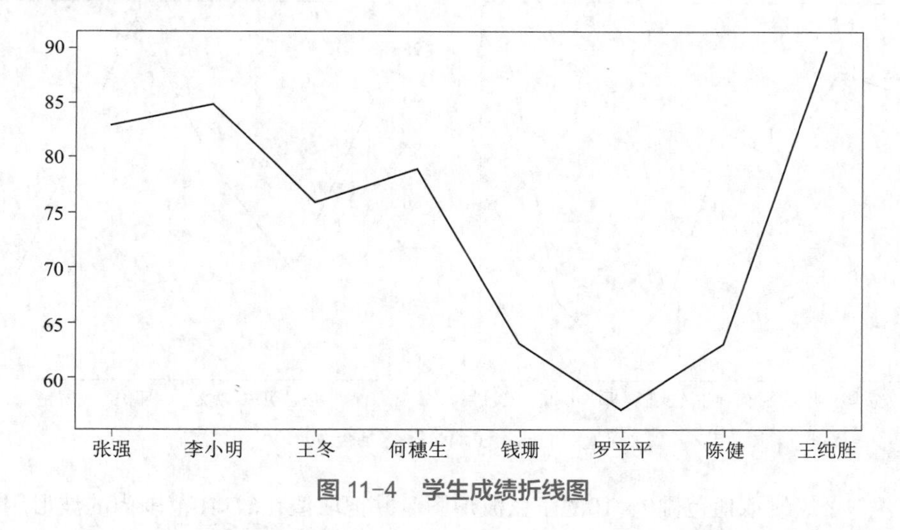

图 11-4 学生成绩折线图

【例 11-8】以下为2门课程的学生成绩，请用两个独立的区域绘制相应的成绩折线图。

```
#计算机应用
['张强','李小明','王冬','何穗生','钱珊','罗平平','陈健','王纯胜']
[83,85,76,79,63,57,63,90]
#高等数学
['谭青','张思明','谢文','邓国','罗艳','李晓']
[90,73,83,98,80,64]
```

分析：创建绘图子区域可以使用subplot()函数，也可使用subplots()函数，前者每调用一次创

建一个子区域，适用于创建完某子区域后随即绘图的场合，否则需要使用sca切换当前绘制区域。subplots()函数可以一次性创建所有子区域，并以(fig,axes)方式返回创建的子区域，axes是NumPy数组，可通过该数组访问每一个子区域。

```
#ex11_8.py
import numpy as np
import matplotlib.pyplot as plt
import matplotlib
matplotlib.rcParams['font.sans-serif'] = ['SimHei']
x1=np.array(['张强','李小明','王冬','何穗生','钱珊','罗平平','陈健','王纯胜'])
y1=np.array([83,85,76,79,63,57,63,90])
x2=np.array(['谭青','张思明','谢文','邓国','罗艳','李晓'])
y2=np.array([90,73,83,98,80,64])
plt.figure(figsize=(6,5))
fig,axes=plt.subplots(1,2)                    #创建1行2列的子区域
axes[0].plot(x1,y1,label='计算机应用')    #在第1个子区域绘制
axes[1].plot(x2,y2,label='高等数学')      #在第2个子区域绘制
plt.show()
```

程序运行结果如图11-5所示。

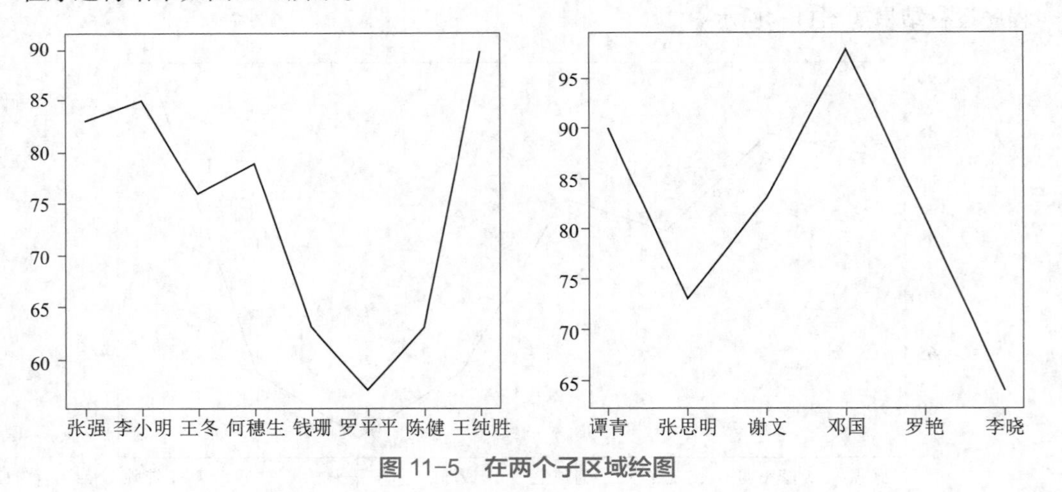

图 11-5　在两个子区域绘图

【例 11-9】绘制取值范围0～10的正弦波形图，并把取值在6～10范围内的波形用灰色背景色填充。

```
#ex11_9.py
import numpy as np
import matplotlib.pyplot as plt
import matplotlib
matplotlib.rcParams['font.sans-serif'] = ['SimHei']
x=np.linspace(0,10,20)          #x轴数据,0到10，等分20份
y=np.sin(x)                     #y轴数据，为正弦函数sin值
ix=(x>6)&(x<10)                 #填充区域，只需指定水平区域即可
```

```
plt.figure(figsize=(6,5))
plt.plot(x,y,label='$sin(x)$')
plt.fill_between(x,y,0,where=ix,facecolor='gray')    #用指定颜色填充指定区域
plt.savefig('sin.png')        #把绘图结果保存到sin.png图像文件中
plt.show()
```

程序运行结果如图11-6所示。

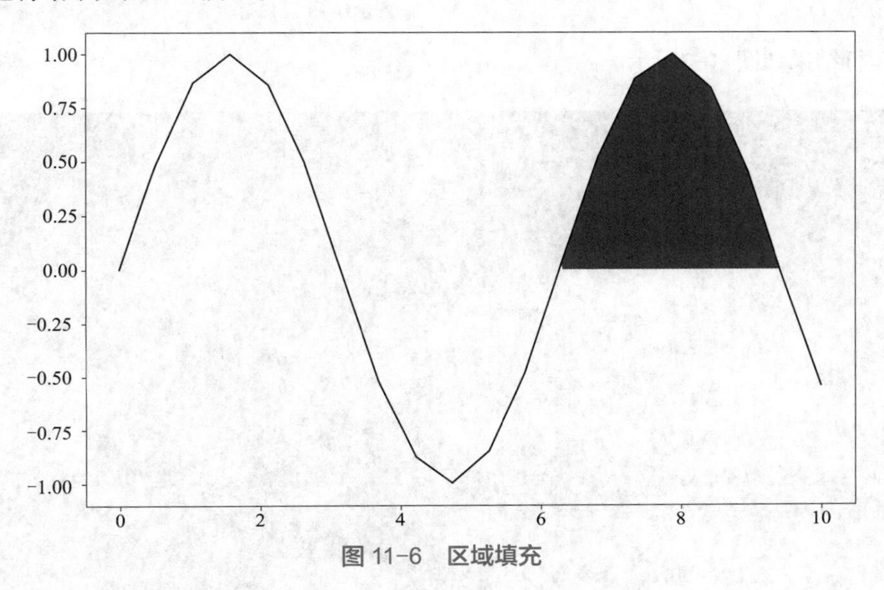

图 11-6 区域填充

2. 图像读写函数

pyplot除了提供各种绘图功能外，也可读写图像文件，并把图像内容显示在绘图区域中，具体函数如表11-13所示。

表 11-13 图像读写函数

函 数	说 明
imread(fname, format=None)	读取 fname 图像文件，并把图像内容以 NumPy 数组格式返回。对于灰度图，返回数组形状为（M,N），对于 RGB 图，返回数组形状为（M,N,3），对于 RGBA 图，返回数组形状为（M,N,4）
imsave(fname, arr, **kwargs)	把 arr 图像数组保存到 fname 图像文件
imshow(arr)	在绘图区域显示 arr 图像数组内容
savefig(fname, dpi=None, facecolor='w', edgecolor='w' ,orientation='portrait', papertype=None, format=None, transparent=False, bbox_inches=None, pad_inches=0.1, frameon=None, metadata=None)	把当前绘图区内容保存到 fname 图像文件

【例 11-10】在当前绘图区显示img\img1.jpg图像文件。

```
#ex11_10.py
```

```
import numpy as np
import matplotlib.pyplot as plt
import matplotlib
matplotlib.rcParams['font.sans-serif']=['SimHei']
img=plt.imread('img\\img1.jpg')                #加载图像到数组
plt.imshow(img)                                #把像数组内容输出到当前绘图区
plt.show()                                     #显示绘图区内容
```

程序运行结果如图11-7所示。

图 11-7 显示图像文件

3. 绘图函数

pyplot提供了大量常用图表绘制函数，如表11-14所示。

表 11-14 绘图函数

函 数	说 明
plot(x, y, [fmt], *, data=None, **kwargs)	根据 x、y 数组绘制直线、曲线。fmt 可设置线条属性组合，具体取值可参考表 11-15；kwargs 可设置单个线条属性，具体取值可考表 11-16
bar(x, height, width=0.8, bottom=None, *, align='center', data=None, **kwargs)	绘制垂直条形图。x 为各条形图水平起始位置，底默认为 0，高度和宽度分别由 height 和 width 设置
barh(y, width, height=0.8, left=None, *, align='center', **kwargs)[source]	绘制水平条形图。y 为各条形图垂直起始位置，高度和宽度分别由 height 和 width 设置

续表

函　数	说　明
boxplot(x, vert=None)	根据x值绘制箱图，x是向量序列或数组，可有多列，每列为一个独立箱图；vert 设置水平还是垂直方式绘制
cohere(x, y, NFFT=256, Fs=2, Fc=0)	绘制 x-y 的相关性图
pie(x, explode=None, labels=None, colors=None, autopct=None, pctdistance=0.6, shadow=False)	绘制饼图。x 为各部分值，会自动计算占比；labels 设置各部分的标签、autopct 设置数据显示格式
polar(theta, r, **kwargs)	绘制极坐标图
psd(x, NFFT=None, Fs=None, Fc=None, detrend=None)	绘制功率谱密度图
specgram(x, NFFT=None, Fs=None, Fc=None, detrend=None)	绘制频谱图
scatter(x,y, s,c,marker)	绘制散点图，其中，x 和 y 长度相同，s 为标记大小，c 为标记颜色，marker 为标记类型
step(x,y, [fmt],where)	绘制步阶图
hist(x,bins,normed)	绘制直方图
contour(X,Y,Z,N)	绘制等值图
vlines()	绘制垂直图

表 11-15　fmt 线条属性

字　符（标记符号）	说　明
'.'	点标记
','	像素标记
'o'	圆标记
'v'	倒三角标记
'^'	正三角标记
'<'	左三角标记
'>'	右三角标记
'1'	下箭头标记
'2'	上箭头标记
'3'	左箭头标记
'4'	右箭头标记
's'	正方形标记

续表

字　符（标记符号）	说　明
'p'	五边形标记
'*'	星形标记
'h'	六边形标记 1
'H'	六边形标记 2
'+'	加号标记
'x'	x 标记
'D'	菱形标记
'd'	窄菱形标记
'|'	竖直线标记
'_'	水平线标记
字　符（线型字符）	**说　明**
'-'	实线样式
'--'	短横线样式
'-.'	点划线样式
':'	虚线样式
字　符（颜色字符）	**说　明**
'b'	蓝色
'g'	绿色
'r'	红色
'c'	青色
'm'	品红色
'y'	黄色
'k'	黑色
'w'	白色

表 11-16　线条或其他属性

字　符	说　明
alpha	透明度，取值 [0,1] 小数
color 或 c	线条颜色，取值 (R，G，B)，各分量取值在 [0,1] 之间
fillstyle	填充样式，取值 {'full', 'left', 'right', 'bottom', 'top', 'none'}
linestyle 或 ls	线型，取值 {'-', '--', '-.', ':'}
linewidth 或 lw	线宽
marker	标记符号

续表

字 符	说 明
visible	是否可见
label	图例中显示的标签值，前后用“$”告诉 matplotlib 使用内置的 latex 引擎绘制标签中的数学公式
fontsize	字体大小
markersize	标记大小

4. 坐标轴设置函数

坐标轴设置函数可设置坐标轴的标签、缩放、取值范围和刻度值等，具体如表11-17所示。

表 11-17 坐标轴设置函数

函 数	说 明
xlim(min,max)	设置 x 轴取值范围
ylim(min,max)	设置 y 轴取值范围
xscale(val)	设置 x 轴缩放，val 取值 "linear", "log", "symlog", "logit"}
yscale(val)	设置 y 轴缩放，val 取值 "linear", "log", "symlog", "logit"}
xlabel(xlabel, fontdict=None, labelpad=None)	设置 x 轴标签
ylabel(xlabel, fontdict=None, labelpad=None)	设置 y 轴标签
xticks(ticks=None, labels=None)	设置 x 轴刻度，刻度值由 ticks 设置，刻度对应的标签由 labels 设置
yticks(ticks=None, labels=None)	设置 y 轴刻度，刻度值由 ticks 设置，刻度对应的标签由 labels 设置
axis（xmin, xmax, ymin, ymax）	设置 x 轴、y 轴的取值范围

5. 其他函数

pyplot的函数非常多，除了以上主要函数外，还有大量其他函数，表11-18为绘图过程中常用的部分其他函数。

表 11-18 其他函数

函 数	说 明
title(label)	设置图表标题
legend(handles, labels, loc)	显示图例，可为 handles 中的每一个绘图对象设置对应的 labels 图例名称；loc 设置图例的显示位置，取值 { 'upper left', 'upper right', 'lower left', 'lower right', 'upper center', 'lower center', 'center left', 'center right', 'center', 'best' }
grid()	显示网格线
autoscale()	自动缩放轴视图数据
annotate(s, xy, xytext)	给 xy 数据点绘制标注文本，文本所在位置为 xytext
text(x,y,s)	在绘图区域 (x,y) 指定的位置输出文本 s

【例 11-11】以下为2门课程的学生成绩，请在同一区域中绘制相应的成绩折线图，并把图表标题设置为“学生成绩”,x轴标签设置为“姓名”,y轴标签设置为“成绩”，显示图例和网格线。在绘制“计算机应用”课程折线图时，使用蓝色实线和圆标记。

```
['张强','李小明','王冬','何穗生','钱珊','罗平平','陈健','王纯胜']
[83,85,76,79,63,57,63,90]      #计算机应用
[80,83,73,78,60,54,67,80]      #高等数学
```

程序代码如下：

```
#ex11_11.py
import numpy as np
import matplotlib.pyplot as plt
import matplotlib
matplotlib.rcParams['font.sans-serif'] = ['SimHei']
x=np.array(['张强','李小明','王冬','何穗生','钱珊','罗平平','陈健','王纯胜'])
y1=np.array([83,85,76,79,63,57,63,90])          #计算机应用
y2=np.array([80,83,73,78,60,54,67,80])          #高等数学
plt.figure(figsize=(6,5))
plt.xlabel('姓名')                               #x轴标签
plt.ylabel('成绩')                               #y轴标签
plt.title('学生成绩')                            #图表标题
plt.plot(x,y1,'-ob',label='计算机应用')          #采用蓝色实线圆标记
plt.plot(x,y2,label='高等数学')                  #在同一区域绘制
plt.legend()                                     #显示图例
plt.grid()                                       #显示网格线
plt.show()
```

程序运行如果如图11-8所示。

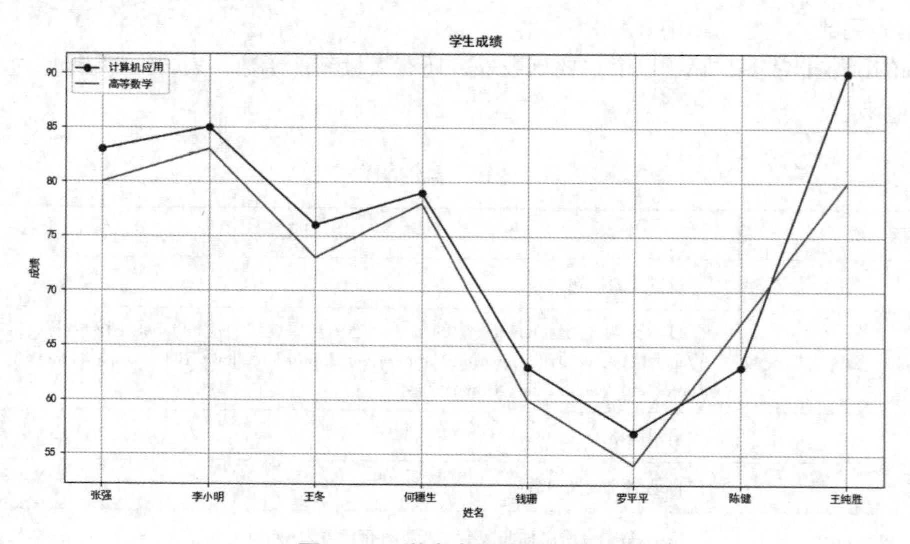

图 11-8　学生多门成绩折线图

【例 11-12】以下为学生“计算机应用”课程的成绩，请绘制该成绩的条形图。

```
['张强','李小明','王冬','何穗生','钱珊','罗平平','陈健','王纯胜']
[83,85,76,79,63,57,63,90]
```

程序代码如下：

```
#ex11_12.py
import numpy as np
import matplotlib.pyplot as plt
import matplotlib
matplotlib.rcParams['font.sans-serif']=['SimHei']
x=np.array(['张强','李小明','王冬','何穗生','钱珊','罗平平','陈健','王纯胜'])
y1=np.array([83,85,76,79,63,57,63,90])
plt.figure(figsize=(6,5))
plt.xlabel('姓名',fontsize=14)
plt.ylabel('成绩',fontsize=14)
plt.title('学生成绩',fontsize=18)
plt.bar(x,y1,width=0.5,label='计算机应用',color=(0.5,0.5,0.8))
plt.legend(loc="upper center")          #在上中位置显示图例
plt.grid()
plt.show()
```

程序运行结果如图11-9所示。

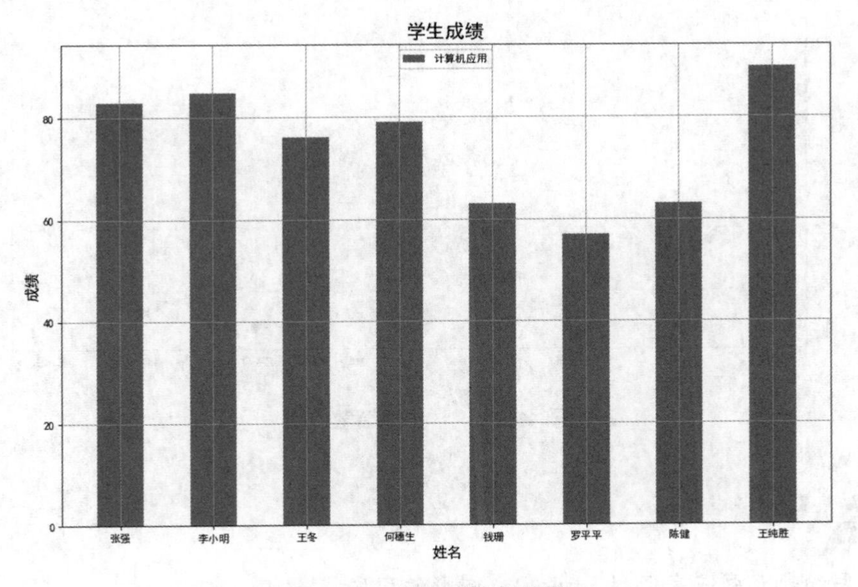

图 11-9 学生成绩条形图

【例 11-13】以下为学生“计算机应用”课程的成绩，请绘制该成绩的散点图。

```
['张强','李小明','王冬','何穗生','钱珊','罗平平','陈健','王纯胜']
[83,85,76,79,63,57,63,90]
```

程序代码如下：

```
#ex11_13.py
import numpy as np
import matplotlib.pyplot as plt
import matplotlib
matplotlib.rcParams['font.sans-serif']=['SimHei']
x=np.array(['张强','李小明','王冬','何穗生','钱珊','罗平平','陈健','王纯胜'])
y1=np.array([83,85,76,79,63,57,63,90])
plt.figure(figsize=(6,5))
plt.xlabel('姓名',fontsize=14)
plt.ylabel('成绩',fontsize=14)
plt.title('学生成绩',fontsize=18)
plt.scatter(x,y1,s=100,marker='v',label='计算机应用')
plt.legend()
plt.grid()
plt.show()
```

程序运行结果如图11-10所示。

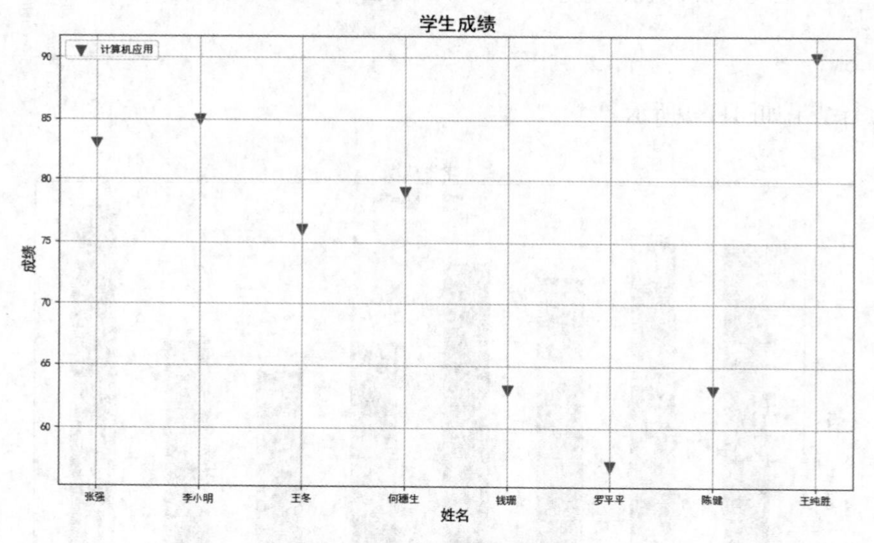

图 11-10　学生成绩散点图

习题

1. 编写绘制正弦三角函数 $y=\sin(2x)$ 图形的程序。
2. 求以下方程组的解：

$$\begin{cases} 3x+y+2z=9 \\ x+2y+z=8 \\ x+2y+4z=7 \end{cases}$$

3. 以下为某商品四个季度的销售情况，请绘制销售情况饼图。

```
[87,23,90,67]
```

4. 打开 img\img1.jpg 图片，转换为灰度图，把图像像素值变换到 100 ~ 200 之间，把变换的结果保存到 img\img_ch.png。

5. 已知学生 3 门课程成绩 score 如下所示，请利用 NumPy 数组计算各科目的最高分及各学生的总分。

```
score=[[89.5,90,93],
       [68,87,89],
       [92,94,70],
       [78,89,87],
       [56,68,89],
       [92,89,69]]
```

6. 已知学生 C++、Python、C# 课程成绩 score 如下所示，请利用 NumPy 的 sort() 函数对学生成绩排序，排序时先按 C++ 成绩排，C++ 成绩相同时再按姓名排。

```
score=[("谭青",89.5,90,93),
       ("张思明",68,87,89),
       ("谢文",92,94,70),
       ("邓国",78,89,87),
       ("罗艳",56,68,89),
       ("李晓",92,89,69)]
```

7. 创建 NumPy 数组有哪些方法？

8. NumPy 数组有哪些降维方法？

9. 如何理解 NumPy 数组的形状？

10. NumPy 数组哪些操作返回视图？哪些操作返回数组副本？

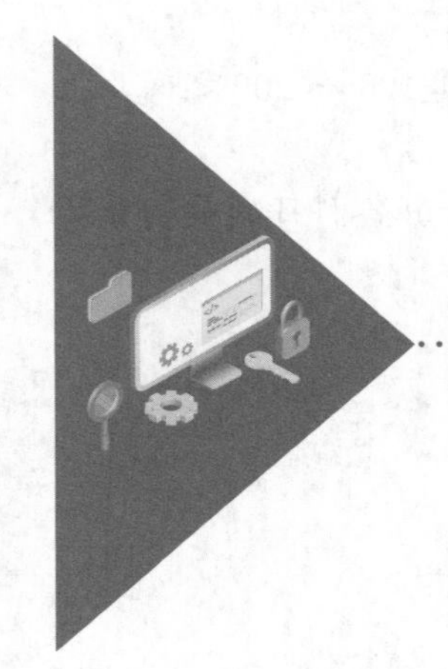

第12章 Python 机器学习

机器学习与预测分析正在改变企业和其他组织的运作方式。在充满挑战性的现代市场中，能够理解复杂数据中的趋势和模式是成功的关键，也是获得快速增长的关键战略之一。Python 可以帮助我们获得洞察数据的关键技巧。Python 语言的流行与它在机器学习和人工智能领域的广泛使用是密不可分的。本章介绍 Python 丰富的机器学习库、Python 机器学习环境的搭建、机器学习项目实践。

12.1 一般机器学习工作流程

一般的机器学习工作流程，如图12-1所示。按先后顺序依次可分为八个过程，接下来简单介绍各个过程的功能和需要解决的问题。

1. 数据清洗和格式化

与大多数数据科学课程所使用的数据不同，真实数据很混乱，并非每个数据集都是没有缺失值或异常值的。这意味着在开始分析之前，我们需要清洗数据并将其转换为可读取的格式。数据清洗是大多数数据科学问题中必不可少的一部分。

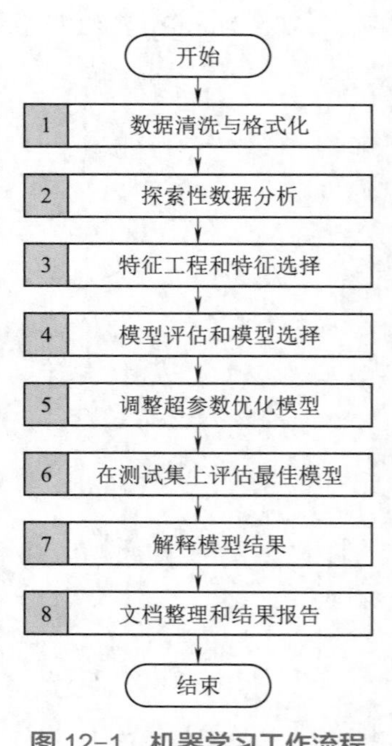

图 12-1　机器学习工作流程

2. 探索性数据分析

探索性数据分析（Exploratory Data Analysis，EDA）是分析数据集以总结其主要特征的方法。简而言之，EDA的目标是了解我们的数据可以告诉我们什么，以帮助我们合理选择和使用数据特征。通常使用可视化的方法。

3. 特征工程和特征选择

特征工程是一项获取原始数据并提取或创建新特征的过程，也就是说可能需要对变量进行转换。例如通过取自然对数、取平方根或者对分类变量进行独热（one-hot）编码的方式以便它们可以在模型中更好地得以利用。通常来说，特征工程就是通过对原始数据的一些操作构建额外有效特征的过程。

特征选择是一项选择数据中与任务最相关的特征的过程。在特征选择的过程中，我们通过删除无效或重复的数据特征以帮助模型更好地学习和总结数据特征并创建更具可解释性的模型。通常来说，特征选择更多的是对特征做减法，只留下那些相对重要的特征。

4. 模型评估和模型选择

机器学习经过多年的发展，已经开发出大量模型或算法。比较常用的模型有线性回归模型（Linear Regression，LR）、决策树模型（Decision Tree）、K最近邻模型（K-Nearest Neighbors，KNN）、随机森林模型（Random Forest，RF）、支持向量机（Support Vector Machines，SVM）和神经网络（Neural Nets）等。

从大量现有的机器学习模型中选择出适用的模型并不是一件容易的事。尽管有些“模型分析图表”试图告诉你要去选择哪一种模型，但亲自去尝试多种算法，并根据结果比较哪种模型效果最好，也许是更好的选择。因此，数据科学家往往先设定一个性能指标，在相同数据上，尝试不同的模型，评估不同模型的性能，进而选择性能最好的模型。

考虑到模型的可解释性，一般来说，可以从简单的可解释模型（如线性回归）开始尝试，如果发现性能不足再转而使用更复杂但通常更准确的模型。一部分模型的准确性与可解释性关系（无科学依据）如图12-2所示。

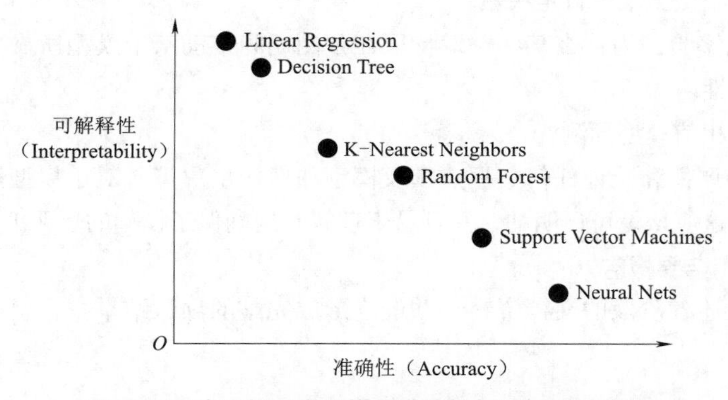

图 12-2 常用机器学习模型准确性与可解释性关系

5. 调整超参数优化模型

对于机器学习任务，可以针对我们的任务调整最佳模型的超参数来进一步优化模型表现。模型超参数通常被认为是数据科学家在训练之前对机器学习算法的设置。超参数的设定影响着模型“欠拟合”与“过拟合”的平衡，进而影响模型表现。

欠拟合是指我们的模型不足够复杂（没有足够的自由度）去学习从特征到目标特征的映射。一个欠拟合的模型有着很高的偏差（bias），我们可以通过增加模型的复杂度来纠正这种偏差。过拟合是指我们的模型过度记忆了训练数据的情况。过拟合模型具有很高的方差（variance）。针对这种情况，我们可以通过正则化来限制模型的复杂度来纠正。“欠拟合”和“过拟合”在测试集上都不会有较好的表现。

对于每一个机器学习问题，都有着特有的最优超参数组合。因此，找到最佳超参数设置的唯一方法就是尝试多种超参数设置来分析哪一个表现最佳。

6. 在测试集上评估最佳模型

经过模型评估挑选，并通过调整超参数优化获得的最佳模型，真实性能如何呢？我们可以根据模型在测试集上的表现准确客观地评估模型的最终性能（应确保模型训练时不接触到测试集），从而判定该机器学习模型是否适应该问题的解决。

7. 解释模型结果

在解决机器学习问题时，数据科学家通常倾向于注意模型性能指标，如准确性、精确度和召回率等。但是，度量标准只能说明模型预测性决策的一部分内容。随着时间的推移，由于环境中各种因素造成的模型概念漂移，性能可能会发生变化。因此，了解什么促使模型作出某些决定是极为重要的。也就是我们不仅要求模型能解决问题，还要解释模型为什么能起作用。模型的可解释性，在某种程度上影响了用户对模型的信任度。如果一个模型，对用户而言，完全是一个“黑盒”，用户会对模型的可信度和潜在风险性提出质疑。

模型解释的三个最重要的方面如下：

（1）什么主导了模型预测？

我们应该找出特征的相互作用，以了解在模型的决策策略中哪些特征可能是重要的。这确保了模型的公平性。

（2）为什么模型做出某个特定决策？

我们还应该能够验证为什么某些关键特征在预测期间推动某个模型所做出的某些决定。这确保了模型的可靠性。

（3）我们如何相信模型预测？

我们应该能够评估和验证任何数据点以及模型如何作出决策。对于模型按预期运行的直接利益相关者来说，这应该是可证明的，并且易于理解。这确保了模型的透明度。

8. 文档整理和结果报告

最后，整理上述各阶段的文档资料，并最终形成完整的项目结果报告，以便项目的日常管理和维护。

12.2 Python 机器学习库与机器学习环境搭建

12.2.1 常用 Python 机器学习库

在机器学习方面，有一些Python库几乎总是会被用到。下面简单介绍一下这些库。

1. NumPy 库

NumPy是应用Python进行科学计算时的基础模块。它是一个提供多维数组对象的Python库，除此之外，还包含了多种衍生的对象[比如掩码式数组（masked arrays）或矩阵以及一系列的为快速计算数组而生成的例程，包括数学运算、逻辑运算、形状操作、排序、选择、I/O、离散傅里叶变换、基本线性代数、基本统计运算、随机模拟等。NumPy库中最核心的部分是ndarray对象，这部分内容在第11章中已经介绍过。

2. SciPy 库

SciPy是一个高级的科学计算库。它和NumPy联系很密切，SciPy一般都是操控NumPy数组来进行科学计算。SciPy让Python成为了半个MATLAB。SciPy包含的功能有最优化、线性代数、积分、插值、拟合、特殊函数、快速傅里叶变换、信号处理和图像处理、常微分方程求解和其他科学与工程中常用的计算。SciPy是依赖于NumPy的，所以在安装SciPy前需要先安装好NumPy。

3. Matplotlib 库

Matplotlib是一个用于绘图的Python库，可以与NumPy配合使用。Matplotlib是Python的一个2D图形库，能够生成各种格式的图形（诸如折线图、散点图、直方图等），界面可交互（可以利用鼠标对生成图形进行点击操作），同时该2D图形库跨平台，即既可以在Python脚本中编码操作，也可以在Jupyter Notebook中使用，以及其他平台都可以很方便地使用Matplotlib图形库，而且生成图形质量较高，甚至可以达到出版级别。Matplotlib库的使用在第11章中已经介绍过。

4. pandas 库

pandas是一个强大的分析结构化数据的工具集；它可以对数据进行导入、清洗、处理、统计和输出。pandas 是基于 NumPy 库的，可以说，pandas 库就是为数据分析而生的。关于pandas库的使用在第7章中也已经介绍过。

5. statsmodels 库

statsmodels是Python的统计建模和计量经济学工具包，其包括了几乎所有常见的各种回归模型、非参数模型和估计、时间序列分析和建模以及空间面板模型等，其功能强大，使用也相当便捷。

6. seaborn 库

seaborn是基于Matplotlib的Python数据可视化库，提供更高层次的API封装，使用起来更加方便快捷。该模块是一个统计数据可视化库，用于绘制具有吸引力和高信息量的统计图表。seaborn简洁而强大，和pandas、NumPy组合使用效果更佳。值得注意的是，seaborn并不是Matplotlib的代替品，很多时候仍然需要使用Matplotlib。

7. scikit-learn 库

scikit-learn（简称sklearn）是Python的一个开源机器学习模块，它建立在NumPy和SciPy模块之上。sklearn是Python的重要机器学习库，其中封装了大量的机器学习算法，如分类、回归、降维以及聚类；还包含了监督学习、非监督学习、数据变换三大模块。sklearn拥有完善的文档，使得它具有了上手容易的优势；并且内置了大量的数据集，节省了获取和整理数据集的时间。因而，其成为了广泛应用的重要的机器学习库。

8. cv2 库

OpenCV是一个基于BSD许可（开源）发行的跨平台计算机视觉库，可以运行在Linux、Windows、Android和Mac OS操作系统上。它轻量级而且高效——由一系列 C 函数和少量 C++ 类构成，同时提供了Python、Ruby、MATLAB等语言的接口，实现了图像处理和计算机视觉方面的很多通用算法。cv2库即OpenCV的Python接口。

9. tensorflow 库

TensorFlow 是谷歌公司开发的深度学习框架，也是目前深度学习的主流框架之一。TensorFlow 提供Python、C++、Java、GO等语言的接口。tensorflow库即TensorFlow的Python接口。

10. Keras 库

Keras是一个深度学习（Deep Learning，DL）API，Keras由纯Python编写而成并基于tensorflow、Theano以及CNTK后端。Keras 为支持快速实验而生，能够把你的构思迅速转换为结果。Keras使用于以下需求：简易和快速的原型设计（Keras具有高度模块化、极简和可扩充特性）；支持CNN和RNN，或二者的结合；无缝CPU和GPU切换。Keras 是第一个被添加到TensorFlow 核心中的高级别框架，成为 TensorFlow 的默认 API。

上面介绍了一些常用的机器学习Python库，至于如何使用这些Python库，还需要查看相关的文档或学习资料。

12.2.2 常用机器学习环境搭建

下面介绍两种常用的Python机器学习环境的搭建。我们只介绍在Window 10操作系统上的环境搭建，在Ubuntu等其他操作系统中的环境搭建，请查看相关帮助文档。

1. Windows 10 系统上 sklearn 环境搭建

由于sklearn建立在NumPy和SciPy模块之上，所以在安装sklearn之前，要先安装NumPy和SciPy。具体安装步骤如下：

（1）安装NumPy：

```
pip3 install numpy
```

（2）安装SciPy：

```
pip3 install scipy
```

（3）安装sklearn：

```
pip3 install sklearn
```

安装完成后输入pip3 list进行测试，若能列出sklearn这一项，则说明安装成功。

2. Windows 10 系统上安装 TensorFlow

TensorFlow 有两个版本：CPU 版本和 GPU 版本。GPU 版本需要 CUDA 和 cuDNN 的支持，CPU 版本不需要。如果你要安装 GPU 版本，请先确认显卡支持 CUDA。在安装前，请先做如下准备：

（1）确认显卡是否支持 CUDA。

（2）确保Python 版本是 3.5 64 位及以上（TensorFlow 从 1.2 开始支持 Python 3.6，之前的版本官方是不支持的）。

（3）确保有稳定的网络连接。

（4）确保pip 版本≥8.1。用 pip -V 查看当前 pip 版本，用 python -m pip install -U pip 升级pip 。

由于 Google 已经把 TensorFlow 打成了一个 pip 安装包，所以可以用正常安装包的方式安装TensorFlow ，即进入命令行执行下面这一条简单的语句：

```
#GPU版本
pip3 install --upgrade tensorflow-gpu
#CPU版本
pip3 install --upgrade tensorflow
```

安装tensorflow需要先安装一些依赖包，例如setuptools, werkzeug, grpcio, markdown, absl-py, protobuf, wheel, tensorboard, tensorflow-estimator, gast, google-pasta, termcolor, wrapt, h5py, keras-applications, keras-preprocessing, astor等，这些包会自动完成下载安装，最后完成tensorflow包的安装。

如果显卡支持 CUDA，可以安装GPU 版本。GPU 版本安装完成之后试着在 Python 中import tensorflow，会告诉你没有找到 CUDA 和 cuDNN，还需完成这两个东西的安装。这里只演示CPU 版本的安装，省去了CUDA 和 cuDNN的安装过程，感兴趣的同学可以查看相关帮助文档。

tensorflow的CPU版本安装成功之后，在 Python 中import tensorflow，总是出现多条类似如下的错误：

```
    FutureWarning: Passing (type, 1) or '1type' as a synonym of type is
deprecated; in a future version of numpy, it will be understood as (type, (1,)) /
'(1,)type'._np_quint8=np.dtype([("quint8", np.uint8, 1)])
```

只需根据错误提示，找到相应路径中的dtype.py文件（共两个，分别位于Python安装路径下的“Python37\Lib\site-packages\tensorboard\compat\tensorflow_stub”文件夹和“\Python37\Lib\site-packages\tensorflow\python\framework”文件夹），打开该文件，完成下列修改，就可完美解决问题。

```
_np_qint8=np.dtype([("qint8", np.int8, 1)])
_np_quint8=np.dtype([("quint8", np.uint8, 1)])
_np_qint16=np.dtype([("qint16", np.int16, 1)])
_np_quint16=np.dtype([("quint16", np.uint16, 1)])
_np_qint32=np.dtype([("qint32", np.int32, 1)])
np_resource=np.dtype([("resource", np.ubyte, 1)])
```

修改为：

```
_np_qint8=np.dtype([("qint8", np.int8, (1,))])
_np_quint8=np.dtype([("quint8", np.uint8, (1,))])
_np_qint16=np.dtype([("qint16", np.int16, (1,))])
_np_quint16=np.dtype([("quint16", np.uint16, (1,))])
_np_qint32=np.dtype([("qint32", np.int32, (1,))])
np_resource=np.dtype([("resource", np.ubyte, (1,))])
```

我们通过一个简单的矩阵乘法例子，来测试一下tensorflow是否可以正常使用。

【例12-1】利用tensorflow计算矩阵乘法。

```
#ex12_1Tensorflow.py
import tensorflow as tf

a=tf.random.normal((100, 100))
b=tf.random.normal((100, 500))
c=tf.matmul(a, b)
sess=tf.compat.v1.InteractiveSession()
print(sess.run(c))
```

运行结果为：

```
[[ 14.57546    -11.590878    -2.3987484  ...  14.418335     1.3043635
   -2.0749474 ]
 [ 23.11011     -1.7751727    1.0338236  ...   7.4664297   -8.312439
  -17.480974  ]
 [ 15.210065     0.6516016    7.8903637  ... -11.955989     7.482488
   15.37874   ]
 ...
 [  6.6299963    1.3231604    4.6063614  ...  -6.803738     9.838538
   -6.77156   ]
 [  1.6041358   -9.1533       9.462037   ...   1.768662    19.679869
  -10.134327  ]
 [ 13.820432     5.601266     1.4087104  ...  -4.19983    -10.654203
   -0.14498663]]
```

其中tf.matmul(a, b)，实现张量（矩阵）a和张量（矩阵）b相乘。tf.random_normal()函数用于从服从指定正态分布的数值中取出指定个数的值。其完整定义如下：

```
tf.random_normal(shape, mean=0.0, stddev=1.0, dtype=tf.float32, seed=None,
name=None)
```

各参数含义如下：

- shape：输出张量（矩阵）的形状，必选，例如：(100,100)表示100行100列。
- mean：正态分布的均值，默认为0。
- stddev：正态分布的标准差，默认为1.0。
- dtype：输出的类型，默认为tf.float32。
- seed：随机数种子，是一个整数，当设置之后，每次生成的随机数都一样。
- name：操作的名称。

运行结果表明，tensorflow已经可以正常使用了。注意：如果安装的GPU 版本，运行时还会输出显卡的信息。

12.3 sklearn 库的使用

12.3.1 sklearn 库常用模块和接口

视频：
sklearn库

sklearn 库提供了机器学习中涉及的数据预处理、监督学习、无监督学习、模型选择和评估等系列方法，包含众多子库或模块，例如数据集（sklearn.datasets）、特征预处理（sklearn.preprocessing）、特征选择（sklearn.feature_selection）、特征抽取（feature_extraction）、模型评估（sklearn.metrics、sklearn.cross_validation）子库、实现机器学习基础算法的模型训练（sklearn.cluster、sklearn.semi_supervised、sklearn.svm、sklearn.tree、sklearn.linear_model、sklearn.naive_bayes、sklearn.neural_network）子库等。sklearn 库常见的引用方式如下：

```
from sklearn import <模块名>
```

具体sklearn常用子模块和类如表12-1所示，更详细的信息请查看官方帮助文档。

表 12-1 sklearn 常用模块和类

库（模块）	类	类 别	功能说明
sklearn.preprocessing	StandardScaler	无监督	标准化
	MinMaxScaler	无监督	区间缩放
	Normalizer	无信息	归一化
	Binarizer	无信息	定量特征二值化
	OneHotEncoder	无监督	定性特征编码
	Imputer	无监督	缺失值计算
	PolynomialFeatures	无信息	多项式变换
	FunctionTransformer	无信息	自定义函数变换(自定义函数在transform()方法中调用）
sklearn.feature_selection	VarianceThreshold	无监督	方差选择法
	RFE	有监督	递归特征消除法
	SelectFromModel	有监督	自定义模型训练选择法
sklearn.decomposition	PCA	无监督	PCA 降维
sklearn.lda	LDA	有监督	LDA 降维
sklearn.cluster	KMeans	无监督	K 均值聚类算法
	DBSCAN	无监督	基于密度的聚类算法
sklearn.linear_model	LinearRegression	有监督	线性回归算法
sklearn.neighbors	KNeighborsClassifier	有监督	K 近邻分类算法（KNN）
sklearn.tree	DecisionTreeClassifier	有监督	决策树分类算法

sklearn库对所提供的各类机器学习算法进行了较好的封装，几乎所有机器学习算法都可以使用 fit()、predict()、score()等函数进行训练、预测和评价。每个机器学习算法对应一个模型，记为 model，sklearn库为每个模型提供的常用接口如表12-2所示。

表 12-2 sklearn 库机器学习模型提供的统一接口

接 口	用 途
model.fit()	训练数据，监督模型时为 fit(X, Y)，非监督模型时为 fit(X)
model.predict()	预测测试样本
model.predict_prob a()	输出预测结果相对应的置信概率
model.score()	用于评价模型在新数据上拟合质量的评分
model.transform()	对特征进行转换

下面围绕聚类、分类和回归分析介绍sklearn库的一些基本使用。

12.3.2 sklearn 自带数据集

sklearn自带了一些数据集，便于用户学习和开展实验，例如iris和digits：

```
from sklearn import datasets
iris=datasets.load_iris()
digits=datasets.load_digits()
print(iris.data.shape)
print(iris.items())                          #.items()列出所有属性
print(digits.data.shape)
print(digits.images.shape)
```

iris中文指鸢尾植物，这里存储了其萼片和花瓣的长宽，一共4个属性，鸢尾植物又分三类。与之相对，iris中有三个属性：iris.data、iris.target、iris.target_names。

data是一个矩阵，每一列代表了萼片或花瓣的长宽，一共4列；每一行代表某个被测量的鸢尾植物，一共采样了150条记录，所以查看这个矩阵的形状，执行iris.data.shape，返回：

```
(150, 4)
```

target是一个数组，存储了data中每条记录属于哪一类鸢尾植物，所以数组的长度是150，数组元素的值因为共有3类鸢尾植物，所以不同值只有3个（分别为0，1，2）。0,1,2分别表示“山鸢尾”(iris setosa)、“杂色鸢尾”(iris versicolor)和“维吉尼亚鸢尾”（iris virginica），它们对应的值可以在target_names属性中查看。

digits存储了数字识别的图像数据，包含了1797条记录，每条记录是一个含有64个元素的向量，存储的是每幅数字图中的像素点信息（8×8），执行digits.data.shape返回：

```
(1797, 64)
```

每幅数字图中的像素信息原本是一个8×8的矩阵，因为sklearn的输入数据必须是（n_samples, n_features）的形状，所以把8×8的矩阵变成一个含有64个元素的向量。若要获取转换后的数据，可以通过属性digits.data获取；若想获取为转换前的数据，可以通过属性digits.images获取。执行digits.images.shape返回：

```
(1797, 8, 8)
```

以上是sklearn最常用的两个数据集。我们做一些简单的机器学习实验，可以直接使用这两个数据集。

12.3.3 sklearn 库的聚类

sklearn提供了多种聚类函数供用户使用，KMeans是聚类中最为常用的算法之一，它属于基于距离划分的聚类方法。Kmeans的基本用法如下：

```
from sklearn.cluster import KMeans
model=KMeans()                              #输入参数建立模型
model.fit(Data)                             #将数据集 Data 提供给模型进行聚类
```

此外，还有基于层次的聚类方法，该方法将数据对象组成一棵聚类树，采用自底向上或自顶向下的方式遍历，最终形成聚类。例如，sklearn中的AgglomerativeClustering()方法是一种聚合式层次聚类方法，其层次过程方向是自底向上。它首先将样本集合中的每个对象作为一个初始簇，然后将距离最近的两个簇合并组成新的簇，再将这个新簇与剩余簇中最近的合并，这种合并过程需要反复进行，直到所有的对象最终被聚到一个簇中。

AgglomerativeClustering使用方法如下：

```
from sklearn.cluster import AgglomerativeClustering
model=AgglomerativeClustering()                    #输入参数建立模型
model.fit(Data)                                    #将数据集 Data 提供给模型进行聚类
```

DBSCAN 是一个基于密度的聚类算法，其目标是寻找被低密度区域分离的高密度区域。简单地说，它把扎堆的点找出来，而点稀疏的区域作为分隔区域。这种方法对噪声点的容忍性非常好，应用广泛。

DBSCAN的使用方法如下：

```
from sklearn.cluster import DBSCAN
model=DBSCAN()                       #输入参数建立模型
model.fit(Data)                      #将数据集 Data 提供给模型进行聚类
```

关于聚类，建议读者重点掌握KMeans方法。

【例12-2】10个点的聚类。假设有10个点：(1,2)、(2,5)、(3,4)、(4,5)、(5,8)、(10,13)、(11,10)、(12,11)、(13,15)、(15,14)，请将它们分成2类，并绘制聚类效果。采用Kmeans()方法的代码如下：

```
#ex12_2Cluster.py
from sklearn.cluster import KMeans
import numpy as np
import matplotlib.pyplot as plt
dataSet=np.array([[1,2],[2,5],[3,4],[4,5],[5,8], [10,13],[11,10],[12,
11],[13,15],[15,14]])
km=KMeans(n_clusters=2)
km.fit(dataSet)
plt.figure(facecolor = 'w')
plt.axis([0,16,0,16])
mark=['or', 'ob']          #指定2种颜
色——红色red、蓝色blue
for i in range(dataSet.shape[0]):
    plt.plot(dataSet[i, 0], dataSet
[i, 1], mark[km.labels_[i]])
plt.show()
```

运行后的聚类结果如图12-3所示，类A（蓝色）和类B（红色）中的点以不同颜色区分。结果如下：

类A：(1,2),(2,5),(3,4),(4,5),(5,8)。

类B：(10,13),(11,10),(12,11),(13,15),(15,14)。

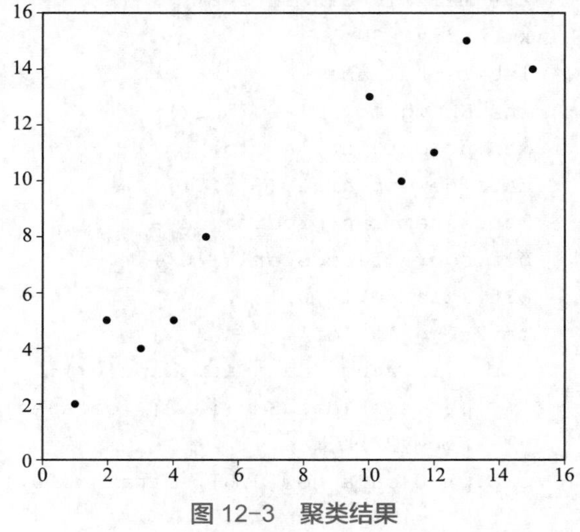

图 12-3　聚类结果

12.3.4 sklearn 库的分类

很多应用需要一个能够进行智能分类的工具，这就需要建立数据和分类结果的关联。与聚类不同，分类需要利用标签数据。

最常用的分类算法是K近邻算法，该算法也是最简单的机器学习分类算法，对大多数问题都非常有效。K邻近算法的主要思想是：如果一个样本在特征空间中最相似（即特征空间中最邻近）的K个样本大多数属于某一个类别，则该样本也属于这个类别。K邻近算法在sklearn库中的基本用法如下：

```
from sklearn.neighbors import KNeighborsClassifier
model=KNeighborsClassifier()          #建立分类器模型
model.fit(Data,y)                     #为模型提供学习数据 Data 和数据对应的标签结果y
```

此外，决策树算法也是用于分类的机器学习经典算法之一，常用于特征含有类别信息的分类或回归问题，这种方法非常适合多分类情况。决策树算法的基本用法如下：

```
from sklearn.neighbors import DecisionTreeClassifier
model=DecisionTreeClassifier()         #建立分类器模型
model.fit(Data,y)                      #为模型提供学习数据Data和数据对应的标签结果y
```

【例12-3】基于聚类结果的坐标点分类器。例12-2中10个点分成了2类A和B。现在有一个新的点（6，9），在上例分析结果的基础上，新的点属于哪一类（类A还是类B）？采用K临近算法的分类算法。

```
#ex12_3Classifier.py
from sklearn.neighbors import KNeighborsClassifier
from sklearn.cluster import KMeans
import numpy as np
import matplotlib.pyplot as plt
dataSet=np.array([[1,2],[2,5],[3,4],[4,5],[5,8],[10,13],[11,10], [12,11],
[13,15],[15,14]])
km=KMeans(n_clusters=2)
km.fit(dataSet)                          #训练KMeans聚类模型
labels=km.labels                         #获取KMeans 聚类标签
knn=KNeighborsClassifier()
knn.fit(dataSet,labels)                  #训练KNN分类模型
data_new=np.array([[6,9]])
label_new=knn.predict(data_new)          #对点(6,9)进行分类预测
plt.figure(facecolor = 'w')
plt.axis([0,16,0,16])
mark=['or', 'ob']
for i in range(dataSet.shape[0]):
    plt.plot(dataSet[i, 0], dataSet[i, 1], mark[labels[i]])
    #画新增加的点
plt.plot(data_new[0,0], data_new[0,1], mark[label_new[0]],markersize =17)
plt.show()
```

程序运行结果如图12-4所示。从图12-4可以看到，点（6，9）被分为A类。这种分类采用了聚类结果。然而，分类本身并不一定使用聚类结果，聚类结果只是给出了数据点和类别的一种对应关系。只要分类器学习了某种对应关系，它就能够进行分类。

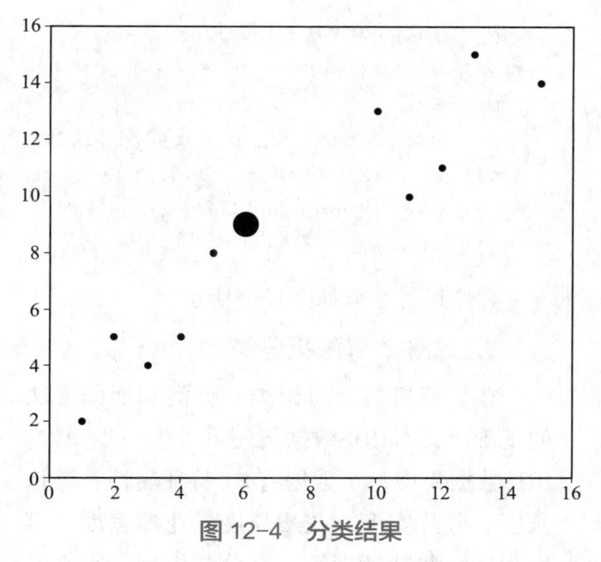

图 12-4 分类结果

12.3.5 sklearn 库的回归

回归是一个统计预测模型，用以描述和评估固变量与一个或多个自变量之间的关系，即自变量X与因变量y的关系。

最简单的回归模型是线性回归，它是机器学习中的基础算法之一。线性回归的思想是根据数据点形成一个回归函数y=f(X)，函数的参数由数据点通过解方程获得。线性回归在sklearn库中的基本用法如下：

```
from sklearn.linear_model import LinearRegression
model=LinearRegression()                              #建立回归模型
model.fit(X,y)                                        #建立回归模型，X是自变量，y是因变量
predicted=model.predict(X_new)                        #对新样本进行预测
```

很多实际问题都可以归结为逻辑回归问题，即回归函数的y值只有两个可能，也称为二元回归。逻辑回归可以使用LogisticRegression()函数接收数据并进行预测。逻辑回归在sklearn库中的基本用法如下：

```
from sklearn.linear_model import LogisticRegression
model=LogisticRegression()                  #建立回归模型
model.fit(X,y)                              #建立回归模型，X 是自变量，y 是因变量
predicted=model.predict(X_new)              #对新样本进行预测
```

【例12-4】坐标点的预测器。已知10个点，此时获得信息，将在横坐标7的位置出现一个新的点，却不知道纵坐标，请预测最有可能的纵坐标值。这是典型的预测问题，可以通过回归来实现。预测点用菱形标出。

```
#Regression.py
from sklearn import linear_model
import numpy as np
import matplotlib.pyplot as plt
dataSet=np.array([[1,2],[2,5],[3,4],[4,5],[5,8], [10,13],[11,10],[12,
11],[13,15],[15,14]])
X=dataSet[:,0].reshape(-1,1)
y=dataSet[:,1]
linear=linear_model.LinearRegression()
linear.fit(X,y)                           #根据横纵坐标构造回归函数
```

```
X_new=np.array([[7]])
plt.figure(facecolor = 'w')
plt.axis([0,16,0,16])
plt.scatter(X, y, color='black')        #绘制所有点
plt.plot(X, linear.predict(X), color='blue',linewidth=3)
plt.plot(X_new , linear.predict(X_new ), 'Dr', markersize=17)
plt.show()
```

程序运行结果如图12-5所示。

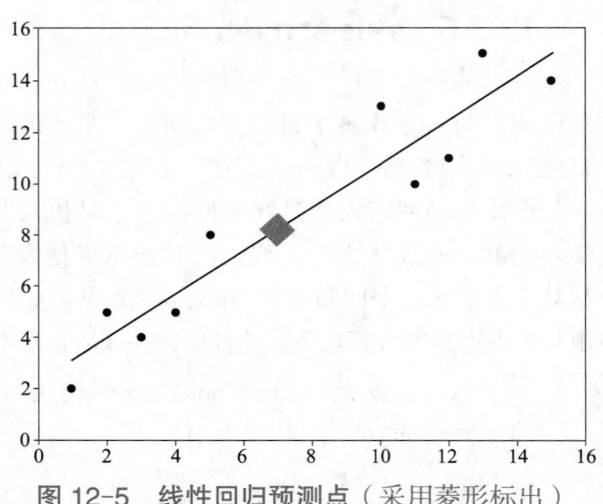

图 12-5　线性回归预测点（采用菱形标出）

12.3.6　鸢尾花分类

在了解机器学习聚类、分类和回归方法的基础上，对IRIS数据集还可以进一步操作。IRIS数据集中每个数据有4个特征属性：萼片长度、萼片宽度、花瓣长度、花瓣宽度。可以利用这些特征训练一个分类模型，用来对不同品种的鸢尾花进行分类。

分类模型中最常用的是K邻近算法，简称KNN算法。该算法首先需要学习，所以，将IRIS数据集随机分成140个数据的训练集和10个数据的测试集，并对预测准确率进行计算。由于IRIS数据集包括人工识别的标签，所以140个数据将比较准确。对于实际应用，可以采集一个小规模数据集并进行人工分类，再利用分类结果识别大数据集内容。

【例12-5】鸢尾花分类模型学习与评估。

```
#ex12_5IrisClassifier.py
from sklearn import datasets
from sklearn.model_selection import train_test_split
from sklearn.neighbors import KNeighborsClassifier
import numpy as np
def loadIris():
    iris=datasets.load_iris()           #从datasets中导入IRIS数据集
    Data=iris.data                      #特征数据X
    Label=iris.target                   #标签数据y
    #将数据集随机划分为训练集和测试集并返回
    return train_test_split(Data,Label,test_size=10,random_state=10)

def calPrecision(prediction, truth):
    numSamples=len(prediction)
    numCorrect=0
    for k in range(0, numSamples):
        if prediction[k]==truth[k]:
            numCorrect+=1
```

```
    precision=float(numCorrect)/float(numSamples)
    return precision

def main():
    iris_data_train, iris_data_test, iris_label_train\
    ,iris_label_test=loadIris()         #构造训练集和测试集
    knn=KNeighborsClassifier()          #构造knn模型
    knn.fit(iris_data_train, iris_label_train)      #训练KNN模型
    predict_label=knn.predict(iris_data_test)       #利用训练好的模型进行分类
    print('测试集中鸢尾花的预测类别：{}'.format(predict_label))
    print('测试集中鸢尾花的真实类别：{}'.format(iris_label_test))
    precision=calPrecision(predict_label,iris_label_test)
    print('KNN 分类器的精确度：{} %'.format(precision*100))
main()
```

为了计算预测的准确度，定义一个函数calPrecision()，通过比较测试集数据的预测结果和IRIS中记录的真实分类情况的差异，对KNN分类器的准确度进行评价。依次对两个列表中相同位置的值进行比较，统计正确预测的次数。最后将正确次数除以总预测数，得到预测准确度。

程序运行结果：

```
测试集中鸢尾花的预测类别：[1 2 0 1 0 1 2 1 0 1]
测试集中鸢尾花的真实类别：[1 2 0 1 0 1 1 1 0 1]
KNN 分类器的精确度：90.0 %
```

在上面的例子中，我们调用了sklearn.model_selection模块中的train_test_split()函数，该函数可按照用户设定的比例，随机将样本集合划分为训练集和测试集，并返回划分好的训练集和测试集数据。其完整语法如下：

```
X_train,X_test, y_train, y_test=train_test_split(X,y,\
test_size, random_state)
```

该函数的参数和返回值具体说明参见表12-3。注意：对数据集进行随机划分时，采用的随机数种子不同，所得到的训练集和测试集就不同，程序运行输出的结果就可能会不同。

表 12-3 sklearnsklearn.model_selection.train_test_split() 函数参数说明

参数	说明
X	待划分的样本特征集合
y	待划分的样本标签
test_size	若在 0~1 之间，为测试集样本数目与原始样本数目之比；若为整数，则是测试集样本的数目
random_state	随机数种子，种子不同，产生不同的随机数，产生的数据集划分就不同
X_train	划分出的训练集数据（返回值）
X_test	划分出的测试集数据（返回值）
y_train	划分出的训练集标签（返回值）
y_test	划分出的测试集标签（返回值）

12.4 Python 机器学习项目实践

通过上一节的学习，我们对Python机器学习库sklearn的使用有了初步的认识，接下来，我们以“波士顿房价预测”问题为例，演示Python机器学习项目的具体实践过程。

波士顿房屋数据集（Housing Dataset）是由D.Harrison和D.L.Rubinfeld于1978年收集的波斯顿郊区的房屋信息。它是免费开放的，用于机器学习的经典数据集。该数据集很小，共计506条数据。每条数据包含14个特征，分别为：

- CRIM：房屋所在镇的犯罪率。
- ZN：用地面积大于25 000平方英尺的住宅所占比例。
- INDUS：房屋所在镇无零售业务区域所占比例。
- CHAS：与查尔斯河有关的虚拟变量（如果房屋位于河边则值为1，否则为0）。
- NOX：一氧化氮浓度（每千万分之一）。
- RM：每处寓所的平均房间数。
- AGE：业主自住房屋中，建于1940年之前的房屋所占比例。
- DIS：房屋距离波士顿五大就业中心的加权距离。
- RAD：径向高速公路的可达性指数。
- TAX：每一万美元全额财产税金额。
- PTRATIO：房屋所在镇的师生比。
- B：计算公式为1000(BK-0.63)^2，其中BK为房屋所在镇非裔美籍人口所在比例。
- LSTAT：弱势群体人口所占比例。
- MEDV：业主自住房屋的平均价格（以1 000美元为单位）。

我们将以房屋价格（MEDV）作为目标变量，使用其他13个变量中的一个和多个值作为解释变量对其进行预测。

1. 下载数据

数据是开展机器学习项目的基础。因此，首先要获取到数据集。波士顿房屋数据集可以从卡耐基梅隆大学的网站下载（http://lib.stat.cmu.edu/datasets/boston）。为方便处理，将下载后的数据集整理并保存为本地的CSV文件boston_housing.csv。

2. 简单查看数据

我们对数据集进行简单的查看。注意：这里只是对数据集的简单查看，并不是探索性分析。虽然是简单查看，但当数据量很大时，工作量依然很大。可以让程序来帮助我们完成这个过程，如例12-6所示。

【例12-6】波士顿房屋数据简单查看。

```
#ex12_6ML.py
import pandas as pd

df=pd.read_csv('boston_housing.csv',header=None)
df.columns=['CRIM','ZN','INDUS','CHAS','NOX','RM','AGE','DIS','RAD','TAX',
'PTRATIO','B','LSTAT','MEDV']
```

以上代码首先通过pandas提供的read_csv()函数读取波士顿房屋数据集并设定列名，将其保存为数据框DataFrame类型的数据对象df。程序运行之后，输入以下命令，即可简单查看数据。

首先，执行df.head()命令，显示数据集的前5行数据，确保数据读取成功。运行结果如下所示：

```
>>> df.head()
      CRIM    ZN   INDUS  CHAS   NOX   ...   TAX  PTRATIO   B     LSTAT  MEDV
0  0.00632  18.0   2.31     0  0.538   ...  296.0   15.3  396.90   4.98  24.0
1  0.02731   0.0   7.07     0  0.469   ...  242.0   17.8  396.90   9.14  21.6
2  0.02729   0.0   7.07     0  0.469   ...  242.0   17.8  392.83   4.03  34.7
3  0.03237   0.0   2.18     0  0.458   ...  222.0   18.7  394.63   2.94  33.4
4  0.06905   0.0   2.18     0  0.458   ...  222.0   18.7  396.90   5.33  36.2

[5 rows x 14 columns]
```

接着，执行df.info()命令，显示数据表基本信息（列名称、维度、数据格式、所占空间等）。运行结果如下：

```
>>>df.info()
<class 'pandas.core.frame.DataFrame'>
RangeIndex: 506 entries, 0 to 505
Data columns (total 14 columns):
CRIM        506 non-null float64
ZN          506 non-null float64
INDUS       506 non-null float64
CHAS        506 non-null int64
NOX         506 non-null float64
RM          506 non-null float64
AGE         506 non-null float64
DIS         506 non-null float64
RAD         506 non-null int64
TAX         506 non-null float64
PTRATIO     506 non-null float64
B           506 non-null float64
LSTAT       506 non-null float64
MEDV        506 non-null float64
dtypes: float64(12), int64(2)
memory usage: 55.5 KB
```

从中可以发现是否有数据缺失。比如：显示总样本数为506，如果某个特征变量（某列）只有505个非空值，则说明这一列有数据缺失。为后续的数据清洗提供有用的信息，发布出来的波士顿房屋数据集已经进行了数据整理，所以没有数据缺失的问题。

接着，执行df.describe()命令，展示了一些有用的统计信息，这个命令在分析一个较大的数据集时，作为初步的分析工具非常有用。统计结果包括了数据量、均值、方差、最大值、最小值等。运行结果如下：

```
>>>df.describe()
             CRIM          ZN       INDUS  ...           B       LSTAT        MEDV
count  506.000000  506.000000  506.000000  ...  506.000000  506.000000  506.000000
mean     3.613524   11.363636   11.136779  ...  356.674032   12.653063   22.532806
std      8.601545   23.322453    6.860353  ...   91.294864    7.141062    9.197104
min      0.006320    0.000000    0.460000  ...    0.320000    1.730000    5.000000
25%      0.082045    0.000000    5.190000  ...  375.377500    6.950000   17.025000
50%      0.256510    0.000000    9.690000  ...  391.440000   11.360000   21.200000
75%      3.677082   12.500000   18.100000  ...  396.225000   16.955000   25.000000
max     88.976200  100.000000   27.740000  ...  396.900000   37.970000   50.000000

[8 rows x 14 columns]
```

从中可以看到每个变量的均值、方差、最大值、最小值等信息，这些信息将作为数据清洗和格式化的判定依据。

发布出来的波士顿房屋数据集已经进行了一定的数据整理，这里省略了数据清洗和数据格式化的过程，直接进入探索性数据分析阶段。

3. 探索性数据分析

探索性数据分析是机器学习模型训练之前的一个重要步骤，通常使用可视化的方法，借助一些图形工具帮助我们直观地发现数据中的异常情况、数据的分布情况以及特征（变量）之间的相互关系。

首先，可以借助单变量分布直方图，查看单个变量的数据分布情况。执行如下命令：

```
>>>import matplotlib.pyplot as plt
>>>df.hist(bins=50, figsize=(20,15))
>>>plt.show()
```

执行结果如图12-6所示。这里调用了DataFrame类的hist()方法，其完整语法如下：

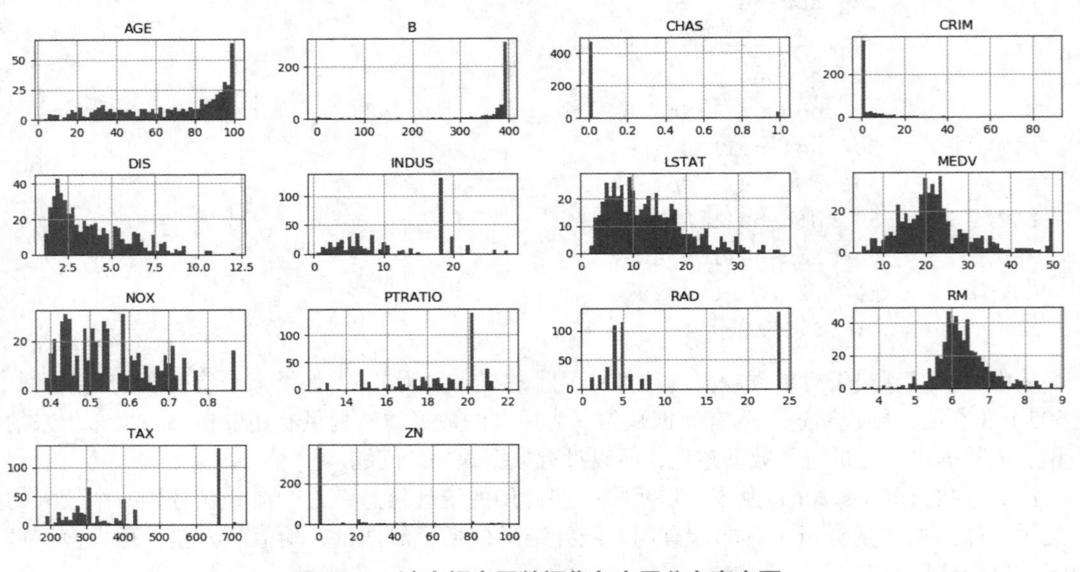

图 12-6　波士顿房屋数据集各变量分布直方图

```
DataFrame.hist(column=None, by=None, grid=True, xlabelsize=None, xrot=None, ylabelsize=None, yrot=None, ax=None, sharex=False, sharey=False, figsize=None, layout=None, bins=10, **kwds)
```

具体参数说明参见表12-4。

表 12-4 pandas.DataFrame.hist( ) 方法参数说明

参数名	类型	描述
data	DataFrame	pandas 数据对象，存储数据
column	string 或者 sequence	如果传递了这个参数，则画图时只用到数据的一个子集，具体由本参数值指定
by	object	这就是 Group By 里的 by，会按照分组来绘制直方图
grid	boolean	是否显示坐标线
xlabelsize	int	如果指定了这个值，则可以改变 x-axis 的标记尺寸
xrot	float	旋转 x 轴的度数
ylabelsize	int	如果指定了这个值，则可以改变 y-axis 的标记尺寸
yrot	float	旋转 y 轴的度数
ax	Matplot axes	指定要绘制直方图的坐标系
sharex	boolean	如果 ax 为 None，则默认为 True，否则默认为 False。在 subplots=True 时，会共享 x 轴并将某个 x 轴设置为不可见；如果 ax 传递进来了，且 sharex=True，会改变所有子图的 x 轴的标记
sharey	booelan	同理可推导出 sharey 的功效
figsize	tuple	单位是英寸，表示要创建的图的大小。默认使用在 matplotlib.rcParams 中定义的数值
layout	tuple	(rows, columns)，表示绘图有多少行多少列
bins	int 或者 sequence	默认为 10，就是指定显示多少竖条
**kwds		其他的关键词参数可以在这里传递
axes(返回值)		返回一个 matplotlib.AxesSubplot 或者 numpy.ndarray 对象

接着，可以借助散点图矩阵，查看数据集中两两特征间的相关系数。执行如下命令：

```
>>>import matplotlib.pyplot as plt
>>>import seaborn as sns
>>>sns.set(style='whitegrid',context='notebook')
>>>cols=['LSTAT','INDUS','NOX','RM','MEDV']
>>>sns.pairplot(df[cols],height=2.5)
>>>plt.show()
```

运行结果如图12-7所示。这里利用了seaborn库的pairplot()函数来生成散点图矩阵，具体参数说明参见seaborn库的官方帮助文档。出于篇幅限制和可读性的考虑，这里仅绘制了数据集中的5列：LSTAT，INDUS，NOX，RM，MEDV。读者可以自行绘制整个DataFrame对象df的散点图矩阵，以对数据做进一步的分析。

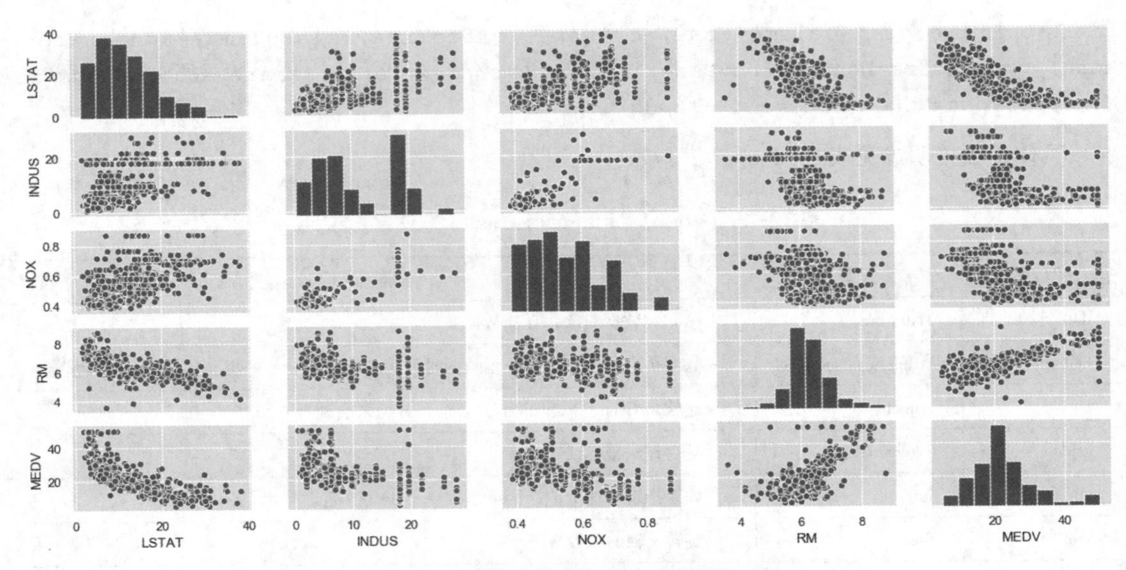

图 12-7　波士顿房屋数据集散点图矩阵

另外，我们还可以绘制相关系数热度图来查看数据集各特征间的线性相关性。执行如下命令：

```
>>>import numpy as np
>>>cm=np.corrcoef(df[cols].values.T)
>>>sns.set(font_scale=1.5)
>>>hm=sns.heatmap(cm,cbar=True,annot=True,square=True,fmt='.2f',annot_
kws={'size':15},yticklabels=cols,xticklabels=cols)
>>>plt.show()
```

这里，使用NumPy的corrcoef()函数计算前面散点图矩阵中5个特征间的相关系数矩阵，并使用seaborn库的heatmap()函数绘制相关系数热度图，运行结果如图12-8所示。同样，出于篇幅限制及可读性的考虑，这里仅绘制了数据集中的5个特征（LSTAT，INDUS，NOX，RM，MEDV）相互之间的相关系数热度图。读者可以自行绘制整个DataFrame对象df的所有特征之间的相关系数热度图。

从图12-8可见，LSTAT与MEDV相关性最大（-0.74），说明在波士顿郊区，弱势群体人口所占比例对房屋的价格影响较大。它们之间是负相关，即弱势群体人口所占比例越高，房屋的价格越低。线性相关性分析的结果，是模型特征选择的主要依据之一。

4. 特征工程与特征选择

按照机器学习项目的正常流程，接下来应该是特征工程和特征选择。由于波士顿房屋数据集本身特征变量就不多，总共才14个变量（13个特征变量，1个目标变量），这里我们跳过特征工程与特征选择的过程，直接进入模型评估与模型选择阶段。

5. 模型评估与模型选择

机器学习算法太多了，如分类、回归、聚类、推荐、图像识别领域等，要想找到一个合适算法真的不容易，所以在实际应用中，我们一般都是采用启发式学习方式来实验。可以从简单的可解释模型（如线性回归）开始尝试，如果发现性能不足，再转而使用更复杂但通常更准确的模型。假如在乎精度（accuracy）的，最好的方法就是通过交叉验证（cross-validation）对各个算法一个个地进行测试，进行比较，然后调整参数确保每个算法达到最优解，最后选择最好的一个。

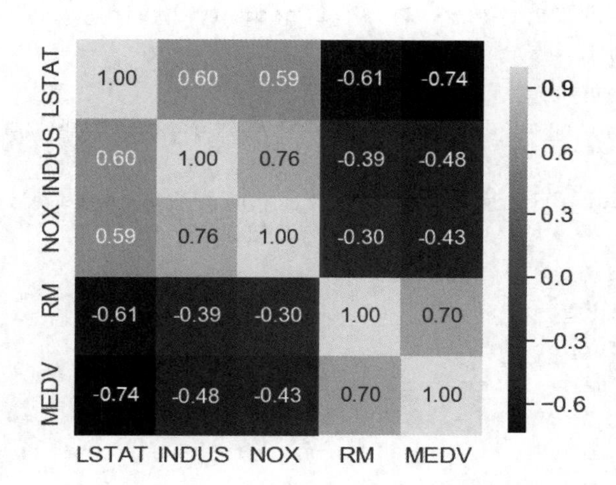

图 12-8 波士顿房屋数据集相关系数热度图

因篇幅所限，我们只选择了线性回归模型和随机森林回归两个模型，选择均方误差（Mean Squared Error, MSE）和决定系数（coefficient of determination, R2）两个性能评价指标进行了比较。

【例12-7】波士顿房价线性回归模型。

```
#ex12_7ML.py
import pandas as pd
import matplotlib.pyplot as plt
from sklearn.model_selection import train_test_split
from sklearn.linear_model import LinearRegression
from sklearn.metrics import mean_squared_error
from sklearn.metrics import r2_score

df=pd.read_csv('boston_housing.csv',header=None)
df.columns=['CRIM','ZN','INDUS','CHAS','NOX','RM','AGE','DIS','RAD','TAX',
'PTRATIO','B','LSTAT','MEDV']

X=df.iloc[:,:-1].values
y=df['MEDV'].values
X_train,X_test,y_train,y_test=train_test_split(X,y,test_size=0.2,random_
state=1)

slr=LinearRegression()
slr.fit(X_train,y_train)
```

```
    y_train_pred=slr.predict(X_train)
    y_test_pred=slr.predict(X_test)

    print('MSE train:%.3f,test:%.3f'%(mean_squared_error(y_train,y_train_pred),
mean_squared_error(y_test,y_test_pred)))
    print('R^2 train:%.3f,test:%.3f'%(r2_score(y_train,y_train_pred),r2_score
(y_test,y_test_pred)))

    plt.scatter(y_train_pred,y_train_pred-y_train,c='blue',marker='o',label=
'Training data')
    plt.scatter(y_test_pred,y_test_pred-y_test,c='lightgreen',marker='s',label=
'Test data')
    plt.xlabel('Predicted values')
    plt.ylabel('Residuals')
    plt.legend(loc='upper left')
    plt.hlines(y=0,xmin=-10,xmax=50,lw=2,color='red')
    plt.xlim([-10,50])
    plt.show()
```

运行结果如下：

```
    MSE train:21.863,test:23.381
    R^2 train:0.729,test:0.763
```

MSE是反映预测值与实际值之间差异程度的一种度量，MSE值越小表示预测效果越好。决定系数（R2）是表征回归方程在多大程度上解释了因变量的变化，或者说回归方程对观测值的拟合程度，R2值越大表示拟合程度越好。从运行结果可见，线性回归模型的均方误差偏大、决定系数偏小。即MSE和R2这两个性能评价指标都表明，采用线性回归模型无法捕获所有的解释信息（因变量的特征）。这可能与数据集中的样本太少有关。

此外，我们还绘制了预测值的残差图,即真实值与测试值之间的差异（residuals）图，如图12-9所示。残差图可对回归模型进行评估、获取模型的异常值，同时还可判断误差是否随机分布。完美的预测结果其残差为0，但在实际应用中，这种情况可能永远都不会发生。不过一个好的回归模型，我们期望误差是随机分布的，同时残差也随机分布于中心线（即一条穿过y轴原点的直线，图中的红线）附近。从残差图来看，很多点距离中心线有较大的偏差，也进一步说明了在波士顿房价预测问题上线性回归模型遗漏了某些能够影响残差的解释信息。

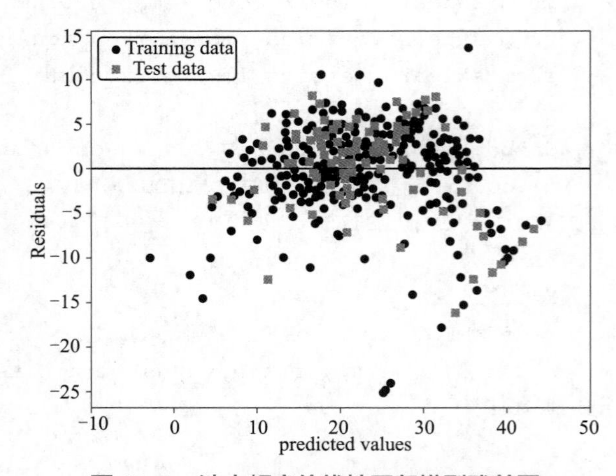

图 12-9　波士顿房价线性回归模型残差图

基于以上的分析判断，我们决定选择更复杂的模型——随机森林回归模型。为了比较随机森林回归模型与线性回归模型的性能，我们采用与上例中相同的训练集与测试集划分。

【例12-8】波士顿房价随机森林回归模型。

```
#ex12_8ML.py
import pandas as pd
import matplotlib.pyplot as plt
from sklearn.model_selection import train_test_split
from sklearn.ensemble import RandomForestRegressor
from sklearn.metrics import mean_squared_error
from sklearn.metrics import r2_score

df=pd.read_csv('boston_housing.csv',header=None)
df.columns=['CRIM','ZN','INDUS','CHAS','NOX','RM','AGE','DIS','RAD','TAX',
'PTRATIO','B','LSTAT','MEDV']

X=df.iloc[:,:-1].values
y=df['MEDV'].values
X_train,X_test,y_train,y_test=train_test_split(X,y,test_size=0.2,random_
state=1)

forest=RandomForestRegressor(n_estimators=1000,criterion='mse',random_
state=1,n_jobs=-1)
forest.fit(X_train,y_train)
y_train_pred=forest.predict(X_train)
y_test_pred=forest.predict(X_test)

print('MSE train:%.3f,test:%.3f'%(mean_squared_error(y_train,y_train_pred),
mean_squared_error(y_test,y_test_pred)))
print('R^2 train:%.3f,test:%.3f'%(r2_score(y_train,y_train_pred),r2_score
(y_test,y_test_pred)))



plt.scatter(y_train_pred,y_train_pred-y_train,c='blue',marker='o',label=
'Training data')
plt.scatter(y_test_pred,y_test_pred-y_test,c='lightgreen',marker='s',label=
'Test data')
plt.xlabel('Predicted values')
plt.ylabel('Residuals')
plt.legend(loc='upper left')
plt.hlines(y=0,xmin=-10,xmax=50,lw=2,color='red')
plt.xlim([-10,50])
plt.show()
```

运行结果如下：

```
MSE train:1.354,test:8.658
R^2 train:0.983,test:0.912
```

从运行结果可知，随机森林模型比线性回归模型性能有了很大的改进，MSE值和R2值都有很大的改善（MSE值更小，R2值更大）。但我们也遗憾地发现，随机森林模型对于训练数有些过拟合（在训练集上的MSE值明显小于在测试集上的MSE值）。不过，它仍旧能够较好地解释目标变量与解释变量之间的关系（在测试集上，R2=0.912）。

最后，让我们来看一下预测的残差。根据R2值可知，随机森林模型在训练数据上的拟合效果要好于测试数据，这与图12-10中y轴方向出现异常值反应的情况一致（代表训练数据残差值的点更靠近中心线）。我们发现，残差并没有完全随机分布在中心点附近，这意味着随机森林模型虽然比线性回归模型有了很大的改善，但依然无法捕获所有的解释信息。我们还可以继续选择更复杂的模型，比如神经网络模型（Multi-layer Perceptron，MLP）。

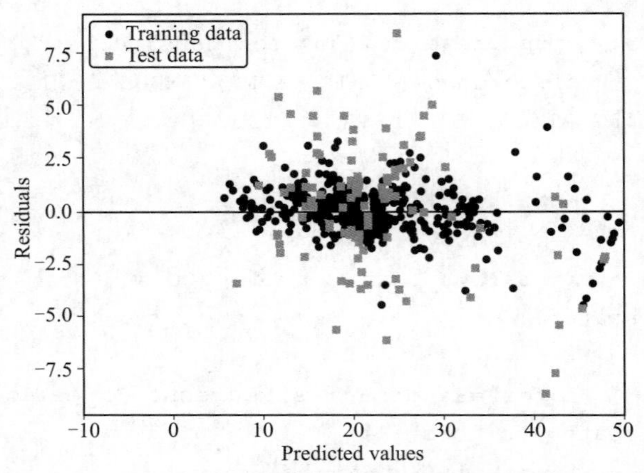

图 12-10　波士顿房价随机森林回归模型残差图

后续还有“调整超参数优化模型”“在测试集上评估最佳模型”“解释模型结果”“文档整理和结果报告”等四个阶段的工作。因篇幅所限，留给大家在前面工作的基础上自行完成。

习题

1. 假设有如下 8 个点：（3,1）、（3,2）、（4,1）、（4,2）、（1,3）、（1,4）、（2,3）、（2,4），使用 KMeans 算法对其进行聚类。假设初始聚类中心点分别为（0,4）和（3,3），则最终的聚类中心点为（______，______）和（______，______）。

2. 在空白处补充一个函数，用于获取 data 中每一条数据的聚类标签。

```
data = loadData()
km = KMeans(n_clusters=3)
label = km.______________(data)
```

3. 利用 sklearn.neural_network.MLPRegressor，编程实现波士顿房价预测的神经网络模型（MLP 回归模型）。

4. 利用 klearn.neural_network.MLPClassifier，在 sklearn 自带数据集 digits 上，编程实现手写数字识别的神经网络模型（MLP 分类模型）。

5. 采用 k-fold（k 折）交叉验证法，评估上面实现的神经网络模型的性能。

6. 调整上面实现的神经网络模型的超参数，找到最佳参数配置。
7. 简述机器学习的工作流程。
8. 简述 Python 有哪些常用的机器学习库，它们的主要用途是什么？
9. 基于 ubuntu 16、Python 3 搭建 TensorFlow 机器学习环境。
10. 安装 cv2 库，了解 Python-OpenCV 基本操作。

附录 A

Python 运行环境

A.1 安装与运行 Python

视频：
Python开发环境

Python可运行在Windows、Mac和各种Linux/UNIX系统上，是跨平台的程序设计语言，其开发的应用程序也可运行于各种平台上。

Python自带一个Python语言解释器、一个命令交互环境和一个简单的集成开发环境。如果本机没有安装Python，须先安装。由于本书采用的是Python 3.7.4，安装时尽可能使用相同的版本。

A.1.1 安装 Python

1. 在 Mac 上安装 Python

Mac OS X 10.8 ~ 10.10自带2.7版本的Python，要安装Python 3.7.4，有两种方法：

方法一：从Python官网（http://www.python.org）下载Python 3.7.4的安装程序，双击运行并安装。

方法二：如果安装了Homebrew，直接通过命令brew install python3进行安装。

2. 在 Linux 上安装 Python

如果使用Linux，可下载Python-3.7.4.tgz，使用解压命令tar -zxvf Python-3.7.4.tgz，切换到解压的安装目录，执行以下命令：

```
[root@www python]              #cd Python-3.7.4
[root@www Python-3.7.4]        #./configure
[root@www Python-3.7.4]        # make
[root@www Python-3.7.4]        # makeinstall
```

等待安装完成即可。

在命令提示符中输入python，如果出现下面的提示：

```
Python 3.7.4 (#1, Aug 06 2019, 16:04:52)
[GCC 4.1.1 20061130 (Red Hat 4.1.1-43)] on linux2
Type "help", "copyright", "credits" or "license" for more information.
```

说明安装成功，因为Linux系统版本不同，第二行有可能不同。

3. 在 Windows 上安装 Python

首先，根据Windows版本（64位还是32位）从Python官网下载Python 3.7.4对应的64位安装程序或32位安装程序，然后运行下载的EXE安装包。安装界面如图A-1所示。

图 A-1　在 Windows 系统安装 Python3.7.4 界面

注意：图A-1要选中“Add Python 3.7.4 to PATH”复选框，单击“Install Now”即可完成安装。

A.1.2　运行 Python

安装成功后，打开命令提示符窗口，输入python，出现python的版本信息（见图A-2），说明Python安装成功。

提示符“>>>”表示已经在Python交互式环境中，可以输入任何Python代码，按【Enter】键后会立刻得到执行结果。输入exit()或quit()并按【Enter】键，可退出Python交互式环境（直接关掉命令行窗口也可以）。

图 A-2　命令提示符窗口

注意：如果在安装时未选中“Add Python 3.7 to PATH”复选框，需要把python.exe所在路径添加到PATH环境变量中，否则只能进入Python安装目录再运行Python。如果不知道怎么修改环境变量，建议把Python安装程序重新运行一遍，选中“Add Python 3.7 to PATH”复选框再进行安装。

A.2　Python 开发环境介绍

A.2.1　启动 IDLE

安装Python后，可以选择“开始”→“所有程序”→“Python 3.7”→“IDLE（Python 3.7）”

命令启动IDLE。IDLE启动后的初始窗口如图A-3所示。

```
Python 3.7.4 Shell
File Edit Shell Debug Options Window Help
Python 3.7.4 (tags/v3.7.4:e09359112e, Jul  8 2019, 19:29:22) [MSC v.1916 32 bit
(Intel)] on win32
Type "help", "copyright", "credits" or "license()" for more information.
>>>
```

图 A-3　IDLE 启动后的初始窗口

启动IDLE后进入IDLE的交互式编程模式（Python Shell），可以使用这种编程模式来执行Python命令。

直接在IDLE提示符“>>>”后面输入相应的命令，并按【Enter】键执行，如果执行顺利，马上就可以看到执行结果，否则会抛出异常。

例如，查看已安装Python版本的方法（在所启动的IDLE界面标题栏可以直接看到）如下：

```
>>>import sys
>>>sys.version
```

结果：

```
'3.7.4 (tags/v3.7.4:e09359112e, Jul  8 2019, 19:29:22) [MSC v.1916 32 bit (Intel)]'
```

再如：

```
>>>3+3
```

结果：6。

```
>>>8/0
```

结果：

```
Traceback (most recent call last):
  File "<pyshell#3>", line 1, in <module>
    8/0
ZeroDivisionError: division by zero
```

除此之外，还可以利用IDLE编辑器编辑Python程序（或者脚本）文件，也可以使用调试器调试Python程序。

在IDLE界面选择“File”→“New File”命令启动编辑器（见图A-4），创建一个程序文件，输入代码并保存（务必要保证扩展名为“.py”）。

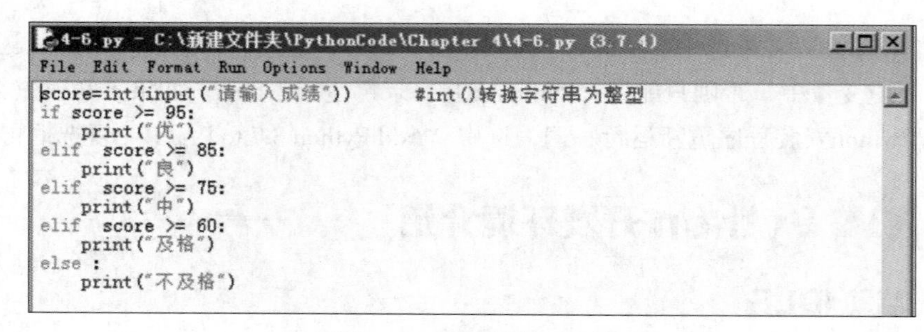

图 A-4　IDLE 的编辑器

A.2.2 利用 IDLE 创建 Python 程序

IDLE为开发人员提供了许多有用的特性，如自动缩进、语法高亮显示、单词自动完成等，能有效提高程序开发效率。下面通过一个实例对这些特性进行介绍，程序的源代码如下：

```
#示例一
score=int(input("请输入成绩"))          #int()转换字符串为整型
if score>=95:
    print("优")
elif  score>=85:
    print("良")
elif  score>=75:
    print("中")
elif  score>=60:
    print("及格")
else :
    print("不及格")
```

由图A-4可见，不同部分颜色不同，即所谓语法高亮显示。默认时，关键字显示为橘红色，注释显示为红色，字符串显示为绿色，解释器的输出显示为蓝色。在输入代码时，会自动应用这些颜色突出显示。语法高亮显示的好处是：可以更容易区分不同的语法元素，从而提高可读性；与此同时，也降低了出错的可能性。例如，如果输入的变量名显示为橘红色，说明该名称与预留的关键字冲突，必须重新给变量命名。

当用户输入单词的一部分后，选择“Edit”→“Expand Word”命令，或者直接按【Alt+/】组合键可自动补全该单词。

当在if、while等关键字所在行的冒号后面按【Enter】键之后，IDLE自动进行缩进。一般情况下，IDLE将代码缩进一级，即4个空格。如果想改变这个默认的缩进量，可以选择“Format”→“New Indent Width”命令进行修改。对初学者来说，需要注意的是尽管自动缩进功能非常方便，但是不能完全依赖它，因为有时自动缩进未必能完全满足要求，所以还需要仔细检查一下。

创建好程序之后，选择“File”→“Save”命令保存程序。如果是新文件，会弹出“另存为”对话框，可以在该对话框中指定文件名和保存的位置。保存后，文件名会自动显示在顶部的蓝色标题栏中。如果文件中存在尚未存盘的内容，标题栏的文件名前后会有星号出现。

A.2.3 IDLE 常用编辑功能

1. File 菜单的常用功能

（1）New File：创建新的文件。

（2）Open：打开已创建的文件。

（3）Open Module：打开模块。

（4）Save：保存文件。

（5）Save As：另存文件。

（6）Close：关闭文件。

（7）Exit：退出IDLE编辑器。

2. Edit 菜单的常用功能

（1）Undo：撤销上一次的修改。

（2）Redo：重复上一次的修改。

（3）Cut：将所选文本剪切至剪贴板。

（4）Copy：将所选文本复制到剪贴板。

（5）Paste：将剪贴板的文本粘贴到光标所在位置。

（6）Find：在窗口中查找单词或模式。

（7）Find in Files：在指定的文件中查找单词或模式。

（8）Replace：替换单词或模式。

（9）Go to line：将光标定位到指定行首。

（10）Expand Word：单词自动完成。

3. Format 菜单的常用功能

（1）Indent Region：使所选内容右移一级，即增加缩进量。

（2）Dedent Region：使所选内容组左移一级，即减少缩进量。

（3）Comment Out Region：将所选内容变成注释。

（4）Uncomment Region：去除所选内容每行前面的注释符。

（5）New Indent Width：重新设置制表位缩进宽度，范围为2～16，宽度为2（相当于1个空格）。

（6）Toggle Tabs：打开或关闭制表位。

A.2.4 在 IDLE 中运行和调试 Python 程序

1. 运行 Python 程序

在IDLE中打开py文件后，选择“Run”→“Run Module”命令（或按【F5】键）运行当前打开的文件。对于示例程序，运行界面如图A-5所示。

用户输入的成绩是“78”，得到的结果是“中”。

图 A-5 运行界面

2. 使用 IDLE 的调试器

调试是软件开发过程中非常重要的步骤，其目的是查找程序存在的错误问题。程序错误问题通常有两大类：一是语法问题，二是程序逻辑问题。对于语法问题，例如关键字拼写错误、缩进错误、变量没定义等可以通过静态检查方式发现。除此之外是程序运行过程中所遇到的问题，如程序逻辑判断错误、运算表达式错误等需要程序动态运行才能发现的错误等。对于前者，Python可通过语法分析来解决，而对于后者，开发人员必须通过程序调试来解决。

调试的方法有很多，最常用的调试方法是直接显示程序数据，例如，可以在某些关键位置用print语句显示出变量的值，可以检查值是否符合要求，从而确定程序是否有逻辑错误。但是，该方法有一定的问题，因为待程序调试完后必须把所有为调试而插入的print语句删除。

除了使用print语句查程序错误外，还可以使用调试器进行调试。利用调试器，可以分析被调试程序的数据，并监视程序的执行流程。调试器的功能包括暂停程序执行、检查和修改变量、调用方法而不更改程序代码等。IDLE也提供了一个调试器，可帮助开发人员查找逻辑错误。

打开IDLE，选择“Debug”→“Debugger”，启动IDLE的交互式调试器，如图A-6所示。并在图A-5所示的Python Shell窗口中输出“[DEBUG ON]”并后跟一个“>>>”提示符。这样，就能像平时那样使用这个Python Shell窗口。

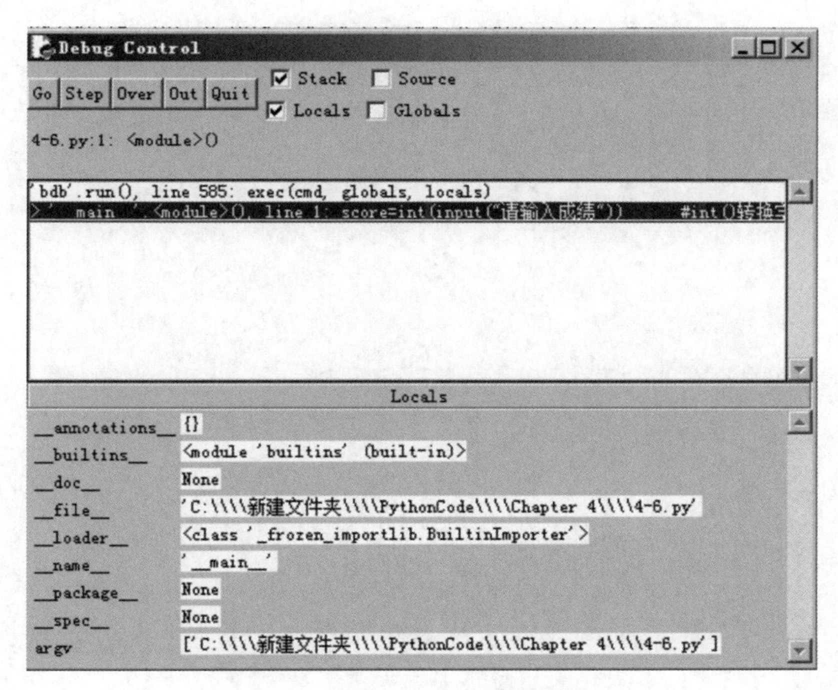

图 A-6　Debug Control 调试窗口

在Debug Control调试窗口中可以查看局部变量或全局变量，如果要退出调试器，可以再次选择“Debug”→“Debugger”命令，IDLE会关闭Debug Control窗口，并在Python Shell窗口中输出“[DEBUG OFF]”。